第四届中国大学出版社图书奖·优秀教材一等奖

航天技术概论
（第3版）

主　编　刘家騑　李晓敏　郭桂萍
副主编　陈　亮　王　银　马　芸　戚　炎

北京航空航天大学出版社

内容简介

航天技术是现代科学技术中最有影响的技术之一,也是一个国家科技水平的标志和综合国力的体现。本书主要介绍航天技术方面的基础知识和发展概况,内容包括航天技术发展史、中国航天发展历程、航天飞行原理、航天器的构造、航天飞行器动力、载人航天系统、航天技术应用以及目前最新的航天先进技术。本书叙述由浅入深、简明扼要、内容丰富、图文并茂。

本书是航天专业院校的通用教材,也可作为各类专业低年级学生航天课程的入门读物,亦可供从事相关专业的人员及航天爱好者参考。

图书在版编目(CIP)数据

航天技术概论 / 刘家骐,李晓敏,郭桂萍主编. --3版. -- 北京:北京航空航天大学出版社,2023.1
ISBN 978-7-5124-4026-5

Ⅰ.①航… Ⅱ.①刘… ②李… ③郭… Ⅲ.①航天—概论 Ⅳ.①V4

中国版本图书馆 CIP 数据核字(2023)第 003864 号

版权所有,侵权必究。

航天技术概论(第3版)
主 编 刘家骐 李晓敏 郭桂萍
副主编 陈 亮 王 银 马 芸 戚 炎
策划编辑 冯 颖 责任编辑 冯 颖
*
北京航空航天大学出版社出版发行
北京市海淀区学院路37号(邮编100191) http://www.buaapress.com.cn
发行部电话:(010)82317024 传真:(010)82328026
读者信箱:goodtextbook@126.com 邮购电话:(010)82316936
涿州市新华印刷有限公司印装 各地书店经销
*
开本:787×1092 1/16 印张:17 字数:435千字
2023年1月第3版 2023年11月第3次印刷 印数:10 501~15 500册
ISBN 978-7-5124-4026-5 定价:49.00元

若本书有倒页、脱页、缺页等印装质量问题,请与本社发行部联系调换。联系电话:(010)82317024

序 言

  航天，是人类最富伟大创举的科学探索和开发空间资源造福人类的活动之一，是科学技术发展史上的一座里程碑。自1903年俄国科学家齐奥尔科夫斯基创立宇航理论，到1957年10月4日世界上第一颗人造地球卫星升空遨游，人类开始离开地球这个自身长期生息的摇篮进入太空活动，开创了航天新纪元。20世纪后半叶，航天技术的发展日新月异、突飞猛进，给人们的生产和生活带来巨大变化。我国航天科技工业起步于新中国成立之初，沿着自力更生为主、加强国际合作的道路快速前进，取得了举世瞩目的成就，跻身于世界先进行列，为经济发展、社会进步、人民生活的提高做出了贡献。

  当今，航天这项认识太空和开发利用太空资源的浩大工程已经与现代社会生活息息相关，渗透到了各行各业和千家万户，将给人类带来无尽的恩惠和效益。航天活动为人类认识宇宙、开发太空资源和经济发展提供了新的活力和技术手段，将有力地促进社会生产力的发展。

  正因为如此，人们渴望了解和认识世界航天及中国航天的状况和进展。随着航天技术的不断发展，航天领域出现了许多新概念、新事物、新知识，对此，不但即将参加航天工作的人士需要了解和掌握，而且更多的读者包括青少年朋友也都希望有所了解和熟悉，而摆在我们面前的这本《航天技术概论》[①]正是为了满足广大读者的需求而问世的。

  本书可以说是一部系统、全面描述航天的科普教材，它介绍了世界航天发展史，汇集了中国航天的发展现状和最新成就，反映了中国特色的航天文化和航天精神。书中表现出的中国航天人的核心价值观、企业文化、行为准则、质量观念等诸多方面，为准备投身航天事业的莘莘学子提供了精神食粮，也向社会展示了伟大事业孕育伟大精神、伟大精神推动伟大事业的历程。

  《航天技术概论》可作为航天院校大学生的通用教材，其他院校各专业大学生将其作为选修课程教材也可从中获益；同时也是一本针对性很强的航天企业新员

---

① 这是本书第1版时撰写的，本次修订时保留原貌。

工入职培训教材,是一本航天高科技普及读物。希望本书能成为把人们带入航天知识宝库的阶梯、了解太空的桥梁。

我们推荐《航天技术概论》,让它为普及航天科技知识、展示航天精神发挥应有的作用。

王礼恒

2014 年 8 月 11 日

第3版前言

星空浩瀚无比，探索永无止境。和平探索开发和利用太空，让航天探索和航天科技成果为创造人类更加美好的未来贡献力量。

航天技术问世至今虽只有几十年时间，在漫长的人类发展史中只是弹指一挥间，但它给人类文明进步所带来的影响，无论从深度还是从广度来看都是前所未有的。近年来，智能化、分布式、网络化等太空技术创新方兴未艾，以低轨互联网星座为代表的太空系统发展建设异军突起，可重复使用火箭技术不断成熟，太空已由少数世界大国所属的"高端俱乐部"逐步走入"寻常百姓家"。我国围绕宇宙起源和演化、太阳系与人类的关系等科学主题，依托空间科学卫星和月球探测、火星探测、载人航天等工程，开展空间科学探索与实验研究，取得一批贡献于整个人类的原创成果：通过"慧眼"，我们捕捉到了黑洞爆发的瞬间；通过"悟空"，我们发现了宇宙射线能谱精细结构；通过"张衡1号"，我们构建了全球地磁场参考模型；通过"嫦娥"，我们可一窥月球背面地下结构，证实了月球20亿年前仍存在岩浆活动；通过"天琴1号"和"太极1号"，我们正在努力探测空间引力波；通过"羲和"，我们将揭晓更多关于太阳的秘密……

在本次修订中，作者首先收集整理了近几年航天技术的最新发展状况，讲述有代表性的航天新技术和重大事件，从而使本书更具先进性，体现时代性；其次，在第1、2版的基础上，广泛征求读者意见，对书中部分内容进行了修订和更新。当然，本书涉及科学技术的诸多领域，限于作者水平，难免有错误和不妥之处，恳请读者批评指正。

作　者
2023年1月

第2版前言

航天技术是科技进步和创新的重要领域,航天技术成就是国家科技水平和科技能力的重要标志。探索浩瀚宇宙,发展航天事业,建设航天强国,同样是我国不懈追求的航天梦想。

编写本书的目的是普及航天知识,激发学生对航天事业的兴趣。在本书第1版出版后的这几年,航天技术一如既往地飞速发展,日新月异。在2014年,火箭第一级回收还是梦想,现在火箭第一级不仅在陆上回收成功,而且在海上也回收成功,并实现了重复使用。"机遇号"在火星上"工作"10多年,行驶距离超过42千米,完成了人类在火星上的第一个马拉松,现在每跨出一步都在创造新的纪录。我国航天技术在这期间也取得了显著的进步,"长征5号"运载火箭成功发射,"神舟11号""天舟1号""天宫2号"纷纷上天,"北斗"卫星导航系统取得重大进展。这一切新技术都应该及时反映在教材中,让学生了解世界航天技术和中国航天技术的最新进展。

本书修订时,首先收集、梳理了近几年航天技术的最新发展状况,讲述有代表性的航天新技术和重大事件,从而使本书更具先进性,体现时代性。其次,在第1版的基础上,广泛征求读者意见,对书中部分内容进行了修订和更新,订正了一些编校差错,全面提高了本书质量。当然,本书涉及科学技术的很多领域,鉴于编者的水平有限,难免有不妥之处,恳请读者予以批评指正。

作　者
2018年1月

第1版前言

人类在漫长的社会进步中不断扩展自身的生存空间。人类的活动范围已经从陆地扩展到海洋,从海洋扩展到天空,再从天空扩展至太空。人类活动范围的每一次扩展都是科学技术的一次伟大飞跃。

航天梦想产生于遥远的古代,航天技术萌芽于近代。经过航天先辈的不懈努力,航天技术在20世纪50年代之后得以蓬勃发展,日新月异。航天技术以其独有的魅力,一直都吸引着世人的目光,是备受关注的高新技术,对于国防、科技、文化以及经济均有重大的作用和影响。

地球是人类的摇篮,但是人类不能永远待在摇篮中。航天技术拓宽了人类的视野,给人类提供了走向太空的手段,带来了无限的希望。地球有限的资源已经成为制约人类发展的要素,而太空的无限资源正待人类借力航天技术去开发利用。虽然人类对于太空资源的认识还非常有限,真正利用太空资源更是刚刚起步,但是,空间资源开发在人类日益增长的需求面前逐渐被高度重视,具体开发也已经提上日程。

我国从20世纪50年代中期明确提出发展航天科技,经过50多年的艰苦奋斗,已经跨入了世界航天大国的行列,"北斗"卫星导航、载人航天工程、月球探测工程,都已成为有目共睹的辉煌成就,体现了我国航天技术的最新水平,也在一定程度上反映了我国的综合国力。

普及航天技术知识是激励学生热爱航天技术的重要手段。本书以航天技术发展脉络为主线,不仅介绍航天技术基础,还把我国航天拼搏精神融会其中,使广大学生在了解航天技术的同时,能够感受到航天人独有的顽强拼搏精神。本书共8章,以运载火箭和航天器为主要对象,系统介绍了航天技术的基础知识。内容包括航天技术的发展史、中国的航天事业、航天飞行原理、航天器构造、航天飞行器动力、载人航天系统、航天技术应用、航天先进技术,为读者在有限的篇幅内提供航天技术领域的基础知识。

本书可作为航天院校各专业大学生使用的通用教材,也可作为广大航天科技爱好者了解航天科技知识、拓宽科学知识面的一本参考读物。在编著本书过程中,参考了许多专业学者的著作和文章,北京空间科技信息研究所庞之浩研究员审阅了本书的全部内容,并提出了许多重要的修改建议,在此一并表示衷心的感谢。限于作者水平,书中不妥之处敬请读者批评指正。

作　者
2014年6月14日

目 录

第1章 航天技术发展史 ··· 1
  1.1 运载火箭 ··· 1
  1.2 航天器的概念与分类 ··· 2
    1.2.1 无人航天器 ·· 3
    1.2.2 载人航天器 ·· 6
  1.3 航天探索与航天先驱 ··· 10
    1.3.1 上古传说 ·· 10
    1.3.2 古代中国的飞行器械 ··· 11
    1.3.3 艰难的探索 ·· 14
  1.4 人类探索太空的光辉历程 ··· 19
    1.4.1 人造卫星上天穹 ··· 19
    1.4.2 载人飞船游太空 ··· 20
    1.4.3 成功登月留足迹 ··· 21
    1.4.4 飞船对接在空间 ··· 22
    1.4.5 笑傲九天建基地 ··· 23
    1.4.6 航天飞机留青史 ··· 24
    1.4.7 深空探测创奇迹 ··· 27

第2章 奋进中的中国航天事业 ·· 29
  2.1 中国航天事业的起步 ··· 29
  2.2 中国航天技术发展简史 ··· 32
    2.2.1 "长征"系列运载火箭 ··· 32
    2.2.2 "东方红"通信广播卫星系列 ·· 43
    2.2.3 返回式卫星系列 ··· 46
    2.2.4 地球资源卫星系列 ··· 50
    2.2.5 "风云"气象卫星系列 ··· 53
    2.2.6 科学探测与技术试验卫星 ··· 59
    2.2.7 "北斗"导航卫星系列 ··· 71
    2.2.8 载人航天器——"神舟"系列飞船 ···································· 74
    2.2.9 载人航天器——中国空间站 ·· 86
    2.2.10 深空探测和嫦娥工程 ·· 91
  2.3 中国航天事业的成就 ··· 96
    2.3.1 火箭和空间综合技术 ·· 96

      2.3.2 空间应用 …………………………………………………………… 97
      2.3.3 空间科学研究 ………………………………………………………… 98
   2.4 中国航天事业的发展与展望 ……………………………………………… 98
   2.5 中国独特的航天文化和民族精神 ………………………………………… 99
      2.5.1 航天"三大"精神 ……………………………………………………… 99
      2.5.2 质量文化 ……………………………………………………………… 102
      2.5.3 创新文化 ……………………………………………………………… 103
      2.5.4 创新人物 ……………………………………………………………… 106

第3章 航天飞行原理 …………………………………………………………… 109
   3.1 开普勒定律 ………………………………………………………………… 109
   3.2 宇宙速度 …………………………………………………………………… 110
      3.2.1 第一宇宙速度 ………………………………………………………… 110
      3.2.2 第二宇宙速度 ………………………………………………………… 111
      3.2.3 第三宇宙速度 ………………………………………………………… 112
   3.3 航天飞行器发射轨道 ……………………………………………………… 112
   3.4 卫星运行轨道 ……………………………………………………………… 114
      3.4.1 圆轨道和椭圆轨道 …………………………………………………… 114
      3.4.2 顺行轨道和逆行轨道 ………………………………………………… 115
      3.4.3 地球同步轨道 ………………………………………………………… 115
      3.4.4 太阳同步轨道 ………………………………………………………… 116
      3.4.5 极轨道 ………………………………………………………………… 117
      3.4.6 回归轨道 ……………………………………………………………… 118
      3.4.7 行星际飞行轨道 ……………………………………………………… 118
   3.5 航天器的回收 ……………………………………………………………… 120
      3.5.1 航天器回收方式与程序 ……………………………………………… 120
      3.5.2 航天器回收系统 ……………………………………………………… 121
      3.5.3 航天器回收区和着陆场 ……………………………………………… 123

第4章 航天器的构造 …………………………………………………………… 125
   4.1 卫星的基本结构 …………………………………………………………… 125
      4.1.1 卫星的结构组成 ……………………………………………………… 125
      4.1.2 卫星的结构材料 ……………………………………………………… 127
      4.1.3 卫星稳定构造 ………………………………………………………… 128
   4.2 载人飞船的基本构造 ……………………………………………………… 129
   4.3 航天飞机的基本构造 ……………………………………………………… 135
   4.4 空天飞机的组成和飞行方式 ……………………………………………… 138
   4.5 空间站功用和组成 ………………………………………………………… 141
      4.5.1 空间站的功能和运作原理 …………………………………………… 141

4.5.2　空间站的组成结构 …………………………………………………………… 142
4.6　空间探测器结构 ……………………………………………………………………… 144

第5章　航天飞行器动力 …………………………………………………………………… 147

5.1　化学火箭发动机 ……………………………………………………………………… 147
　　5.1.1　固体火箭发动机 …………………………………………………………… 148
　　5.1.2　液体火箭发动机 …………………………………………………………… 151
　　5.1.3　固液混合火箭发动机 ……………………………………………………… 157
5.2　非化学火箭发动机 …………………………………………………………………… 159
　　5.2.1　电火箭发动机 ……………………………………………………………… 159
　　5.2.2　核火箭发动机 ……………………………………………………………… 161
　　5.2.3　太阳能火箭发动机 ………………………………………………………… 162

第6章　载人航天系统 ……………………………………………………………………… 163

6.1　发射场系统 …………………………………………………………………………… 163
　　6.1.1　航天发射场概况 …………………………………………………………… 163
　　6.1.2　航天发射场的组成 ………………………………………………………… 163
　　6.1.3　世界重要航天发射场 ……………………………………………………… 166
　　6.1.4　我国的航天发射场 ………………………………………………………… 168
6.2　运载火箭系统 ………………………………………………………………………… 172
6.3　航天员系统 …………………………………………………………………………… 173
　　6.3.1　航天员的选拔与训练 ……………………………………………………… 173
　　6.3.2　航天员的医学监督与医学保障 …………………………………………… 176
　　6.3.3　舱内航天服与舱外航天服的研制 ………………………………………… 178
6.4　载人飞船系统 ………………………………………………………………………… 179
　　6.4.1　结构与机构分系统 ………………………………………………………… 180
　　6.4.2　环境控制和生命保障分系统 ……………………………………………… 180
　　6.4.3　热控制分系统 ……………………………………………………………… 181
　　6.4.4　制导导航与控制分系统 …………………………………………………… 181
　　6.4.5　推进分系统 ………………………………………………………………… 181
　　6.4.6　测控与通信分系统 ………………………………………………………… 182
　　6.4.7　数据管理分系统 …………………………………………………………… 183
　　6.4.8　电源分系统 ………………………………………………………………… 183
　　6.4.9　返回着陆分系统 …………………………………………………………… 183
　　6.4.10　逃逸救生分系统 …………………………………………………………… 183
　　6.4.11　仪表与照明分系统 ………………………………………………………… 184
　　6.4.12　有效载荷分系统 …………………………………………………………… 184
　　6.4.13　乘员分系统 ………………………………………………………………… 184
6.5　测控通信系统 ………………………………………………………………………… 185

		6.5.1 航天控制中心	186
		6.5.2 航天测控站	186
	6.6	空间实验室系统	188
		6.6.1 基本认识	188
		6.6.2 国际空间实验室/站的发展	190
		6.6.3 中国空间站建设	194
	6.7	空间应用系统	196
	6.8	着陆场系统	196

第7章 航天技术的应用 199

- 7.1 航天技术在科学研究上的应用 199
  - 7.1.1 天文观测和深空探测 199
  - 7.1.2 空间物理探测 205
  - 7.1.3 空间生命科学研究 206
- 7.2 航天技术在军事上的应用 207
  - 7.2.1 军用卫星的种类和用途 207
  - 7.2.2 军用卫星在战争中的应用 208
- 7.3 航天技术在基础产业建设中的应用 209
  - 7.3.1 在农业现代化建设中的应用 209
  - 7.3.2 卫星通信的应用与空间信息高速公路 211
  - 7.3.3 在交通现代化建设中的应用 212
  - 7.3.4 在能源现代化建设中的应用 214
  - 7.3.5 空间资源的开发利用和空间产业 215
- 7.4 航天技术在减灾防灾、环境保护和国土资源管理中的应用 216
  - 7.4.1 航天技术在减灾防灾中的应用 216
  - 7.4.2 航天技术在环境保护中的应用 217
  - 7.4.3 航天技术在国土资源管理中的应用 217

第8章 航天先进技术 220

- 8.1 激光推进技术 220
- 8.2 先进运载火箭技术 222
- 8.3 新型卫星技术 225
- 8.4 航天先进制造技术 228
- 8.5 航天先进材料技术 231

附录1 世界航天大事记 236

附录2 中国航天大事记 247

参考文献 257

第1章 航天技术发展史

人类在与大自然斗争的漫长历程中,很早就产生了遨游太空的想法。嫦娥奔月等神话传说,反映了人类向往太空、征服太空、利用太空的美好愿望。苏联1957年发射的第一颗人造地球卫星和1961年发射的第一艘载人飞船"东方号",标志着人类空间时代的开始。1969年美国发射的"阿波罗11号"载人飞船使人类第一次实现登月壮举,1981年美国成功发射了航天飞机,由此人类进入了航空航天技术发展的新时期。

1.1 运载火箭

火箭是靠火箭发动机喷射工质产生的反作用力向前推进的飞行器。一般火箭携带的推进剂包括燃烧剂和氧化剂,它可不依靠外界的工质(空气)产生推力,因而既可以在大气层内飞行,也可以在大气层外飞行。根据不同的任务和用途,火箭可以装载不同的有效载荷。当它装载卫星、飞船等各类航天器,承担将航天器送入预定轨道的任务时,就称为运载火箭。运载火箭是把航天器送入太空的主要工具,是航天技术的重要组成部分,但其本身并不是航天器。当火箭装载某些科学仪器,承担探测地球大气层参数的任务时,就称为探空火箭;当火箭装载战斗部,承担作战任务时,就称为火箭武器,其中具有制导控制能力的,称为导弹。除此之外,还可以根据火箭的级数、有无控制、能源的种类对火箭进行分类,如图1-1所示。

运载火箭是由多级火箭组成的航天运输工具,其用途是把人造地球卫星、载人飞船、空间

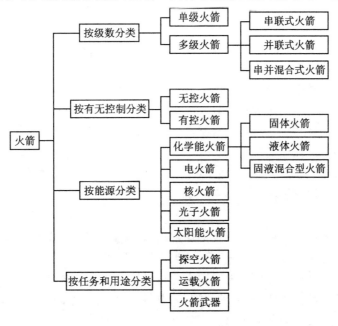

图 1-1 火箭分类

站和空间探测器等有效载荷送入预定轨道。运载火箭一般由2～4级组成,每一级都包括箭体结构、推进系统和飞行控制系统;末级有仪器舱,内装制导与控制系统、遥测系统和发射场安全系统;级与级之间靠级间段连接;有效载荷装在仪器舱的上面,外面有整流罩。图1-2所示为苏联发射"卫星号"运载火箭的场景。

图1-2　苏联"卫星号"运载火箭发射第一颗人造地球卫星

许多运载火箭的第一级外围捆绑有助推火箭,又称半级火箭。助推火箭可以是固体火箭,也可以是液体火箭,其数量根据运载能力的需要来选择。火箭推进剂大都采用液体双组元推进剂,如液氧、煤油、四氧化二氮、偏二甲肼、液氧、液氢等。制导系统大都用自主式全惯性制导系统。在专门的发射中心(见6.1节)发射。火箭技术指标包括运载能力、入轨精度、对不同质量有效载荷的适应能力和可靠性等。

目前常用的运载火箭按其所用的推进剂可分为固体火箭、液体火箭、固液混合型火箭3种类型。如我国的"长征3号"运载火箭是一种三级液体火箭;"长征1号"运载火箭是一种固液混合型的三级火箭,其中第一级、第二级是液体火箭,第三级是固体火箭;美国的"飞马座"空射运载火箭则是一种三级固体火箭。

1.2　航天器的概念与分类

航天器是指在稠密大气层之外环绕地球,或在行星际空间、恒星际空间,基本上按照天体力学规律运行的各种飞行器,又称空间飞行器。航天器可以分为无人航天器与载人航天器。无人航天器按围绕地球运行和脱离地球引力运行又可分为人造地球卫星和空间探测器两类。载人航天器又可分为载人飞船、空间站、航天飞机和空天飞机等,如图1-3所示。我国2003年发射的"神舟5号"飞船为载人飞船。

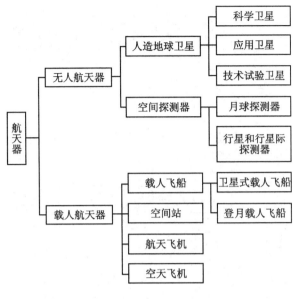

图1-3 航天器分类

1.2.1 无人航天器

无人航天器包括人造地球卫星和空间探测器。

1. 人造地球卫星

人造地球卫星是环绕地球在空间轨道上运行(至少一圈)的无人航天器,简称人造卫星。人造卫星是发射数量最多、用途最广、发展最快的航天器。人造卫星发射数量占航天器发射总数的90%以上。完整的卫星工程系统通常由人造卫星、运载器、航天器发射场、航天控制和数据采集网以及用户台(站、网)组成。人造卫星和用户台(站、网)组成卫星应用系统,如卫星通信系统、卫星导航系统和卫星空间探测系统等。1957年10月4日,苏联发射了世界上第一颗人造地球卫星"人造地球卫星1号"(见图1-4)。

人造卫星按运行轨道分为低轨道卫星、中高轨道卫星、地球同步卫星、地球静止卫星、太阳同步卫星、大椭圆轨道卫星和极轨道卫星。人们更多是按用途把人造卫星分为科学卫星、应用卫星和技术试验卫星。

科学卫星是用于科学探测和研究的卫星,主要包括空间物理探测卫星和天文卫星。科学卫星使用的仪器包括望远镜、光谱仪、盖革计数器、电离计、压力测量仪和磁强计等。借助这些仪器可研究高层大气、地球辐射带、地球磁层、宇宙线、太阳辐射和极光,观测太阳和其他天体。

应用卫星是直接为国民经济和军事服务的卫星。在所有人造地球卫星中其种类最多,发射数量也最多。应用卫星按用途可分为通信卫星、气象卫星、侦察卫星、导航卫星、测地卫星、地球资源卫星、截击卫星和多用途卫星等。按其是否专门用于军事目的又可分为军用卫星和民用卫星,有许多应用卫星都是军民兼用的。应用卫星主要有三大用途:①无线电信号中继,这类卫星发展很快,有国际通信卫星、国内通信卫星、军用通信卫星、海事卫星、广播卫星、跟踪和数据中继卫星及搜索营救卫星;②对地观测平台,包括气象卫星、地球资源卫星、侦察卫星在内的这类卫星统称为对地观测卫星,在这些卫星上装有对地观测的从紫外光到远红外光各种

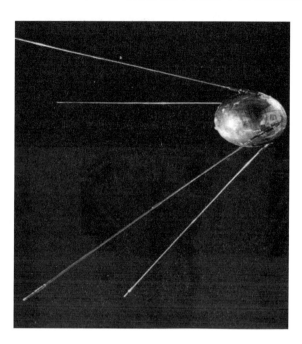

图 1-4 苏联发射的世界上第一颗人造卫星"人造地球卫星 1 号"

波长的遥感仪器或其他探测仪器,收集来自陆地、海洋、大气的各种频段的电磁波,从中提取有用的信息,分析、判断、识别被测物体的性质和所处的状态;③导航定位基准,这类卫星有导航卫星、测地卫星等,在这些卫星上装有光信标灯、激光反射器和无线电信标机、应答机等。

技术试验卫星是进行新技术试验或为应用卫星进行试验的卫星。航天技术中的新原理、新技术、新方案、新仪器设备和新材料往往需要在轨道上进行试验,试验成功后才投入使用。这类卫星数量较少,但试验内容广泛,如重力梯度稳定试验、电火箭试验、生物对空间环境适应性试验、载人飞船生命保障系统和返回系统的验证试验、交会对接试验、无线电新频段的传输试验、新遥感器的飞行试验和轨道上的截击试验等。

2. 空间探测器

空间探测器,又称深空探测器或宇宙探测器,是对月球和月球以远的天体和空间进行探测的无人航天器,是空间探测的主要工具。空间探测器装载科学探测仪器,由运载火箭送入太空,飞近月球或行星进行近距离观测,或变为该星体的人造卫星进行长期观测,也可以着陆进行实地考察,或采集样品进行研究分析。

空间探测器按探测的对象可划分为月球探测器和深空探测器。深空探测器有行星(金星、火星、水星、木星、土星等)探测器和行星际探测器、小天体探测器等。

空间探测器离开地球时必须获得足够大的速度才能摆脱地球引力,实现深空飞行。探测器沿着与地球轨道和目标行星轨道都相切的日心椭圆轨道(双切轨道)运行,就可能与目标行星相遇,并增大速度以改变飞行轨道,可以缩短飞抵目标行星的时间。

为了保证探测器沿双切轨道飞到与目标行星轨道相切处时目标行星恰好也运行到该处,必须选择在地球和目标行星处于某一特定相对位置的时刻发射探测器。探测器可以在绕飞行星时,利用行星引力场加速,实现连续绕飞多个行星。

空间探测器的显著特点是，在空间进行长期飞行，地面不能进行实时遥控，所以必须具备自主导航能力；在向太阳系外行星飞行时，远离太阳，不能采用太阳能电池阵，而必须采用核能源系统；承受十分严酷的空间环境条件，需要采用特殊防护结构；在月球或行星表面着陆或行走，需要一些特殊形式的结构。

月球是地球的天然卫星，也是距离地球最近的天体，自然就成为空间探测的首选目标。1959年1月2日，苏联向月球发射的"月球1号"是世界上第一个空间探测器（见图1-5），它的飞行开创了人类探索太阳系内天体的新阶段。2007年10月24日，中国自行研制的第1个月球探测器——"嫦娥1号"飞向月球（见图1-6）。月球探测系列中有苏联的"月球"号、美国的"阿波罗"号和中国的"嫦娥"系列。为给"阿波罗"登月做准备，美国还发射了"徘徊者"号、"月球轨道环行器"和"勘测者"号等空间探测器，它们的探测成果是"阿波罗"飞船登月成功的保障。

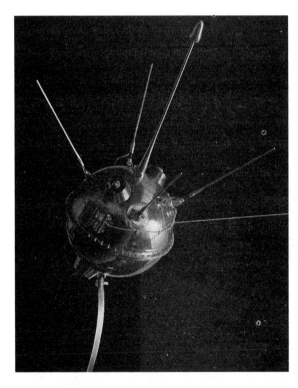

图1-5 苏联发射的"月球1号"

图1-6 中国发射的"嫦娥1号"

目前，行星和行星际探测系列中有美国的"水手"号、"旅行者"号、"先驱者"号和苏联的"火星"号。其中"旅行者2号"除完成观测木星、木星卫星、土星、土星卫星和土星环的任务外，还飞近天王星、海王星，在接近海王星的同时又探测了有关冥王星的情况，获得一些鲜为人知的宝贵资料。"旅行者"号携带了镀金铜板声像片和金刚石唱针，希望将地球人类的信息带给地外智慧生命。

此外，还有苏联的"金星"号、美国的"海盗"号和"太阳神"号等空间探测器。

上述各类空间探测器为人类获得了大量有关各行星表面、大气和周围空间及行星际空间的资料，扩展了人类对行星地质、地貌、磁场、辐射带和大气成分以及行星际空间的研究和认识。

1.2.2 载人航天器

1. 宇宙飞船

宇宙飞船是一种运送航天员或者货物到达太空并返回的一次性使用航天器。它能基本保证航天员在太空短期生活并进行一定的工作。运行时间一般是数天到半个月,一般乘 2~3 名航天员。我国的"神舟"系列飞船是载人的宇宙飞船,即载人飞船。我国今后还将研制货运飞船。

世界上第一艘载人飞船是苏联的"东方 1 号"宇宙飞船,如图 1-7 所示。它由两个舱组成,上面的是密封载人舱,又称航天员座舱。这是一个直径为 2.3 m 的球体。舱内设有保障航天员生活的环境控制与生命保障系统,以及控制飞船姿态的姿态控制系统、测量飞船飞行轨道的信标系统、着陆用的降落伞回收系统和着陆用的弹射座椅系统。另一个舱是设备舱,长 3.1 m,直径为 2.58 m。设备舱内有使载人舱脱离飞行轨道返回地面的制动火箭、供应电能的电池、储气的气瓶、喷嘴等系统。"东方 1 号"宇宙飞船总质量约为 4 700 kg。

图 1-7 苏联的"东方 1 号"宇宙飞船返回舱

2. 空间站

空间站是一种在近地轨道长时间运行,可供多名航天员在其中生活工作和巡访的载人航天器。小型空间站可一次发射完成,较大型的空间站可分批发射组件,在太空中对接而成。空间站中有供人类生活的一切设施,能进行天地往返。

空间站结构特点是体积比较大,在轨道飞行时间较长,有多种功能,能开展的太空科研项目也多而广。空间站的基本组成是以一个载人生活舱为主体,再加上有不同用途的舱段,如工作实验舱、科学仪器舱等。空间站外部装有太阳能电池板和对接舱口,以保证站内电能供应和实现与其他航天器的对接。

世界第一个空间站是苏联的"礼炮 1 号",1971 年 4 月 19 日由苏联发射。它是在固定轨道上运行的载人航天器,用作科学观察和实验的基地,并可用来给别的航天器加燃料或从其上发射卫星和导弹。原设计应在永久轨道上运行,但因轨道低,6 个月之后它进入地球大气层而告失败。美国于 1973 年 5 月 14 日发射了其第一个试验性空间站——"天空实验室",该空间站在 1973 年 5 月 25 日至 1974 年 2 月 8 日先后有 3 批乘员组进入,共载人飞行 171 天。著名的空间站应当数苏联的"和平"号空间站(见图1-8),它是人类首个可长期居住的空间研究中心,同时也是首个多舱段空间站。由于部件老化且缺乏维修经费,"和平"号空间站于2001年3月23日坠入地球大气层,碎片落入南太平洋海域中。

图1-8 "和平"号空间站

目前在轨运行的只有国际空间站(见图1-9)和中国空间站(见图1-10)。2022年11月3日中国空间站建造全面完成,国家太空实验室建成。

图1-9 国际空间站

国际空间站(International Space Station)简称ISS,是由6个国际主要太空机构联合推进的国际合作计划。这6个太空机构分别是美国国家航空航天局、俄罗斯联邦航天局、欧洲航天局、日本宇宙航空研究开发机构、加拿大国家航天局和巴西航天局。参与该计划的共有16个国家和地区组织,以美国、俄罗斯为首,其他4个重要成员是欧空局、日本、加拿大和巴西。欧空局成员国中参与到国际空间站计划的国家有:比利时、丹麦、法国、德国、意大利、挪威、荷兰、西班牙、瑞典、瑞士和英国,其中英国是项目开始之后参与进来的。

国际空间站是1983年由美国总统里根首先提出的,经过十来年的探索和多次重新设计,

图 1-10 中国空间站

直到苏联解体、俄罗斯加盟,国际空间站才于 1993 年完成设计,开始实施。

2018 年 8 月 30 日,国际空间站出现轻微漏气,初步查找发现可能是太空微陨石撞击空间站上对接的俄飞船出现微小裂缝所致。站内 6 名航天员进行了修补。

3. 航天飞机

航天飞机是一种有人驾驶、部分可重复使用、往返于地球表面和近地轨道之间运送有效载荷的航天器。它既能像火箭一样垂直起飞,像太空飞船一样在轨道上运行,又能像飞机那样下滑和水平着陆,是集火箭、航天器和航空器技术于一体的综合产物。

航天飞机一般可乘坐 7 名航天员。航天飞机在轨道上运行时,可进行释放卫星、回收及维修卫星、各种微重力科学实验等多种任务。它由轨道器、固体助推火箭和外储箱 3 大部分组成。固体助推火箭共 2 枚,发射时与轨道器上的 3 台主发动机基本同时点火,上升到约 49 km 高空时,两枚助推火箭停止工作并与轨道器分离,回收后重复使用。外储箱是个巨大壳体,内装供轨道器主发动机用的液氢/液氧推进剂,在航天飞机进入地球轨道之前主发动机熄火,外储箱与轨道器分离,进入大气层烧毁,外储箱是航天飞机组件中唯一不能回收的部分。航天飞机的轨道器是载人的部分,有宽大的机舱,并根据航天任务的需要分成若干个"房间"。有一个大的货舱,可容纳大型设备。轨道器中可乘载职业航天员,舱内大气为氮氧混合气体。航天飞机在太空轨道完成飞行任务后,轨道器下降返航,像一架滑翔机那样在预定跑道上水平着陆。按照设计,轨道器可重复使用 100 次。

虽然世界上有几个国家都陆续进行过航天飞机的开发,但只有美国与苏联实际成功发射并回收过这种交通工具,如美国的"奋进"号航天飞机(见图 1-11)和苏联"暴风雪"号航天飞机(见图 1-12)。但由于苏联解体等原因,"暴风雪"号只进行过一次无人飞行,全世界仅有美国的航天飞机机队曾经实际使用并执行任务,但在 2011 年 7 月,美国的"亚特兰蒂斯"号航天飞机执行了最后一次飞行任务,美国也终结了航天飞机的使用。

图 1-11　美国"奋进"号航天飞机

图 1-12　苏联"暴风雪"号航天飞机

4. 空天飞机

空天飞机是航空航天飞机的简称,是既能航空又能航天的新型飞行器,是航空技术与航天技术高度结合的飞行器,将把空间开发推向一个新的阶段。

空天飞机是一种未来的飞机,它像普通飞机一样水平起飞,以每小时 $1.6\times10^4\sim3\times10^4$ km 的高超声速在大气层内飞行,在 30~100 km 高空的飞行速度为 12~25 倍声速,而且可以直接加速进入地球轨道,成为航天飞行器,返回大气层后,像飞机一样在机场着陆,成为自由地往返天地之间的运输工具。在此之前,航空和航天是两个不同的技术领域,由飞机和航天飞行器分别在大气层内、外活动,航空运输系统是重复使用的,航天运载系统一般是不能重复使用的。而空天飞机能够达到完全重复使用和大幅度降低航天运输费用的目的。

1.3 航天探索与航天先驱

1.3.1 上古传说

古往今来,遥望星空,人类做了多少飞天之梦。我们的祖先凭着丰富的想象力,编织了一个又一个美丽的传说和神话。

1. 嫦娥奔月

追溯中国人的飞天梦,要从嫦娥奔月的神话(见图1-13)说起。

图1-13 嫦娥奔月

传说,远古时期,天上有十个太阳,晒得大地冒烟,海水干枯,老百姓苦得活不下去。有个叫后羿的英雄力大无比,他用宝弓神箭,一口气射下了九个太阳。

后羿射下太阳后,向王母娘娘求得一包长生不老药,并将药交给妻子嫦娥保管。据说,服下此药,能即刻升天成仙。

这一年的八月十五,后羿出门打猎去了。他的徒弟,一心想偷吃长生不老药的蓬蒙闯进嫦娥的住所,逼她交出长生不老药。嫦娥迫不得已,仓促间把药全部吞下肚里,然后飘离地面,冲出窗口,向天上飞去……

后羿回到家得知了白天发生的事后,既惊又怒,抽剑去杀恶徒,蓬蒙早逃走了。悲痛欲绝的后羿,仰望着夜空呼唤爱妻的名字。这时他发现,当天的月亮格外皎洁明亮,而且有个晃动的身影酷似嫦娥。

后羿急忙派人到后花园里摆上香案,放上她平时最爱吃的蜜食鲜果,遥祭在月宫里的嫦娥。百姓们闻知消息后,也纷纷在月下摆设香案,向嫦娥祈求吉祥平安。从此,中秋节拜月的风俗就传开了。

嫦娥奔月的传说有若干个版本,但都讲述了嫦娥飞上月球的故事,寄托着古人对飞天的向往。从那时起,飞天梦就像种子一样在中国人心里发芽了。

2. 敦煌飞天

甘肃敦煌莫高窟是我国的艺术宝库。在石窟的壁画里,画着很多灵活生动的"飞天"场景(见图1-14)。隋朝的壁画中也画着长了翅膀的"羽人"。这些都是古人升空愿望在艺术上的反映。

3. 伊卡洛斯

像鸟一样在天空翱翔是人类共同的理想,古代各国都曾流传过类似的传说和神话。在古希腊神话中,建筑师代达洛斯与儿子伊卡洛斯(见图1-15),为了逃出米诺斯国王在克里特岛上所设的迷宫,用蜡和羽毛为自己制作了能飞翔的翅膀。能够像鸟和神一样自由飞翔使年轻的伊卡洛斯欣喜若狂,他忘记了父亲的劝告,越飞越高,竟然梦见驾着马车奔行于天空的太阳神正在向他微笑。最终因蜡被太阳所熔化,父子俩不幸摔死在汪洋中。

图1-14 敦煌飞天

图1-15 伊卡洛斯父子

1.3.2 古代中国的飞行器械

中国是世界文明的发源地之一,古代的中国人民为了实现飞上蓝天的梦想,凭着他们的勤劳和智慧,发明了风筝、火箭、孔明灯、竹蜻蜓等能飞的器械。而这些能飞的器械就是现代飞行器的始祖或雏形。

1. 奇肱飞车

黄帝以后,著名的帝王有尧、舜、禹,随后的朝代是夏、商、周。商朝第一个君主是汤,又叫商汤或成汤。商汤在位的时候,中国西面有一个奇肱国。这国里的人,虽然只有一只胳臂,可是心灵手巧,造出了飞车,能顺风飞得很远,可以一日万里。有一年,一个奇肱人乘着西风,驾飞车飞到中国的豫州。商汤知道了,就派人把奇肱人好好地招待供养,同时怕老百姓见到飞车,就把飞车破坏了。过了10年,商汤派人按照飞车的原样,另外造了一架飞车,乘着东风,让奇肱人驾着飞车飞回去了,如图 1-16 所示。

《山海经·海外西经》里有一段奇肱飞车的记载:"其人,善为机巧,以取百禽能作飞车,从风远行……"

2. 木 鸟

中国古人在很早的时候就开始制作木鸟,古书中称木鸟为木鸢、鹊、鹄等,如图 1-17 所示。据古书记载,战国时期,公输班、墨子曾用木材和竹子制成木鸟,纵飞上天。《韩非子·外储说左上》上有"墨子为木鸢,三年而成,蜚一日而败。弟子曰:'先生之巧,至能使木鸢飞'"。《墨子·鲁问》上称"公输子削竹木为鹊,成而飞之,三日不下。公输子自以为至巧。墨子谓公输子曰:'子之为鹊也,不如匠之为车辖。'"此外,还有东汉科学家张衡制作木鸟的事,南朝宋范晔在《后汉书·张衡传》记载有"木雕犹能独飞"。宋朝李坊等人编的《太平御览》中还有"《文士传》曰:张衡尝作木鸟,假以羽翮,腹中施机,能飞数里"。唐代苏鄂的《杜阳杂编》有"飞龙卫士韩志和,本倭国人也。善雕木作鸾、鹤、鸭、鹊之状,饮啄动静与真无异。以关戾置于腹内,发之,则凌云奋飞,可高三丈,至一二百步外,方始却下"。

图 1-16 奇肱飞车

图 1-17 木鸟

3. 风 筝

美国国家航空航天博物馆中陈列着世界上最早的飞行器——中国的风筝和火箭。

风筝又名风鸢、纸鸢或鹞子,是一种极普通的玩具,如图 1-18 所示。相传公元前 202 年,汉楚相争时期,韩信曾做风筝,让张良乘坐而"楚歌云上",楚军因思乡厌战而亡。唐朝赵昕的《息灯鹞文》说:"我闻淮阴巧制,事启汉邦。楚歌云上,或曰子房。"说的就是这事。而宋朝高承的《事物纪原》说韩信曾利用风筝测量距离,是风筝最早用来为军事服务的记载。明代的《古今事物考》中也记载了韩信用风筝测量未央宫距离一事。在西方,《世界航空史话》中亦有风筝的记载。可见,风筝早在公元纪年之前就已经在中国出现。7 世纪风筝开始传入朝鲜,8 世纪传入日本,14 世纪传入欧洲,以后又传入美洲和世界其他地方。中国是风筝的故乡,每年大量的风筝爱好者携带风筝到中国来参加风筝比赛。

4. 竹蜻蜓

用竹或木削成带扭曲状的薄片,在中间装一根立轴,用双手急搓能使其快速旋转而飞升,这便是中国民间广泛流传的玩具竹蜻蜓,如图 1-19 所示。如果把它横放便是螺旋桨。竹蜻蜓大约在 18 世纪传入欧洲,被称为"中国陀螺"。西欧和俄国学者曾对其加以研究和试验。竹蜻蜓旋转而飞升的原理与现代直升机飞升的原理相同,因此,竹蜻蜓被认为是直升机的雏形。

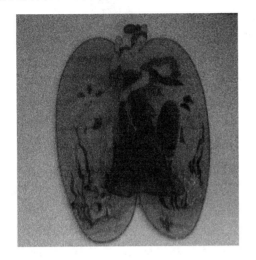

图 1-18 风筝

图 1-19 竹蜻蜓

5. 松脂灯

相传在五代时,莘七娘随夫入闽作战,曾以竹篾制成长方形灯架,外蒙以纸,底盘上燃以松脂油,当灯内充满热气时即扶摇直上,用作军中信号,这就是松脂灯,如图 1-20 所示。后人为了纪念七娘,又名七娘灯。七娘的故事在《全闽诗话》中有记载。松脂灯靠热气浮升的原理,与航空热气球升空原理完全相同,但比世界上公认的第一个热气球——法国蒙哥尔费热气球要早 800 多年。

图 1-20 松脂灯

6. 火　箭

火药是中国最伟大的发明之一，首先用火药制成火箭并用于战争的也是中国。三国时期，诸葛亮伐魏"一出岐山"攻打陈仓时，陈仓守将郝昭就曾用弓弩射出的火箭，反击蜀兵攻城用的云梯，使诸葛亮不能取胜。南宋末年出现了利用反作用力原理喷气推进的火箭，如图 1-21 所示。元朝时，火箭已广泛用于战争；明朝时，火箭的威力和品种已有很大发展，明朝名将戚继光所使用的火箭"可去三百步，中者人马皆倒，不独穿而已"，使倭寇闻风丧胆。

1.3.3　艰难的探索

图 1-21　火箭

1. 古代火箭发展

航天离不开火箭，火箭技术是航天技术的基础。现代火箭的诞生，使千百年来人类遨游太空的理想得以实现。但火箭的历史又十分悠久，而中国是发明火箭的国家。火箭是在火药发明以后为适应军事和娱乐需要而出现的。火箭一词最早出现在三国时期，不过当时的"火箭"只是箭杆前端绑有易燃物、点燃后由弓弩射出的普通箭，不是真正意义上靠喷气推进的火箭。随着火药的出现，火药代替了易燃物，"火箭"迅速应用于军事和娱乐活动中。唐末宋初，就有火药用于"火箭"的文字记载。北宋军官冯继升、岳义方、唐福等曾向朝廷献过"火箭"和"火箭法"。曾公亮等在《武经总要》中记载了"火箭"的说明和示意图。这些"火箭"仍然由弓弩射出。

真正靠火药燃烧产生气体喷气推进的火箭雏形是出现于南宋孝宗年间的炮仗和烟火。当时有利用火药爆炸作用工作的"高升"或"二踢脚"，利用火药一次爆炸的反作用推力升空，然后再引爆另一部分炸药发出声响。同时代出现的"地老鼠""走线流星"和"起火"，都是利用火药缓慢燃烧产生反作用力向前推进的。其中的"起火"是在一根细竹竿上捆一药筒，点燃时能一飞冲天，战时可用作信号，平时是庆祝喜事的一种烟火。"起火"的前端加一个箭头，尾端装上箭羽，便成了真正意义上靠喷气推进的火箭。这种火箭，在明代茅元仪编著的《武备志》中有记载（见图 1-22）。这种原始火箭虽然没有现代火箭那样复杂，但已经具备战斗部（箭头）、推进系统（药筒）、稳定系统（尾羽）和箭体结构（箭杆），是现代火箭的雏形。

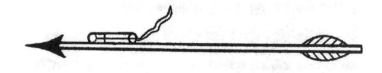

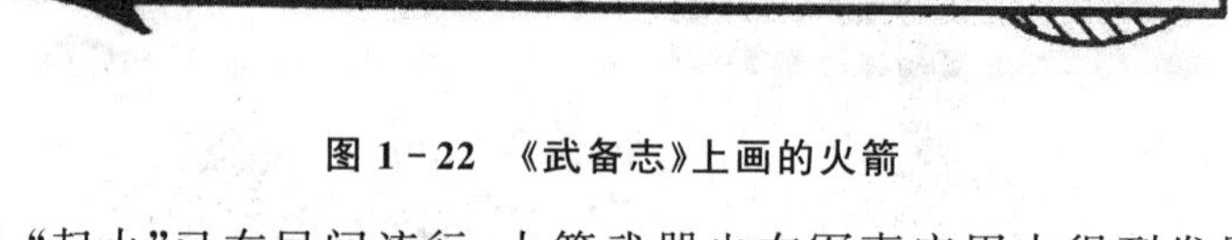

图 1-22　《武备志》上画的火箭

到元、明时期，"起火"已在民间流行，火箭武器也在军事应用中得到发展，出现了原始的"捆绑""多级火箭"和"回收"技术。明代史籍记载的"神火飞鸦""火龙出水""飞空砂筒"是这三种技术的代表。"神火飞鸦"的乌鸦体内充满火药，鸦体下方倾斜安装 4 支"起火"，使用时先点燃"起火"，推动乌鸦升空飞行，落地时鸦体内火药点燃爆炸，焚烧敌方营寨或船只。"火龙出水"中由毛竹制成的龙体内装有火箭数枚,龙体下方前后各装 2 支"起火",使用时点燃"起火","火龙"发射升空,犹如水面上出现火龙,"起火"的装药烧完后即点燃龙体内的火箭射向敌方。这种火箭原理上已和现代两级火箭相似,利用两级火箭接力,在水面上可飞行数里远。"飞空砂筒"是一种可回收的火箭。火箭箭身的前端两侧各绑一个药筒,一个筒口向后,另一个筒口向前。筒口向后的药筒前端安置一个装有细砂的爆竹。使用时先点燃筒口向后的药筒,火箭发射飞向敌方,筒内火药烧完后点燃爆竹,细砂喷出伤人双目;然后筒口向前的药筒点燃,将火箭送回。可见,反推火箭和回收重复使用的思想不是现代人的专利,中国古代早就出现了。

类似喷气飞机的"神火飞鸦"、有两级推进的"火龙出水"和能自控返回的"飞空砂筒"这些三四百年前的武器当然可以认为是现代导弹和航天器的始祖。

在 13 世纪,印度和阿拉伯国家也都使用过火箭,以后火箭又传入欧洲。这个时期的火箭比较原始,通常用层纸卷成药筒,内装火药,把药筒绑在细长的箭杆上,靠点燃药筒的引线发射。从 13 世纪到 18 世纪中叶,火箭技术的进展比较缓慢。18 世纪后期,印度军用火箭取得较大进步。药筒改由铁皮制造,能够承受较大的燃烧压力。火药的性能也有了改善。火箭的射程已可超过 1 km。印度军队在抗击英国和法国军队的多次战争中曾大量使用火箭并取得了良好战果。

印度军队成功使用火箭的战例推动了欧洲火箭技术的发展。曾在印度作战的英国军官 W·康格里夫对印度火箭作了改进。他确定了黑火药的多种配方,改善了制造方法并使火箭系列化。火箭的性能进一步提高,最大射程可达 3 km。19 世纪初,英军在多次大的战役中使用了康格里夫火箭,取得了显著的效果,促使欧洲许多国家研制火箭并建立火箭部队,黑火药火箭获得更广泛的应用。19 世纪 70 年代以后,火炮技术有了新的突破,特别是线膛炮的成功应用使火箭在使用性能方面远不如火炮,火箭的发展也变得缓慢。但古代火箭的演进为现代火箭的发展奠定了基础。

2. 航天始祖——万户飞天

世界上第一个试图乘火箭上天的开拓者也出现在中国。据记载,万户是明朝初期人,原来是一个木匠,后来从军。其间,为了从深山里营救出好友班背将军,他决定造一只"飞鸟"。但由于一些原因,救人计划落空了。失去了知己的万户心灰意冷试图逃离人间,到月球上生活。

万户潜心研究将军遗留下来的《火箭书》,并用自己的知识给予完善,造出了各种各样的"火箭",然后画出飞鸟的图形,众匠人按图制造出了一只形同巨鸟的"飞鸟",如图 1-23 所示。

在一个月明的夜晚,万户带着人来到一座高山上。他们将"飞鸟"放在山头上,"鸟头"正对着明月……鸟背上的驾驶座位椅子后面捆绑着 47 支火箭,万户自己坐在座椅上,两手各持一个大风筝,点燃火箭试图飞上天去。一瞬间,"火箭"尾部喷火,"飞鸟"离开山头向前冲去。接着万户的脚下也喷出火焰,"飞鸟"随即又冲向半空。

后来,人们在远处的山脚下发现了万户的尸体和"飞鸟"的残骸……这就是万户飞天的故事。

万户是世界上第一个利用火箭技术向太空搏击的英雄。他的努力虽然失败了,但他借助火箭推力升空的创想是世界之首,表现了惊人的胆略和非凡的预见,因此被公认为是人类"真正的航天始祖"。为了纪念这位利用火箭载人飞行的航天先驱,月球上的一座环形山被命名为"万户山"。

中国古代火箭技术的发展,其时之早,技艺之高,在世界上遥遥领先。13 世纪之后,火药

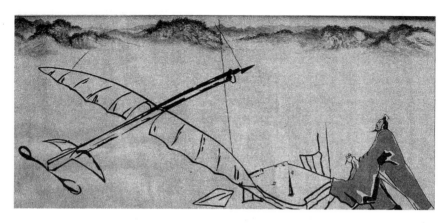

图 1-23 万户飞天

和火箭技术经阿拉伯、印度逐渐传入欧洲,并对后来西方的文明与进步产生了深远的影响。

3. 从幻想到科学

航天思想萌芽于古代人们对太空的向往,但是科学地论证克服地球引力场的条件,只有在经典力学,特别是天体力学的基础上才能做到。

(1) 科学幻想作品的启迪

科学幻想常常寓有科学的预言,能够启发人们做出重大的发明和创造。将天文知识与虚构的故事结合起来的太空飞行幻想小说起源于 17 世纪。开普勒是最早撰写太空科学幻想小说的作家。他的作品《梦游》描述了人飞渡月球的情景。在 17 世纪的太空幻想小说作家中,法国的 S.C·德贝尔热拉克最富有想象力。他在《月球旅行》一书中设想了多种推进方法,包括火箭和利用太阳能的喷射推进器。1783 年第一个载人气球升空后,人们发现垂直向上的飞行能力是极其有限的。高度越高,空气越稀薄和寒冷,为人所不能忍受。人们从而懂得了航天与大气层内飞行有质的不同。此后半个世纪,有关太空旅行的科学幻想作品出现了低潮。19 世纪 60 年代这类作品再度兴起。法国 A·艾罗、美国 E.E·黑尔、德国 K·拉塞维茨和英国 H.G·威尔斯等作家所写的太空旅行著作吸引了许多读者,而法国著名作家 J·凡尔纳的《从地球到月球》(见图 1-24)和《环游月球》产生的影响更

图 1-24 《从地球到月球》封面

为广泛。17 世纪以来的科学幻想小说与古代神话传说有根本区别。前者在科学的基础上加上合理演绎和设想,虚幻之中寓有合理的思路。它唤起了人们对航天的兴趣,使航天爱好者从中得到启发和鼓舞。

(2) 近代自然科学提供的条件

16 世纪中叶,波兰天文学家 N·哥白尼创立了日心说,改变了当时人们对宇宙的认识。之后,天文学家第谷·布拉赫通过大量天文观测获得了有关行星运动的丰富资料。J·开普勒

对第谷的观测资料用数学方法进行了分析计算和研究,发现了行星运动三定律,为经典天文学奠定了基石。1609年,伽利略用自制的望远镜巡视星空,使人类对太空的认识产生一个飞跃。伽利略还发现了自由落体定律和惯性原理,为经典力学的发展做出了贡献。1673年,荷兰物理学家C·惠更斯从单摆和圆周运动的实验得出向心力定律。I·牛顿根据运动的现象研究自然界的力,在1687年发表了他的不朽著作《自然哲学的数学原理》。他在这本书中提出了万有引力定律和三大运动定律,创立了天体力学,使人们得以从动力学的角度来研究天体的力学运动。经典力学,特别是天体力学是航天先驱者寻求克服地球引力而进入太空的途径的理论基础。

4. 克服地球引力的努力

（1）航天先驱者

19世纪后期到20世纪初,涌现出许多富有探索精神的航天先驱。他们对航天事业的早期发展做出了重大贡献,其中影响最人的是现代航天学和火箭技术的奠基者——俄罗斯的齐奥尔科夫斯基、美国的罗伯特·戈达德和德国的赫尔曼·奥伯特,如图1-25、图1-26和图1-27所示。

图1-25 齐奥尔科夫斯基

图1-26 罗伯特·戈达德

图1-27 赫尔曼·奥伯特

俄罗斯的齐奥尔科夫斯基出生于1857年9月5日,1896年开始系统地研究喷气飞行器的运动原理,并绘制了星际火箭的示意图。1903年发表《利用火箭推进的飞行器探索宇宙》的著名论文,建立了火箭运动的基本公式——齐奥尔科夫斯基公式,从理论上证明了利用多级火箭可以克服地球引力进入太空,论证了火箭用于星际航行的可行性,奠定了航天学的基础。在他以后的论文和著作中,确定了液体火箭发动机是航天器最适合的动力装置,为运载火箭的发展指出了方向(见图1-28);研究了卫星轨道和空间开发设想,提出了为实现行星际航行必须设置空间站的设想,以及航天器在地面起飞、在星际空间飞行和在没有大气层的星球表面着陆的条件。他说过:"地球是人类的摇篮。人类决不会永远躺在这个摇篮里,而会不断探索新的生存世界和空间。首先小心翼翼地穿越地球的大气层,然后就是征服整个太阳系。"这位现代航天技术的奠基者于1935年9月逝世。

美国的罗伯特·戈达德把航天理论与火箭技术相结合。他生于1882年,1914年开始从事火箭理论和实验研究。1919年发表《到达极大高度的方法》一文，阐述了火箭运动的基本数学原理，指出火箭必须具有7.9 km/s的速度才能克服地球的引力，讨论了用火箭将载荷送上月球的可能方案。他认为只有液体火箭才能提供航天所需的能量，1920年开始从事液体火箭研究，1926年3月16日成功试射了世界上第一枚液体推进剂火箭（见图1-29），飞行达到12 m高、56 m远。这是世界上第一次液体火箭的飞行试验，而戈达德也就成为液体火箭实际意义上的创始人。1932年，他首次利用陀螺控制燃气舵操纵火箭飞行。1935年，他制造的火箭的速度超过了声速，射程达到70 km。戈达德的贡献是将航天理论与火箭技术结合起来，使火箭进入实际的研制阶段。他不断地改进火箭，最终使火箭飞行达到了可观的高度和速度。他的成就启发和鼓舞了20世纪30年代一大批火箭的研制者。

图1-28 齐奥尔夫斯基的设计图

图1-29 戈达德和世界第一枚液体推进剂火箭

赫尔曼·奥伯特，1894年生于罗马尼亚。他专注于宇宙航行的基础理论研究，1922年提出空间火箭点火的理论公式和脱离地球引力的方法。1923年出版著作《飞往星际空间的火箭》，1929年经修改扩充改名为《通向空间之路》，激发了许多青少年对航天事业的兴趣。1927年德国创立了太空旅行协会，由奥伯特担任会长。1928年，反作用运动研究组成立于苏联；美国星际协会组建于1930年；英国星际学会出现在1933年。这些组织中的不少成员后来都成为本国研制第一代火箭的领导人。1938年奥伯特在维也纳工程学院开始从事固体火箭研究，1940年加入德国籍，1941年参与V-2火箭的研制工作。他的贡献主要在理论方面，对早期火箭技术和航天学的发展有较大的影响。

(2) V-2火箭的历史作用

20世纪30年代各国航天爱好者自发组织起来的火箭团体在开展活动的初期都遇到了困难，缺乏资金，受到社会人士的冷落。只有两个国家——德国和苏联的青年火箭专家得到了国家的支持。德国人对于尚处在萌芽状态的火箭的军事潜力寄予希望。德国当时负责火箭研制工作的W.R·多恩伯格把研制火箭的课题委托给太空旅行协会的青年专家W·布劳恩。布劳恩领导的火箭设计研究小组设计的第一代液体火箭 A-1 因结构不合理而遭到失败。但 A-1 的改进型 A-2 却于 1932 年 12 月试射成功,飞行高度达到 3 km。1935 年开始研制第二代火箭 A-3,重 750 kg,推力达 14.7 kN,采用再生冷却式燃烧室和燃气舵等新技术。1936 年 4 月,德国陆军增加拨款发展火箭技术,并在波罗的海海滨的佩内明德兴建火箭研究中心,同时研制 V-1 飞航式导弹和 V-2 弹道导弹。V-2 是在 A-3 试验火箭基础上改进而成的,因而还有 A-4 的代号。

V-2 导弹于 1942 年 10 月 3 日首次发射成功,飞行 180 km(见图 1-30)。它是历史上的第一枚弹道导弹。V-2 在工程上实现了 20 世纪初航天先驱者的技术设想,对现代大型火箭的发展起了继往开来的作用。V-2 火箭的设计虽然不尽完善,但它却是人类拥有的第一件向地球引力挑战的工具,成为航天发展史上的一座里程碑。

(3) 冲出大气层的努力

冲出大气层是人类向空间进军的序曲。大气层保护人类免遭空间粒子辐射的伤害,为人类繁衍生息创造了条件,但大气折射、漫射和对某些波段辐射的选择吸收使人类对宇宙奥秘的探索受到限制。要实现航天的愿望,首先必须突破大气层的屏障。从 19 世纪末到 20 世纪初,人们开始用气球、飞机和探空火箭向大气高层冲击。到第二次世界大战结束时,飞机的升限达到了 15.23 km,气球达到了 32 km 的高度。1946 年,美国发射缴获的 V-2,测到了 112 km 高度的大气数据。1949 年,苏联用

图 1-30　V-2 导弹

P-2A 探空火箭携带 860 kg 的仪器设备上升到 212 km 的高空。1949 年 2 月,美国以 V-2 为第一级、"女兵下士"火箭为第二级组成的"丰收"号探空火箭,创造了 393 km 的高度纪录,获得了高层大气参数、化学成分和辐射强度等资料。20 世纪 50 年代初,为了参与 1957—1958 国际地球物理年的活动,法国、日本、加拿大、澳大利亚等国也都发展了探空火箭。"经过不懈的努力,人类为最终冲出大气层做好了准备,也为各类航天器的升空打好了基础。"

1.4　人类探索太空的光辉历程

1.4.1　人造卫星上天穹

第二次世界大战结束后,苏联和美国都通过仿制德国 V-2 火箭建立了火箭和导弹工业,并且积累了研制现代火箭系统的经验。一些科学家已经看到,在 V-2 技术成果的基础上有可能发射人造地球卫星,而借助载有仪器设备的卫星可以更有效地开展空间科学研究工作。1946 年 1 月,美国成立了 V-2 高级研究委员会,决定将 V-2 作为发展新型导弹的试验工具和研究高层大气的探空火箭。1954 年召开的地球物理学国际会议建议有关国家在 1957—1958 国际地球物理年期间发射人造地球卫星。在这一年,美国和苏联都开始着手人造卫星及

其运载火箭的方案探索工作。在美国,陆军提出了用"丘比特"C运载火箭发射"探险者"号卫星的"轨道器"计划,海军建议在"海盗"号探空火箭的基础上加上两级固体火箭组成"先锋"号运载火箭发射"先锋"号卫星,空军则主张用MX-774火箭发射卫星。为了不影响战略导弹的研制工作,美国政府在1955年决定采用海军的"先锋"号运载火箭方案,并计划在1957年10月发射卫星,但"先锋"号火箭在1957年9月的首次试射中没有获得成功。

苏联在1954年基本上解决了多燃烧室发动机的设计和工艺问题,并有可能在较短时间内研制出推力达980 kN的液体火箭发动机,因而决定采用捆绑技术来研制P-7洲际弹道导弹,计划在P-7导弹研制成功后将几枚P-7导弹改装成"卫星"号运载火箭,用以发射人造地球卫星。1956年末,苏联获悉美国运载火箭已进行飞行试验,而苏联正在研制的人造卫星因技术较复杂,短期内难以完成。为了赶在美国之前发射卫星,苏联决定将原计划确定研制的卫星暂时推迟,改为先发射两颗简易卫星。1957年8月21日,P-7洲际导弹首次全程试射成功,同年10月4日,苏联用"卫星"号运载火箭把世界上第一颗人造地球卫星送入太空。这颗卫星正常工作了3个月左右,成为第一个被人类送入太空的航天器,实现了人类千百年来的梦想,成功开创了人类的航天新纪元。

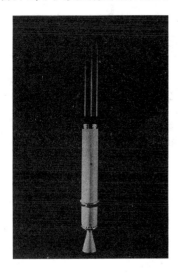

图1-31 "探险者1号"卫星

苏联第一颗人造地球卫星的发射成功在国际上产生了巨大的影响,对许多国家的运载火箭和航天器研制工作起到了积极的推动作用。为了摆脱落后局面,美国在继续抓紧"先锋"号计划的同时又恢复了"轨道器"计划。1958年1月31日,美国用"轨道器"计划的"丘比特"C火箭(当时已改名为"丘诺1号"运载火箭)成功发射自己的第一颗卫星"探险者1号"(见图1-31)。这颗卫星比苏联第一颗卫星晚发射了3个多月,质量只有4.8 kg,形状为圆柱体,但它却取得了重要的科学发现。物理学教授J.A·范爱伦根据卫星携带的盖革计数器因磁饱和没有输出的现象,发现了地球辐射带(后称范爱伦带)。此后,卫星的发射越来越频繁,世界上越来越多的国家参加到航天活动行列中来。继苏联和美国之后,法国在1965年11月26日、日本在1970年2月11日、中国在1970年4月24日、英国在1971年10月28日、欧洲航天局在1979年12月24日、印度在1980年7月18日、以色列在1989年8月19日、伊朗在2009年2月3日、朝鲜在2012年12月12日相继用自行研制的运载火箭成功地发射了自己的第一颗人造地球卫星。

1.4.2 载人飞船游太空

载人航天是航天技术发展的一个新阶段。实现载人航天需要解决的主要问题是:研制出高度可靠而推力又足够大的运载工具;获得关于空间飞行环境的足够信息,对人所能承受的极限环境条件做出正确的判断;研制出能确保航天员生活、工作和安全飞行的生命保障系统和救生系统;能对飞行中的航天员的器官功能和健康进行监测;研制出航天器的人工驾驶和自动控制系统;使地面与航天员之间保持可靠的不间断的通信联系;掌握航天器再入大气层和安全返回的技术。

早在20世纪40年代末,人们就把一些生物装入探空火箭进行试验。50年代后期,出现了携带动物的人造卫星,对生命保障系统、回收技术、遥测、遥控、通信技术等进行了全面试验。科学家们对获得的空间环境数据加以处理后发现,过去对微流星的危害估计偏高,存在辐射带的空间也是有限的,从而肯定了人进入太空的可行性。

第一颗人造地球卫星发射后,美国和苏联开始在太空展开一场激烈的角逐。在这场太空竞赛之初,苏联占了优势。苏联不仅发射了人类历史上的第一颗人造地球卫星,而且在1961年4月12日,尤里·加加林少校(见图1-32)搭乘"东方1号"宇宙飞船(见图1-33)升空。"东方1号"在莫斯科时间上午9时07分发射,环绕地球一周之后,重新进入大气层,于上午10时55分在离出发地点几百千米的萨拉托夫州捷尔诺夫卡区斯梅洛夫村着陆,历时1h 48min。加加林回到莫斯科时,受到成千上万群众的夹道欢迎。苏联总书记赫鲁晓夫亲自授予加加林列宁勋章。加加林成为世界公认的"太空第一人"。加加林的这次太空之旅,具有划时代的意义。

图1-32 尤里·加加林

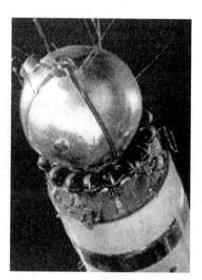
图1-33 "东方1号"宇宙飞船

1.4.3 成功登月留足迹

人类踏上月球是载人航天活动的新高峰。在激烈的美苏太空对抗中,起初美国处于劣势。美国为了加强航天活动,于1958年采取了一项重要措施,将航空咨询委员会改组为美国国家航空航天局,并做出两项具有战略意义的决定:一个是立即为载人的"水星"计划选调航天员,另一个是优先发展巨大推力的F-1发动机。1961年5月25日,美国总统肯尼迪向国会提出在60年代末将人送上月球的"阿波罗"工程。在国家航空航天局严格而科学的管理下,经过几十万人8年多的工作,1969年7月16日9时32分,阿姆斯特朗、科林斯、奥尔德林3名航天员(见图1-34)搭乘"阿波罗11号"飞船由"土星5号"火箭在肯尼迪航天中心发射;1969年7月20日"阿波罗11号"飞船的登月舱降落在月球赤道附近的静海区,22时56分,航天员阿姆斯特朗走出登月舱,成功踏上月球(见图1-35),寂静的月亮上,出现了人类的第一个脚印,如图1-36所示。这是一次震惊全球的壮举,也是世界航天史上具有重大历史意义的成就。此

图 1-34 "阿波罗 11 号"的 3 名航天员
(阿姆斯特朗、科林斯、奥尔德林)

图 1-35 "阿波罗 11 号"航天员走下登月舱

图 1-36 登月第一个脚印

后,"阿波罗"12、14、15、16、17 号相继登月成功,对月球进行了广泛的考察。"阿波罗"工程集中体现了现代科学技术的水平,推动了航天技术的迅速发展。目前只有美国进行过载人登月。

1.4.4 飞船对接在空间

1975 年苏美两国的载人飞船在地球轨道上交会和对接并进行联合飞行,这是载人航天活动的一个重要事件。在整个 20 世纪 60 年代,苏联和美国虽然在气象卫星信息交换、通信卫星试验以及生物医学等方面有过合作,但深度和广度十分有限。1969 年,苏美两国商定在载人航天方面进行一次有效的合作,由苏联的"联盟"号飞船和美国的"阿波罗"号飞船进行一次联合飞行。经过几年的努力,为实现飞船对接和联合飞行所需要解决的测距方法与交会系统、对接机构、通信与飞行控制、生命保障和舱内环境条件等问题都得到解决。1975 年 7 月 15 日,苏联发射"联盟 19 号"飞船。飞船在第 4 圈和第 17 圈做了两次机动变轨,最后进入 225 km 高的圆形轨道。在"联盟"号飞船起飞后 7h 30min,美国发射"阿波罗 18 号"飞船进入与"联盟"号飞船相同的轨道。两艘飞船的发射和入轨都很成功。在"阿波罗"号飞船飞行到 29 圈、"联盟"号飞船飞行到 36 圈时,两船开始对接并联合飞行 2 天(见图 1-37)。两国航天员经由过渡段进行了互访(见图 1-38),共同表演科学试验,联合举行答记者问,完成了合作计划。

图 1-37 苏联"联盟 19 号"飞船和
美国"阿波罗 18 号"飞船对接并联合飞行

图 1-38 苏联"联盟 19 号"飞船和
美国"阿波罗 18 号"飞船航天员互访

1.4.5 笑傲九天建基地

在空间建立适合人们长期生活和工作的基地既是航天先驱者的理想,也是进一步开发和利用太空的需要。随着航天技术的进步,人类开始建立可长期工作的空间站,目前最大、最先进的是"国际空间站"。

"国际空间站"结构复杂,规模庞大,由 10 多个压力舱、桁架、移动服务系统、太阳电池阵等组成,使用期在 10 年以上。总质量约 423 t、长 108 m、宽(含翼展)88 m,运行轨道高度为 397 km,载人舱内大气压与地球表面相同,可长期载 6 人。图 1-39 所示是"国际空间站"的 3 批长驻航天员,图 1-40 所示是在"和平"号空间站上进行的植物生长试验。

到目前为止,全世界已发射了 10 座空间站,其中苏联发射 8 座,美国发射 1 座,多国联合发射 1 座。按时间顺序讲,苏联是首先发射载人空间站的国家,其"礼炮 1 号"空间站在 1971 年 4 月 19 日发射,后在太空与"联盟"号飞船对接成功,有 3 名航天员进站生活工作近 24 天,完成了大量的科学实验项目,但这 3 名航天员乘"联盟 11 号"飞船返回地球过程中,由于座舱漏气减压,不幸全部遇难。"礼炮 2 号"发射到太空后由于自行解体而失败。苏联发射的"礼炮 3 号""礼炮 4 号"和"礼炮 5 号"实验空间站均获成功,航天员在站内工作,完成多项科学实验。"礼炮 6 号"和"礼炮 7 号"空间站为第二代空间站,即实用型空间站。它们各有两个对接口,可同时与两艘飞船对接,航天员在站上先后创造过 210 天和 237 天长期生活纪录,还创造了首位女航天员出舱作业的纪录。苏联于 1986 年 2 月 20 日发射入轨"和平"号空间站,2000 年底因"和平"号部件老化(设计寿命 10 年)且缺乏维修经费,决定将其坠毁。"和平"号最终于 2001 年 3 月 23 日坠入地球大气层,坠落在太平洋预定海域。美国在 1973 年 5 月 14 日发射成功一座

图 1-39 "国际空间站"的 3 批长驻航天员

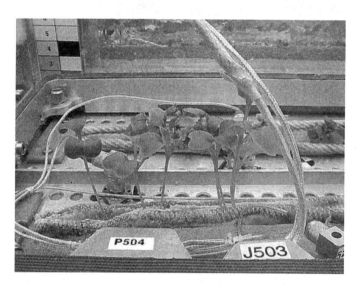

图 1-40 在"和平"号空间站上进行的植物生长实验

名为"天空实验室"的空间站,它在 435 km 高的近圆空间轨道上运行,航天员用 58 种科学仪器进行了 270 多项生物医学、空间物理、天文观测、资源勘探和工艺技术等试验,拍摄了大量的太阳活动照片和地球表面照片,研究了人在空间活动的各种现象,直到 1979 年 7 月 12 日在南印度洋上空坠入大气层烧毁。

1.4.6 航天飞机留青史

1. 航天飞机的历史瞬间

20 世纪 60 年代各种航天器发射频繁,降低单位有效载荷的发射费用就显得日益重要。

为了降低费用,提高效益,一些科学家提出了研制能多次使用的航天飞机的设想。美国、苏联、法国、日本、英国等国都曾对航天飞机的方案做过探索性研究。美国最早开始研制航天飞机并将其投入商业性飞行。美国航天飞机的论证工作始于1969年。1972年1月美国政府批准航天飞机为正式工程项目。最后确定的方案是,整个飞行器由可回收重复使用的固体助推器、不回收的外储箱和可多次使用的轨道器三个部分组成。方案要求能乘载7名航天员,但对乘员体质要求并不十分严格。航天飞机起飞时加速度不超过 $3g$,正常降落时不大于 $1.5g$。对于这样的过载环境,身体健康的人稍加训练就可以承受。1981—1982年10月,航天飞机进行研制性飞行试验。1982年11月11日,美国航天飞机首次进行商业性飞行,从近地轨道将两颗通信卫星送入地球静止轨道。航天飞机兼有运载火箭、载人航天器和高性能飞机的多重特性,使航天技术的发展进入了一个更高的阶段。图1-41是航天飞机示意图。

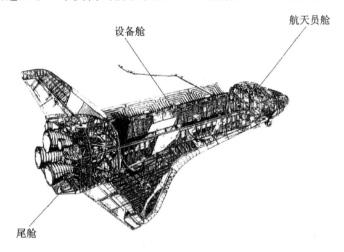

图 1-41 航天飞机示意图

大量实践证明,航天飞机功能强大,用途广泛,但每次飞行成本太高,风险很大,因此美国航天飞机所有的使命在2011年结束。不过美国还在研制更先进的空天飞机,它将不再使用液氧或液氢作为燃料,不再像航天飞机一样使用火箭垂直起飞,而是像普通飞机一样从跑道上水平起飞,以液氟作燃料,能自由出入大气层。

2. 航天飞机创造的纪录

自1981年首次发射以来,美国航天飞机创造了众多历史纪录,航天飞机发射已成为美国乃至全世界载人航天事业的一道独特风景线,留下诸多令人激动或唏嘘的历史瞬间:

1981年4月12日,第一架航天飞机"哥伦比亚"号航天飞机发射,航天员约翰·杨和克里平揭开了航天史上新的一页。

1983年6月18日,女航天员萨利·赖德乘"挑战者"号上天飞行,名列美国妇女航天的榜首。

1983年8月30日,"挑战者"号航天飞机首次实现黑夜发射,6天后又在黑夜降落,航天员队伍中的布拉福德是第一位"登天"的黑人。

1984年2月7日,乘"挑战者"号上天的麦坎德利斯,成为世界上第一位不系安全带到太空行走的航天员,此后航天员"太空漫步"成为航天飞机任务中经常出现的画面。

1984年4月6日,"挑战者"号上天后,航天员首次成功抓获和修理轨道上的卫星。

1984年10月5日,又是"挑战者"号,首次搭载了7名航天员升空,其中女航天员凯瑟琳·苏利文成为第一位太空行走的美国女性。从此,航天飞机经常一次运送7名航天员。

1985年4月29日,第一位华裔航天员王赣骏乘"挑战者"号上天参加科学实验活动。

1985年11月26日,"亚特兰蒂斯"号载航天员上天第一次进行搭载空间站试验。

1986年1月28日,"挑战者"号在发射升空时由于O形密封圈失效,导致航天飞机在发射升空73 s时爆炸解体坠毁。

1988年9月28日,"发现"号在航天飞机任务中止32个月后升空,5名航天员释放了一颗卫星,并完成了几项科学实验,这标志着航天飞机项目再次走上正轨。

1990年4月24日,"发现"号航天飞机将"哈勃"太空望远镜送上轨道,人类有了观察遥远宇宙的"火眼金睛"。

1992年5月7日,"奋进"号首次飞行,航天员在太空第一次用手工操作抢救回收卫星成功。

1992年7月31日,"亚特兰蒂斯"号上天,首次进行绳系卫星发电试验。

1995年6月29日,美国"亚特兰蒂斯"号航天飞机与俄罗斯"和平"号空间站第一次对接,为建造"国际空间站"拉开序幕。

1996年11月19日,"哥伦比亚"号发射,共飞423 h 53 min,创造了航天飞机太空飞行时间最长的纪录。

1998年10月29日,"发现"号搭载着77岁的参议员约翰·格伦起飞。格伦是曾搭乘"水星"飞船升空的美国首名航天员,这次他又成为最高龄的"太空人"。

1999年7月23日,"哥伦比亚"号发射,这次指挥它的是艾琳·柯林斯,使她成为航天飞机的首位女机长。

2003年2月1日,"哥伦比亚"号航天飞机在经过16天飞行返回地球大气层时在得克萨斯州上空解体,机上7名航天员全部罹难。

2005年8月9日,美国"发现"号航天飞机在美国加利福尼亚州的爱德华兹空军基地安全降落,结束了长达14天的太空之旅。这是自"哥伦比亚"号航天飞机失事后,美国航天飞机首次顺利地重返太空,并且平安回家。

2010年4月5日,美国"发现"号航天飞机顺利发射升空。此次"发现"号除载有4名男性航天员外,还携带有3名女性航天员,她们将在国际空间站与另1名女性航天员会合,创造历史上上太空的女性航天员人数最多的纪录,达到4人。

2011年7月21日,美国"亚特兰蒂斯"号航天飞机在佛罗里达州肯尼迪航天中心安全着陆,标志着美国30年航天飞机时代宣告终结。

3. 美国航天飞机的悲壮事业

(1)"挑战者"号升空爆炸

"挑战者"号航天飞机1983年4月4日首航。1986年1月28日,"挑战者"号航天飞机在第10次发射升空后,因助推火箭发生事故凌空爆炸(见图1-42),舱内7名航天员(包括一名女教师)全部遇难,航天飞机因此停飞近3年。这是人类航天史上最严重的一次载人航天事故,使全世界对征服太空的艰巨性有了一个明确的认识。遇难航天员为斯科比、史密斯、麦克奈尔、杰维斯、鬼冢(夏威夷出生,日裔)、朱迪恩·雷斯尼克(女)、麦考利芙(女教师)(见图1-43)。

图1-42 "挑战者"号爆炸

图1-43 "挑战者"号失事牺牲的7位航天员

(2) "哥伦比亚"号返航解体

2003年1月16日,"哥伦比亚"号进行了它的第28次飞行,这也是美国航天飞机22年来的第113次飞行。"哥伦比亚"号是美国当时的4架航天飞机中服役时间最长的,也是承载科研项目最多的航天飞机,这次飞行任务中还包括中国学生设计的一个项目:蚕在太空中吐丝结茧。2003年2月1日,载有7名航天员的美国"哥伦比亚"号航天飞机(见图1-44)在结束了为期16天的太空任务之后,在着陆前16 min突然从雷达中消失。电视图像显示,解体的"哥伦比亚号"在德州上空划出了数条白色的轨迹(见图1-45)。

图1-44 "哥伦比亚"号航天飞机

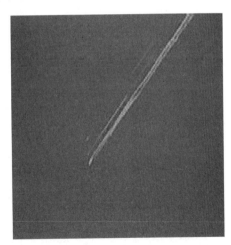
图1-45 "哥伦比亚"号失事

此次在"哥伦比亚"号上遇难的7名航天员分别是里克·赫兹本德、威廉·麦克库尔、麦克尔·安德森、大卫·布朗、凯尔帕娜·乔拉(女)、劳里尔·克拉克(女)以及以色列人伊兰·拉蒙。

1.4.7 深空探测创奇迹

深空探测是指脱离地球引力场,进入太阳系空间和宇宙空间的探测。它主要有两方面的内容：一是走近太阳系的各个行星进行深入探测，二是天文卫星。深空探测意义重大，可以进一步解答地球的起源与演变、行星和太阳系究竟是如何形成和演化的、人类是不是宇宙中唯一的生命、地球的未来将如何等一系列问题，同时有利于人类积极开发和利用空间资源。

从 1958 年美国和苏联启动探月计划开始，世界发达国家和航天技术大国都开展了多种类型的深空探测活动。全世界进行过月球探测的国家和地区有美国、苏联/俄罗斯、欧洲、日本和中国。目前，人类已经进行的火星探测 40 多次，近一半以失败告终。另外，人类对月球、火星之外的太阳系天体的探测共进行了 70 多次。

对未知世界的探索是人类文明和科学技术发展的永恒动力，对茫茫宇宙的探测则是人类认识宇宙、探索宇宙的起源、拓展生存空间的必由之路。尽管充满风险，屡屡失败，但人类迈向深空的脚步不仅没有停止，反而走得越来越快。

第 2 章　奋进中的中国航天事业

　　20 世纪 50 年代后期起步的中国航天事业,经历了半个多世纪的历程。60 多年来,一个经济、科学技术比较落后的发展中国家,在自力更生、艰苦奋斗、团结协作方针的指引下,依靠自己的力量,用低额投资,建立了相当规模的航天工业体系,发展了具有世界水平的航天技术,取得了举世瞩目的成就。1970 年 4 月,我国第一颗人造地球卫星"东方红 1 号"遨游太空,2003 年 10 月,"神舟 5 号"载人飞船成功发射并顺利返回地球,实现了中国人民千年的飞天梦想。2013 年 12 月,"嫦娥 3 号"探测器首次实现月球软着陆和月面巡视勘察。2017 年 11 月,中国科学院公布我国暗物质探测卫星"悟空"的探测成果。我国航天技术已跻身世界先进行列。

2.1　中国航天事业的起步

　　1953 年,我国开始执行国民经济发展第一个五年计划。到 1956 年,已初步建立了一系列新的工业部门,侨居国外的科学家纷纷归来,新中国自己培养的科技人才队伍也逐渐壮大成长,为发展尖端科学技术创造了必要的条件。

　　1956 年 1 月,毛泽东在第六次最高国务会议上指出:"我国人民应该有一个远大的规划,要在几十年内,努力改变我国在经济上和科学文化上的落后状况,迅速达到世界上的先进水平。"为此,国务院成立了科学规划委员会,组织了数百名科学技术专家,经反复研究讨论,制定了《1956—1967 年科学技术发展远景规划纲要(草案)》,确定了以发展原子能、火箭技术、电子计算机、半导体、自动化等新兴技术为主的 57 项重点任务。1956 年 4 月,在周恩来主持的中央军委会议上,听取了钱学森关于在我国发展导弹技术的规划设想。在当时我国经济还十分落后,工业基础和科学技术还十分薄弱的情况下,国家决定重点发展以导弹、原子能为代表的尖端技术,即所谓"两弹为主,导弹优先"的方针。为了保证火箭和喷气技术发展规划的实现,我国在 1956 年 4 月成立了航空工业委员会,同年 5 月,中央军委会议又确定由航空工业委员会负责组建国防部导弹管理局(国防部第五局)和导弹研究院(国防部第五研究院)。

　　1956 年 10 月 8 日,是我国航天事业奠基的历史性纪念日。我国第一个导弹研究机构——国防部第五研究院正式成立,由著名科学家钱学森担任院长。中央确定的建院方针是"自力更生为主,力争外援和利用资本主义国家已有的科学成果。"在这一方针的指引下,我国导弹、航天事业战胜了重重困难,不断发展壮大,走出了一条适合我国国情的发展道路。

　　建院之初,面临着巨大的困难,中国航天事业的开拓者们边干边学,在困难中前进,先后组建了导弹总体设计、空气动力、结构强度、发动机、推进剂、控制系统、控制元件、无线电、计算技术及技术物理共 10 个研究室。以后,又在 10 个研究室的基础上,成立了第一、第二两个分院,分别承担导弹总体与发动机、控制系统的研究工作。

　　1958 年 5 月 17 日,毛泽东同志在党的八大二次会议上发出了"我们也要搞人造卫星"的号召。同年 8 月,国务院科学规划委员会将发射人造卫星列入发展规划,责成中国科学院和国防部五院组织有关专家拟定人造卫星发展规划。考虑到人造卫星对科学发展的重大影响,中科院将人造卫星列为1958年的第一项重点任务,命名为"581任务",成立了以钱学森为组长的领导小组,筹建了分别负责运载火箭与卫星总体、控制系统、空间物理探测设计的3个设计院。为了充分利用上海地区的工业基础,1958年11月负责运载火箭与卫星总体设计的科技人员迁往上海,并由上海市抽调部分科技人员、大中专毕业生和工人,组建了上海机电设计院,由中科院和上海市双重领导,开始了探空火箭研制和空间物理的研究工作。1960年2月19日,我国自行研制的第一枚探空火箭"T-7M"在上海南汇地区的简易发射场上成功发射。

1961年4月,苏联航天员首次进入太空,标志着航天技术进入载人航天的新阶段。我国的科学工作者始终关注着世界航天技术的新发展。在一些著名科学家的倡导下,1961年6月开始,中科院由裴丽生、钱学森、赵九章主持举办了星际航行座谈会,3年中先后召开了12次会议。各学科的许多科学家和青年科技工作者参加了这些学术活动,他们中的一批人后来成为我国航天科技队伍的领导者和骨干。1963年,中科院成立了星际航行委员会,负责制定星际航行发展规划,安排空间技术的预研课题,为我国航天事业早期的发展,做了大量开拓性的工作。

1960年,我国开始自行设计研制地地弹道式导弹,并于1962年3月21日进行了首次飞行试验,但因控制系统失稳和发动机起火而告失败。在这首战受挫的关键时刻,中央及时指出:既然是试验就有失败的可能,吃一堑长一智,要总结经验教训,以利再战。针对失败中暴露的问题,重新审查、修改了总体方案,对分系统开展了大量的复查研究工作,先后进行了17项大型地面试验。1964年6月29日,我国第一枚自行设计的中近程火箭再度飞行试验,获得圆满成功,揭开了我国导弹和火箭发展史上新的一页。

以航天和原子能为代表的尖端技术,具有高度的综合性和技术复杂性,靠一个部门是难以胜任的,必须依靠国家的力量、依靠全国各有关部门和地区的协同和支持,也需要一个权威的高级决策机构。为此,1962年11月,中央宣布成立以周恩来总理为首、各有关方面负责人参加的中共中央15人专门委员会(简称"中央专委"),负责领导我国的国防尖端技术事业。1964年以后,我国的导弹、火箭事业,以及在此基础上发展起来的航天事业,就一直在中央专委的直接领导下,快速向前发展。

20世纪60年代是国防部五院组织机构和规模扩大、完善的时期。继一分院、二分院之后,1961年9月又成立了三分院。1963年1月,负责探空火箭研制的上海机电设计院划归国防部五院建制。1964年4月成立了四分院。同年11月,在原4个分院的基础上,组建了按产品类型分工划分的4个研究院,每个研究院分别承担一种类型产品的总体、分系统设计、研制和试验,自成体系。1964年11月23日,中共中央、国务院下发《关于成立第七机械工业部的通知》,决定以国防部第五研究院为基础,从第三、四、五机械工业部及其他有关部门和省、市抽调若干工厂和事业单位,组建第七机械工业部,统一管理导弹、火箭工业的科研、设计、试制、生产和基本建设工作。该决定在1964年年底召开的第三届全国人民代表大会上顺利通过。

1965年6月1日,国防部五院正式由研究院编制转为工业部编制,由军队建制转为地方建制。根据中共中央和国务院的决定,七机部分别从三、四、五机部接收了部分工厂和学校,同时,上海机电设计院搬迁到北京,更名为七机部第八设计院。1965年5月,中央专委决定,承担战术导弹研制任务的上海机电二局及其所属工厂和研究所划归七机部建制。之后,七机部为加强上海地区的研究设计力量,从北京搬迁5个研究所到上海,形成了配套比较完整的上海航天基地。根据中央关于加强战备,加强三线建设,建立巩固的战略后方的指示,1965年下半年,在中央的关怀及有关部门和地方的支持下,七机部开始了大规模的三线建设。至此,我国航天工业体系初具规模,较之国防部五院时期,组织规模进一步扩大,试制、生产能力得到增强,组织管理更加集中统一。

随着七机部的成立和航天工业体系的形成,中程和中远程火箭技术攻关不断取得进展,中科院安排的有关人造卫星的新技术研究课题也取得重要成果,加速发展我国空间技术的问题开始提到议事日程上来。1965年1月,当年倡导我国要搞人造卫星的知名科学家赵九章、钱学森等先后上书中央,建议加速我国空间技术的发展。根据各有关方面座谈的意见,1965年4月,国防科委提出在1970—1971年发射我国第一颗人造卫星的设想。1965年7月,中科院受国防科委委托,提出了《关于发展我国人造卫星工作的规划方案建议》。中央专委先后批准了上述设想和规划建议,决定将这项工作纳入国家计划,全面开展研制工作,由国防科委负责组织协调,并研究建造远洋观察船等事宜。1965年9月,中科院开始组建卫星设计院,并着手制定我国第一颗人造卫星的总体方案。同年10月,召开第一颗人造卫星总体方案论证会。我国的人造卫星事业开始从多年的学术和技术准备转入工程研制。在制定上述空间技术发展规划的同时,七机部也广泛发动群众,讨论制定了火箭技术的"八年四弹"(1965—1972年)发展规划。1965年3月,中央专委批准了这个规划。实践证明,这个规划对我国第一代液体火箭的发展发挥了重要的指导作用。

为落实第一颗人造卫星的研制任务,1966年,中科院正式成立了卫星设计院,开始了"东方红1号"卫星的总体设计,并着手筹建有关试验室。与此同时,开展了卫星地面观察系统的方案设计工作和观察台站的规划和选址工作。在这期间,我国液体燃料的中远程火箭开始进行方案论证和总体设计,中型固体燃料火箭发动机也开始进行技术攻关。在此基础上,准备发射第一颗人造卫星的"长征1号"运载火箭也开始方案论证和总体设计工作。此外,根据已制定的空间技术规划,军事医学科学院、中国医学科学院也开始进行航天医学、航天生物环境工程的研究和试验工作。这样,我国的航天技术就从规划阶段进入全面的工程研制阶段。

由于历史的原因,我国第一颗人造卫星研制初期是分散在中科院、七机部和其他一些部门进行的,给组织领导和指挥调度带来了很多困难。为加速我国航天技术的发展,国家需要建立一个专门研制卫星和其他航天器的机构。1967年6月,中央军委研究了组建空间技术研究院的问题。同年11月,国防科委召开会议,讨论确定了空间技术研究院的组建方案。1968年2月20日,中国空间技术研究院正式宣告成立,由钱学森兼任院长,列入军队编制,由国防科委直接领导。为了使人造卫星和运载火箭的研制工作更好地互相协调和配合,1970年5月,空间技术研究院划归七机部领导。1973年7月,空间技术研究院脱离军队编制,正式隶属七机部编制。从此,在七机部形成了人造卫星和运载火箭配套的科研生产体制。

自1965年第七机械工业部成立以来,随着空间技术研究院的建立、北京基地的充实、加强,各三线基地和上海基地的相继建成和完善,我国航天工业已形成比较完整配套的体系,并且达到了相当的规模。与此同时,我国航天发射场和地面测控网的建设初具规模;各工业部门、中科院和高等院校承担航天协作任务的技术力量也得到加强。而且,在导弹、运载火箭和人造卫星的设计、研制、试验的实践中,培养造就了一批杰出的科学家和航天技术专家。依靠在全国范围内形成的这支雄厚的力量,我国已能够研制具有不同运载能力的运载火箭系列和不同用途的各类航天器。在导弹武器基础上发展起来的中国航天事业迅猛发展、蓬勃崛起。

2.2 中国航天技术发展简史

2.2.1 "长征"系列运载火箭

中国 1956 年开始展开现代火箭的研制工作。1964 年 6 月 29 日,中国自行设计研制的中程导弹试飞成功之后,即着手研制多级火箭,向空间技术进军。经过 5 年的艰苦努力,1970 年 4 月 24 日"长征 1 号"运载火箭诞生,并首次成功发射"东方红 1 号"卫星,中国航天技术迈出了重要的一步。现在,"长征"系列火箭(见图 2-1)已经发射上百次,成功率达 95% 以上。运载火箭的可靠性、经济性、入轨精度和适应能力达到国际一流水平。

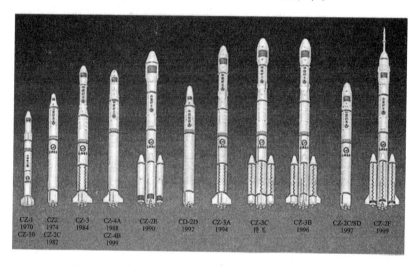

图 2-1 "长征"系列火箭(部分)

1. "长征 1 号"系列运载火箭

"长征 1 号"系列包括"长征 1 号"运载火箭和"长征 1 号丁"运载火箭两个型号。它们都是三级运载火箭,主要用于发射近地轨道小型有效载荷。"长征 1 号"运载火箭于 1965 年开始研制。1970 年 4 月 24 日,"长征 1 号"运载火箭发射了中国第一颗人造地球卫星——"东方红 1 号"。之后还进行了"长征 1 号乙"运载火箭、"长征 1 号丙"运载火箭的研制,但未投入生产。

"长征 1 号"运载火箭是一种三级火箭(见图 2-2),主要用于发射近地轨道小型有效载荷。火箭全长 29.86 m,最大直径 2.25 m,起飞质量 81.6 t,起飞推力 112 t[①],能把 300 kg 的卫星送入 440 km 的近地轨道。

"长征 1 号丁"运载火箭是"长征 1 号"火箭的改进型(见图 2-3)。主要改进如下:提高一子级发动机推力;提高二、三子级性能。经过改进,"长征 1 号丁"火箭可以发射各种低轨道卫星,并已投入商业发射。该型号火箭已进行多次亚轨道飞行,但至今未进行亚轨道以外的航天飞行。

---

① 我国国家标准中,力的单位是 N。在航天系统中,习惯于使用单位 t 来表示,为方便交流使用,故保留。

图 2-2 "长征 1 号"

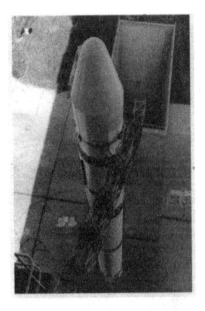

图 2-3 "长征 1 号丁"

2. "长征 2 号"运载火箭系列

"长征 2 号"运载火箭系列包括"长征 2 号"(已退役,见图 2-4)、"长征 2 号甲"(已改型)、"长征 2 号丙""长征 2 号丁""长征 2 号 E"(已退役)、"长征 2 号 F"等几个型号。

"长征 2 号"运载火箭是一种两级火箭,全长 31.17 m,最大直径 3.35 m,起飞质量 190 t,能把 1.8 t 的卫星送入距地面数百千米的椭圆形轨道。1975 年 11 月 26 日,"长征 2 号"火箭完成了中国第一颗返回式卫星的发射任务。

"长征 2 号"运载火箭是在洲际导弹的基础上发展而来的。此后,又根据发射卫星的需要,陆续衍生出"长征 2 号丙""长征 2 号丙改进型"和发射极轨卫星的"长征 2 号丁"运载火箭。在"长征"火箭大家族中,"长征 2 号"系列主要用于发射各类近地轨道卫星,"长征 2 号丙改进型"曾以一箭三星方式发射了 12 颗美国的"铱星"移动通信卫星。

"长征 2 号丙"火箭(见图 2-5)是在"长征 2 号"火箭基础上改进设计研制的,采用了大推力液体火箭发动机,箭长为 35.15 m,近地轨道的运载

图 2-4 "长征 2 号"

能力增加到 2.4 t,火箭的可靠性也大大提高。在"长征 2 号丙"火箭基础上研制的"长征 2 号丙改进型"火箭是一种三级火箭,箭长增加为 43.027 m。1987 年,"长征 2 号丙"火箭被授予"全国质量金质奖"。1999 年,"长征 2 号丙"火箭被中国航天工业总公司授予"优质液体运载

图 2-5 "长征 2 号丙"

火箭"称号。

"长征 2 号丁"火箭(见图 2-6)是一种两级火箭,全长 38.3 m,起飞质量 232 t,主要是在"长征 2 号"火箭的基础上采取增加推进剂加注量和增大起飞推力的办法,使运载能力进一步提高。1992 年 8 月首次发射。

"长征 2 号 E"捆绑火箭(见图 2-7)是以加长型"长征 2 号丙"火箭为芯级,并在第一级周围捆绑 4 个液体助推器组成的两级液体火箭。火箭总长 49.68 m,直径 3.35 m。每个液体助推器长为 15.4 m,直径 2.25 m,芯级最大直径 4.2 m。总起飞质量 461 t,起飞推力 600 t,能把 8.8~9.2 t 的有效载荷送入近地轨道。经适当适应性修改后,还可以用来发射小型载人飞船,该型号火箭已退役。

"长征 2 号 F"捆绑火箭(见图 2-8)是在"长征 2 号 E"捆绑运载火箭的基础上,按照发射载人飞船的要求,以提高可靠性、确保安全性为目标研制的运载火箭。该火箭由 4 个液体助推器、芯一级火箭、芯二级火箭、整流罩和逃逸塔组成。运载火箭有箭体结构、控制系统、动力装置、故障检测处理系统、逃逸系统、遥测系统、外测安全系统、推进剂利用系统、附加系统及地面设备 10 个分系统,为兼顾卫星的发射,保留了有效载荷调姿定向系统的接口和安装位置。故障检测处理系统和逃逸系统是为确保航天员的安全而增加的,其作用是在飞船入轨前,监测运载火箭状态,若发生重大故障,可使载有航天员的飞船安全地脱离危险区。

图 2-6 "长征 2 号丁"

图 2-7 "长征 2 号 E"

图 2-8 "长征 2 号 F"捆绑火箭

"长征 2 号 F"型火箭可靠性指标达到 0.97,航天员安全性指标达到 0.997,这意味着 1 000 次故障所采取的救助措施只允许有 3 次不成功。这是我国航天史上技术最复杂、可靠性和安全性指标最高的运载火箭。火箭能够安全可靠地将飞船送入预定轨道,同时,在飞出大气层之前,若出现重大故障,能按救生要求使航天员安全脱离故障危险区。到 2013 年 6 月 11 日,"长征 2 号 F"型火箭已经成功地将 4 艘"神舟号"无人飞船、"天宫 1 号""神舟 8 号",以及"神舟 5 号""神舟 6 号""神舟 7 号""神舟 9 号""神舟 10 号"等载人飞船送入太空预定轨道,发射成功率达到 100%,取得十全十美的战绩。

3. "长征 3 号"运载火箭系列

"长征 3 号"运载火箭系列包括"长征 3 号""长征 3 号甲""长征 3 号乙""长征 3 号丙"4 个型号运载火箭。

"长征 3 号"运载火箭(见图 2-9)是三级液体运载火箭,其第一级、第二级基本上与"长征 2 号丙"运载火箭的第一级、第二级一致,第三级采用了具有高空二次启动能力的液氢液氧发动机。"长征 3 号"运载火箭的研制成功使中国成为世界上第 5 个具有地球同步卫星发射能力的国家,是我国火箭技术发展的一个重要里程碑。1984 年 4 月"长征 3 号"首次飞行,即成功地将"东方红 2 号"试验通信卫星送入预定地球同步转移轨道。1985 年,中国宣布进入国际商业卫星发射市场。在 1990 年 4 月我国首次执行外星发射服务合同,用"长征 3 号"运载火箭将美国休斯公司制造的"亚洲 1 号"卫星送入地球同步轨道。在此之后,"长征 3 号"运载火箭成功地发射了包括"亚太 1 号"卫星、"亚太 1 号甲"卫星、"风云 2 号"卫星等在内的多颗国内外卫星。

此后,"长征 3 号"系列不断增加新成员,如"长征 3 号甲"(见图 2-10)、"长征 3 号乙",主要用于发射地球静止轨道卫星。"长征 3 号甲"运载火箭是在"长征 3 号"的基础上研制的大型火箭,它的氢氧发动机具有更大的推力,性能也得到很大的提高,地球同步转移轨道运载能力也从"长征 3 号"的 1.6 t 提高到 2.6 t。

图 2-9 "长征 3 号"　　　　图 2-10 "长征 3 号甲"

"长征 3 号乙"运载火箭(见图 2-11)是在"长征 3 号甲"和"长 2 捆"的基础上研制的,即以"长征 3 号甲"为芯级,再捆绑 4 个与"长 2 捆"类似的液体助推器。"长征 3 号乙"主要用于发射地球同步轨道的大型卫星,也可进行轻型卫星的一箭多星发射,其地球同步转移轨道运载能力达到 5.4 t,跃入了大型火箭行列。

"长征 3 号丙"火箭(见图 2-12)是在"长征 3 号乙"火箭的基础上,减少了两个助推器并取消了助推器上的尾翼。火箭全长 54.84 m,起飞质量 345 t,主要用于发射地球同步轨道卫星,可以进行一箭多星发射或发射其他轨道的卫星,地球同步转移轨道的运载能力为 3.8 t。

图 2-11 "长征 3 号乙"　　　　图 2-12 "长征 3 号丙"

4. "长征4号"运载火箭系列

"长征4号"系列运载火箭包括"长征4号甲""长征4号乙""长征4号丙"3种火箭,如图2-13、图2-14和图2-15所示。

图2-13 "长征4号甲"

图2-14 "长征4号乙"

"长征4号甲"火箭是三级火箭,每级均采用常规推进剂,主要用于发射太阳同步轨道卫星。火箭全长41.9 m,最大直径3.35 m,起飞质量248.9 t,起飞推力约300 t,1988年9月首次发射。

"长征4号乙"火箭是在"长征4号甲"火箭基础上发展的一种运载能力更大的运载火箭,主要用于发射太阳同步轨道卫星。火箭全长45.58 m,最大直径3.35 m,起飞质量249 t,起飞推力约300 t,900 km高度极轨的运载能力为1.45 t。

"长征4号丙"火箭是在"长征4号乙"火箭的基础上改进的,三级发动机采用二次启动技术,大幅提高了有效载荷的运载能力。它的近地能力为2.8 t。与"长征4号"系列火箭的原型和甲、乙改进型号相同,"长征4号丙"主要用于发射太阳同步轨道卫星。为了完成这种任务,"长征4号丙"火箭发射900 km高度极轨的运载能力为1.5 t。

图2-15 "长征4号丙"

5. "长征5号"运载火箭系列

"长征5号"系列运载火箭(见图2-16)是大型低温液体运载火箭,是中国新一代运载火箭中芯级直径为5 m的火箭系列,由二级半构型的基本型"长征5号"运载火箭和不加第二级的一级半构型"长征5号乙"运载火箭组成,运载能力分别为地球同步转移轨道13 t、近地轨道23 t。"长征5号"运载火箭于2016年11月3日20时43分在中国文昌卫星发射中心成功发射升空,成为中国运载能力最大的火箭。2017年7月2日,"长征5号遥二"火箭飞行出现异常,发射任务失利。

图2-16 "长征5号"首次发射

"长征5号B"于2020年5月5日在文昌航天发射场成功首飞,中国载人航天工程"第三步"任务开启。

2021年4月29日,"长征5号B遥二"运载火箭搭载空间站天和核心舱,在海南文昌航天发射场发射升空。

"长征5号B"运载火箭是中国近地轨道运载能力最大的新一代运载火箭,承担中国空间站舱段发射任务。根据飞行任务规划,空间站工程分为关键技术验证、建造和运营3个阶段实施。其中,关键技术验证阶段安排了"长征5号B"运载火箭首飞、试验核心舱发射等6次飞行任务。

6. "长征6号"运载火箭

"长征6号"运载火箭(见图2-17)是我国研制的新一代无毒、无污染小型液体运载火箭。"长征6号"为三级火箭,有700 km高度太阳同步轨道500 kg的运载能力。该火箭成本低、可靠性高、适应性强、安全性好,有许多新技术是在国内首次应用,研制难度很大。2015年9月20日7时01分,"长征6号"在太原卫星发射中心点火发射,成功将20颗微小卫星送入太空。此次发射的圆满成功,不仅标志着中国长征系列运载火箭家族再添新成员,而且创造了中国航天一箭多星发射的新纪录。这也是中国新一代运载火箭的首次发射。2017年11月21日12时50分,我国在太原卫星发射中心用"长征6号"运载火箭,成功发射"吉林1号"视频卫星

04、05、06 星。

图 2-17 "长征 6 号"火箭发射升空

2021 年 11 月 5 日 10 时 19 分,在太原卫星发射中心用"长征 6 号"运载火箭,成功将广目地球科学卫星(又称"可持续发展科学卫星 1 号")发射升空。卫星顺利进入预定轨道,发射任务获得圆满成功。

2022 年 9 月 27 日 7 时 50 分,"长征 6 号"运载火箭在太原卫星发射中心点火升空,以"一箭三星"方式,将试验十六号 A、B 星及试验十七号 3 颗卫星送入预定轨道,发射任务取得圆满成功。"长征 6 号"运载火箭于 2015 年 9 月 20 日首飞,是我国新一代运载火箭家族的探路型号。截至目前,"长征 6 号"运载火箭已圆满完成 10 次发射任务,其中 9 次为"一箭多星"发射。

"长征 6 号甲"(CZ-6A)是新一代中型固液结合运载火箭,主要用于执行太阳同步轨道、低轨、中轨的发射任务。它可通过不同数量固体助推器和液体芯级组合形成合理运载能力台阶、性价比较高的运载火箭系列。该火箭采用"一平两垂"测发模式,在发射场测发周期为 14 天,具有"跨界合作、无人值守、智能诊断、落点精确"等特点,具有较强竞争力。

"长征 6 号甲"为二级半构型,全箭总长约 50 m,起飞质量约 530 t。火箭芯级采用液氧/煤油推进剂,芯级直径为 3.35 m,同时捆绑 4 个 2.0 m 直径固体助推器,火箭标配整流罩直径为 4.2 m,根据不同卫星需求可选配 3.35 m、3.8 m 和 5.2 m 直径整流罩。700 km 太阳同步轨道(SSO)运载能力约为 4.0 t。

2022 年 3 月 29 日,"长征 6 号甲"运载火箭首飞任务取得圆满成功。

"长征 6 号 X"(CZ-6X)是中国首款具备一子级垂直定点能力的重复使用运载火箭。该火箭可实现一子级回收并多次使用,可以将目前国内单位质量载荷的发射成本降低约 30%。同时还能够根据用户需求,提供及时快速的发射服务,契合中国日益增长的微小卫星低成本、高密度快速发射的需求。

"长征 6 号甲"模型见图 2-18。工博会上的"长征 6 号 X"模型见图 2-19。

图 2-18 "长征 6 号甲"模型

图 2-19 工博会上的"长征 6 号 X"模型

7. "长征 7 号"运载火箭

"长征 7 号"运载火箭(见图 2-20)是为满足中国载人航天工程、发射货运飞船而研制的新一代高可靠、高安全的中型运载火箭,是利用"长征 2 号 F"换型运载火箭(CZ-2F/H)的成熟技术,在大体不变的情况下将原来常温的偏二甲肼/四氧化二氮发动机改为新研制低温的液氧/煤油发动机。"长征 7 号"是中国首枚采用全数字化手段研制的"数字火箭",突破了三维协同设计、三维设计数据管理及基于三维的流程仿真、飞行综合性能仿真等多项关键技术。它从设计到生产均采用全三维数字平台,标志着中国运载火箭迈入了全生命周期数字化的大门。该火箭采用"两级半"构型,运载能力将达到近地轨道 13.5 t,太阳同步轨道 5.5 t。2016 年 6 月 25 日 20 时 22 分,"长征 7 号"运载火箭在海南文昌航天发射场发射升空,成功将载荷送入预定轨道。当火箭各项技术趋于成熟稳定时,它将逐步替代现有的"长征 2 号""长征 3 号""长征 4 号"系列运载火箭,承担我国 80% 左右的发射任务。

2021 年 9 月 20 日 15 时 10 分,搭载"天舟 3 号"货运飞船的"长征 7 号遥四"运载火箭,在中国文昌航

图 2-20 "长征 7 号"运载火箭

天发射场点火发射,约 597 s 后,飞船与火箭成功分离,进入预定轨道,15 时 22 分,飞船太阳能帆板顺利展开且工作正常,发射取得圆满成功。后续,"天舟 3 号"货运飞船与在轨运行的空间站组合体进行交会对接。这是中国载人航天工程的第 20 次发射任务,也是长征系列运载火箭的第 389 次飞行。

"长征 7 号甲"运载火箭(CZ-7A)是在"长征 7 号"基础上研制的新一代中型高轨火箭,以满足发射需求旺盛的 GTO 7 t 有效载荷发射市场。

"长征 7 号甲"为三级半运载火箭(见图 2-21),即原计划"长征 7 号"系列中的 CZ-734 构型。火箭助推器及一、二级状态与"长征 7 号"基本一致,仅二子级长度稍加缩短,在此基础上增加一个"长征 3 号甲"系列的氢氧三子级。

图 2-21 "长征 7 号甲"运载火箭

火箭全长约 60.13 m,芯一级与芯二级直径 3.35 m,芯三级直径 3 m,助推器直径 2.25 m,起飞质量约 573 t,GTO 运载能力达到 7 t。

2020 年 3 月 16 日,"长征 7 号甲遥一"在文昌航天发射场的首次飞行失败。

2021 年 3 月 12 日,"长征 7 号甲遥二"在文昌航天发射场发射成功。

8. "长征 8 号"运载火箭

"长征 8 号"运载火箭是我国正在研制的一型采用无毒、无污染推进剂的新型中型运载火箭,主要面向具有国际竞争力的商业卫星发射任务。"长征 8 号"为两级半构型,700 km 太阳同步轨道运载能力 4.5 t,近地轨道运载能力 7.6 t,地球同步转移轨道运载能力 2.5 t。火箭年执行发射能力为10发,任务准备周期为8～15日。

"长征8号"运载火箭于2020年12月22日在中国文昌航天发射场,将"新技术验证7号""海丝1号""元光号""天启星座零八星""智星1号A星"5颗卫星送入预定轨道。这是我国新一代中型运载火箭"长征8号"的首次飞行任务,也是长征系列运载火箭的第356次飞行。此次"长征8号"火箭圆满首飞填补了我国太阳同步轨道航天器发射项目的空白。

2022年2月27日11时06分,"长征8号遥二"运载火箭在海南文昌航天发射场点火起飞,随后将托举的22颗卫星分别顺利送入预定轨道,发射任务取得圆满成功,创造了我国一箭多星发射的最高纪录。合练时的"长征8号遥一"火箭见图2-22。

"长征8号甲"运载火箭(CZ-8A)采用新概念设计研制,将"长征8号"运载火箭的两个2.25 m直径助推器换成3.35 m直径助推器,即

图2-22 合练时的"长征8号遥一"火箭

使用3个通用芯级,为CBC构型,同时再搭配一个先进低温上面级。

相较于"长征7号甲","长征8号甲"少了一级、2个箭体模块、5台发动机,成本更低,可靠性更高,但GTO运载能力同为7 t。

9. "长征11号"运载火箭

"长征11号"运载火箭(见图2-23)是新型四级全固体运载火箭,主要用于快速机动发射应急卫星。该火箭全长20.8 m,质量58 t,起飞推力120 t,700 km太阳同步轨道运载能力400 kg,低轨运载能力可达700 kg。2015年9月25日,"长征11号"运载火箭在酒泉卫星发射中心首飞成功。2017年11月10日7点42分,中国在酒泉卫星发射中心用"长征11号"运载

图2-23 "长征11号"运载火箭

火箭成功发射了一颗脉冲星试验卫星。

10. "长征 11 号"运载火箭系列

"长征 11 号"海射型于 2019 年 6 月 5 日成功实现中国运载火箭首次海上发射。

"长征 11 号"商业一型替换了火箭一级外壳材料,并对一级发动机做了改进,进一步提高了火箭性能,将 700 km SSO 运载能力提高到 500 kg。火箭可采用陆基或海基及冷热兼容的多种发射方式。

"长征 11 号甲"(CZ-11A)是在"长征 11 号"基础上研制的更大规模的商业型固体运载火箭,是中国第一型按成本目标设计、生产、运营的火箭,具备发射成本更低,发射周期不超过 72 h 的能力。其同时通过单机集成,实现箭上电器一体化。该型火箭将覆盖绝大多数低轨卫星发射需求。火箭起飞质量 115 t,一级直径 2.65 m,整流罩直径有 2.4 m、2.7 m、2.9 m 三种尺寸可供选择,运载能力为 LEO 2.0 t,700 km SSO 1.5 t。火箭采用简易台架热发射的发射方式。该型火箭正在研制中。

2.2.2 "东方红"通信广播卫星系列

在人造地球卫星中,发射数量最多、应用最广的是应用卫星。而在应用卫星中,通信卫星又炙手可热,因为这种卫星已率先形成一种产业,使现代通信发生了质的飞跃,产生了巨大的经济效益和社会效益,成为推动人类社会发展的重要力量。

自从 1958 年 12 月美国发射第一颗试验通信卫星以来,通信卫星技术取得了巨大的进展。目前,80% 以上的洲际通信、100% 的国际电视转播及部分国内和区域通信都是由通信卫星来完成的,而且卫星通信业务量呈现出有增无减的良好趋势。不过,这种卫星一般需要运行在 36 000 km 的地球静止轨道上,所以对火箭和卫星的要求都很高,目前只有少数几个国家掌握了这种卫星的研制和发射技术。

中国第一颗人造地球卫星发射成功后不久,于 1970 年 6 月就开展了通信卫星技术的研究。

我国的通信广播人造地球卫星有"东方红"系列人造地球卫星、"鑫诺"系列人造地球卫星(后改为"中星"系列卫星)。下面将介绍"东方红"系列人造地球卫星,有"东方红 1 号""东方红 2 号""东方红 3 号"和"东方红 4 号"卫星平台等型号。除"东方红 1 号"卫星为空间探测性质的技术试验卫星外,其他的均为通信广播卫星。

1. "东方红 1 号"人造地球卫星

"东方红 1 号"的任务是进行卫星技术试验,探测电离层和大气密度,然后通过遥测系统把有关数据发送回地面。它是一颗具有空间探测性质的技术试验卫星,并不是真正的通信卫星。

"东方红 1 号"(见图 2-24)于 1970 年 4 月 24 日在甘肃酒泉东风靶场一举发射成功,由此开创了中国航天的新纪元,使中国成为继苏、美、法、日之后第五个独立研制并发射人造地球卫星的国家。"东方红 1 号"卫星全部达到了设计要求,而且该星所有的元件和部件以及原材料都是中国自己生产的。

"东方红 1 号"卫星的升空,在全世界引起了轰动,大大提高了中国在世界上的威望。

图 2-24 "东方红 1 号"

2. "东方红 2 号"系列实用通信广播卫星

(1) "东方红 2 号"实用通信广播卫星

"东方红 2 号"(见图 2-25)于 1984 年 4 月 8 日首次发射,4 月 16 日成功定点在东经 125°赤道上空。这是中国第一颗发射成功的通信卫星,卫星实际工作寿命也大大超过了设计要求。"东方红 2 号"的发射成功,使中国成为世界上第 5 个独立发射地球静止轨道卫星的国家,迈出了中国通信卫星的第一步,开始了用我国自己的通信卫星进行卫星通信的历史。

在此后不到 2 年时间里,"东方红 2 号"实用通信广播卫星由中国空间技术研究院研制成功,并于 1986 年 2 月 1 日顺利登天,定点于东经 103°赤道上空。它与试验通信卫星在构造与性能上相当,只是采用了覆盖国内领土的窄波束抛物面天线,从而提高了波束的等效辐射功率,使通信地球站的信号强度明显提高,接收的电视图像质量大为改善,通信容量也大大增加,传输质量超过了当时租用的国际通信卫星。原来在接收试验通信卫星转播的电视图像时,地面需用 10 m 直径的天线,而"东方红 2 号"实用通信卫星传输的信号只需用直径 3 m 的天线就可以接收。

"东方红 2 号"卫星及其后来发射的改进型卫星"东方红 2 号甲"都采用中国第一代地球静止轨道卫星平台"东方红 2 号"。该平台与美国 HS376 卫星平台类似,采用自旋稳定方式。

(2) "东方红 2 号甲"实用通信卫星

中国通信卫星发展的第二步是研制"东方红 2 号甲"实用通信卫星。这种卫星采用了新的设计方案,性能有较大提高。星上通信转发器由 2 台增至 4 台(C 频段),使电视转播能力由 2 个频道增至 4 个频道,话音传输能力由 1 000 路增至 3 000 路,设计寿命由 3 年增至 4 年半,其等效全向辐射功率也提高了许多。

第 1 颗"东方红 2 号甲"卫星于 1988 年 3 月 7 日发射成功(见图 2-26),不久,在 1988 年 12 月 22 日、1990 年 2 月 4 日、1991 年 12 月 18 日相继发射了 3 颗"东方红 2 号甲"实用通信卫星,除最后 1 颗由于运载火箭故障未能进入预定轨道外,其余均状态良好,使中国的卫星通信和电视转播跨入一个新阶段,大大改变了边远地区收视难、通信难的状况,尤其是促进了卫星电视教育的发展,受众达千万人之多,节省了几十亿元人民币。

图 2-25 "东方红 2 号"

图 2-26 "东方红 2 号甲"

3. "东方红 3 号"实用通信卫星

研制中容量通信卫星"东方红 3 号"(见图 2-27)是中国通信卫星发展的又一重大步骤。从 1986 年开始,中国正式启动了第二代通信卫星——"东方红 3 号"的研制工作,于 1994 年完成了第 1 颗卫星的研制工作。该卫星于同年 11 月发射进入准地球同步轨道,但由于推进系统故障,最终未能定点。经故障分析和局部改进后,第 2 颗卫星于 1997 年 5 月 12 日用"长征 3

图 2-27 "东方红 3 号"

号甲"火箭发射成功,并在5月20日定点于东经125°赤道上空,它主要用于话音、数据传输、传真、甚小孔径终端网和电视等项业务。该卫星使中国通信卫星水平一下跨越了20年。

"东方红3号"卫星也是中国第1颗面向社会的商业卫星。星上24台转发器全部投入使用,用于电视节目传输、话音、电报、传真和数据传输等通信业务,其中22台用于电信部门的公众通信业务,1台用于临时性电视节目传送,另外1台一半用于临时性电视节目输送,另一半用于甚小孔径终端通信。公众通信业务中包括3.5万条单向话路,主要用于23个省会的一级干线通信网,还用于新疆、内蒙古等边远地区及厦门、烟台等重要城市的干线网。临时性电视节目传送包括甲A足球赛各比赛城市的实况互传、我国每年"两会"期间各电视台的新闻传送、重要体育赛事转播等。

4. "东方红4号"平台

"东方红4号"平台是中国独立开发、具有自主知识产权的新一代大型地球同步轨道卫星公用平台,在平台上可以根据用户需要安装不同的有效载荷,生产出一颗颗不同用途的卫星。

为增强我国自主研制通信卫星的市场竞争力,1998年开展新一代大型静止轨道卫星公用平台论证工作,于2001年1月完成了预发展阶段任务,2001年10月国家正式批准"东方红4号"平台立项,2002年1月通过了转初样设计评审,正式转入初样研制阶段。2002年5月与鑫诺卫星公司签署了"鑫诺2号"卫星采购订货合同。

在"东方红4号"大平台的基础上,先后又签署了尼日利亚和委内瑞拉等多颗通信卫星合同,实现了我国整星出口零的突破。

"东方红4号"卫星公用平台承载着推动发展中国广播通信、移动通信、电视直播事业,开拓国际商业通信卫星市场的重任,对促进我国国民经济可持续发展,推动中国与其他国家的科技与文化交流,提升中国的国际地位和国际形象,具有重要而深远的意义。

2.2.3 返回式卫星系列

返回式卫星指在轨道上完成任务后,有部分结构会返回地面的人造卫星。返回式卫星最基本的用途是照相。比起航空照片,卫星照片的视野更广阔、效率更高。早期由于技术所限,必须利用底片才能拍摄高清晰度的照片,因此必须让卫星带回底片或用回收筒将底片送回地面进行冲洗和分析。现在由于可从卫星上直接传送影像数据到地面,返回式卫星的功能又演变为需要回收实验品的空间实验室。

返回式卫星是中国目前发射次数最多的一种卫星,产生了显著的社会效益和经济效益。中国返回式卫星主要用于空间科学研究、国土普查和地图测绘等。

"返回式卫星0号"是中国第一代国土普查卫星;"返回式卫星1号"是中国第一代遥感测绘卫星;"返回式卫星2号"是中国第二代国土普查卫星;"返回式卫星3号"是中国第二代遥感测绘卫星,用于高精度遥感测绘,其测绘精度比第一代有较大的提高;"返回式卫星4号"是中国第一代国土详查卫星;"实践8号"是太空育种卫星。

1. 第一代返回式遥感卫星

中国返回式卫星的研制工作是从1966年开始的。在攻克了卫星姿态控制技术、卫星再入防热技术和卫星回收技术等一道道难关后,1975年11月26日,中国第1颗返回式卫星终于由"长征2号"运载火箭发射成功。它在轨道上运行了3天,11月29日按预定时间返回了中国大地。

图 2-28 所示为第 1 颗"返回式卫星 0 号"。该卫星是一种在低轨道上运行、采用三轴稳定方式、对地心定向和返回舱可安全返回地面的卫星，主要用于国土普查。其运行轨道为：近地点 173 km，远地点 483 km，倾角 63°，轨道周期 91 min。它由仪器舱和返回舱组成，质量为 1 790 kg。卫星在完成遥感任务后，返回舱在预定的地区回收。

图 2-28　第 1 颗"返回式卫星 0 号"

第 1 颗"返回式卫星 0 号"的成功使中国成为继美国、苏联之后世界上第 3 个掌握返回式卫星技术的国家。这项技术在当时可以说是世界难题，就是在今天掌握这种技术的国家仍寥寥无几。为此，美国曾付出了 12 颗卫星失败的高昂代价，苏联同样支付了 13 颗卫星的"学费"。

"返回式卫星 0 号"和"返回式卫星 1 号"为中国第一代返回式卫星，具有相同的几何外形，都为羽毛球状的钝头截锥体，采用第一代返回式卫星平台。其最大直径为 2.2 m，总长为 3.144 m，是半锥角为 10°的球冠圆台组合体；容积为 7.6 m³；发射质量视有效载荷的不同为 1 790～2 100 kg，返回有效载荷质量为 260 kg，在轨飞行 3～8 天。在主动段飞行阶段，卫星外面没有整流罩保护。

第一代返回式卫星平台由仪器舱和返回舱两个舱段组成，其仪器舱壳体为铝合金金属结构，舱内主要安装卫星功能有效载荷及在轨工作的仪器。它具有良好的密封性，可以满足有效载荷在轨工作的压力环境。其返回舱内衬为铝合金，外部为耐高温的烧蚀材料。它在再入大气过程中，由于严重的气动加热会产生高温，外部的烧蚀材料一边烧蚀一边将热量带走，从而保证不会烧毁舱体，并且保持内部合适的环境温度。

仪器舱和返回舱用爆炸螺栓相连接，卫星在轨道上完成预定的任务之后通过电控引爆使两舱分离。返回舱在制动火箭的作用下脱离原来的运行轨道进入稠密大气层，在一定高度开伞后安全返回地面；而仪器舱则继续在轨道上运行，其轨道逐渐衰减，最后陨落入稠密大气层焚毁。

"返回式卫星 1 号"（见图 2-29）是我国第一代返回式遥感卫星。"返回式卫星 1 号甲"（见图 2-30）是我国第一代摄影定位卫星。

图 2-29 "返回式卫星 1 号"(FSW-1)

图 2-30 "返回式卫星 1 号甲"(FSW-1A)

2. 第二代返回式卫星

1992 年开始使用的"返回式卫星 2 号"采用第二代返回式卫星平台,其外形与"返回式卫星 1 号"相差较大。它是在"返回式卫星 1 号"的结构底部增加了一段高度为 1.5 m、直径 2.2 m 的圆柱段,使卫星总长约 4.6 m,容积达 12.8 m³,能在轨飞行 15～20 天,一次飞行所获得的卫星遥感信息量比第一代返回式卫星增加 13 倍以上。它使中国返回式卫星技术及对地观测水平向前推进了一大步,回收控制技术也达到世界先进水平。

"返回式卫星 2 号"发射质量为 2 800～3 100 kg,返回有效载荷达到 310 kg 左右,不返回有效载荷为 500～600 kg,微重力量级为 $(10^{-5} \sim 10^{-3})g_n$,轨道倾角为 57°～70°,近地点高度为 175～200 km,远地点高度为 300～400 km,轨道周期约为 90 min。

"返回式卫星 2 号"也包括仪器舱和返回舱两个舱段。仪器舱由非密封的服务舱和密封舱组成,两者是铆接在一起的;返回舱由回收舱和制动舱组成。返回时,返回舱先和仪器舱分离。在位于制动舱底部的制动火箭工作完毕后,制动舱与回收舱分离。制动舱在再入大气层过程中焚毁,只有具备防热功能的回收舱可安全通过大气层,在预定的回收区安全着陆。

与"返回式卫星 1 号"相比,"返回式卫星 2 号"的总容积增加了 68.4%,其中回收舱容积增加了 15%,密封舱容积增加了 20.3%;发射质量增加了 19%～48%,其中可回收的有效载荷质量增加了 53%,不可回收的有效载荷质量增加了 11%～33%。

中国用返回式卫星进行卫星留轨试验是个创新。一般卫星在返回过程中,仪器舱在与返回舱分离后,继续留在原来的轨道上飞行,成为无用的太空垃圾,其轨道逐渐衰减,直至陨入稠密大气层焚毁。卫星留轨试验是指在仪器舱分离后,利用它本身的全姿态捕获功能,使仪器舱恢复正常的运行姿态，成为一颗新的技术试验卫星。这样即可在其上进行一系列科学技术试验，特别是那些不宜在卫星正常运行情况下进行的故障模式试验，从而变废为宝。1994年7月和1996年11月，在第2颗和第3颗"返回式卫星2号"上先后成功地进行了2次留轨试验。

"返回式卫星1号乙"（见图2-31）于1992年8月9日首次发射，经16天飞行，于8月25日在四川成功回收。"返回式卫星1号乙"是我国第二代遥感卫星，摄影分辨率是4 m，达到了国际先进水平。

3. 第三代返回式卫星

进入21世纪，中国又发射了"返回式卫星3号""返回式卫星4号"及"实践8号"。它们都是在"返回式卫星2号"平台的基础上进行了升级设计，即除部分分系统和设备性能有所不同外，平台的大部分分系统和设备基本相同。不过无论在飞行时间上，还是在功能方面，以及轨道控制精度和返回控制计算等整体性能上，它们都有较大的改进和提高。

"返回式卫星3号"是第2代遥感测绘卫星，"返回式卫星4号"是第一代国土详查卫星。针对高精度遥感测绘和详查的不同使用要求，中国分别开展了这两种型号的总体方案设计，其中对相同的分系统和设备进行了统一设计和制造，大大提高了型号的总体设计水平和制造、试验及飞行任务的效率。"实践8号"是太空育种卫星，"实践8号"平台方案与"返回式卫星3号"基本相同。图2-32是返回式卫星对地遥感示意图。

图2-31　"返回式卫星1号乙"（FSW-1B）　　图2-32　返回式卫星进行对地遥感示意图

"返回式卫星3号""返回式卫星4号""实践8号"的构型基本相同，由圆柱体、截圆锥体和球形头部组成。回收舱保持原有返回式卫星成熟的气动外形和设计方法，具有良好的再入稳定性，适应回收舱的弹道式再入返回。制动舱仍保持原有构型。相对于"返回式卫星2号"，其仪器舱的圆柱段有所增长，容积有所增大，使有效载荷和电池的装载能力有比较大的提高。

"返回式卫星3号"的卫星质量为3.6 t，"返回式卫星4号"的卫星质量为3.9 t，"实践8

号"的卫星(见图2-33)质量为3.4 t。这3种卫星的最大直径为2.2 m,最大高度为5.144 m。"返回式卫星3号"的工作寿命为18天,"返回式卫星4号"的工作寿命为27天,"实践8号"的工作寿命为15天。

中国研制的3种返回式卫星都取得了技术上的重要进步。其中第二代遥感测绘卫星("返回式卫星3号")把大地测量精度提高到一个新的水平。第一代国土详查卫星("返回式卫星4号")的遥感水平达到国内最高水平,为用户提供了有价值的遥感资料。在完成主任务的同时,还用卫星开展了微重力搭载科学试验,取得了空间科学试验的新成果。"实践8号"把粮、棉、油、蔬菜、林果花卉等九大类2 000余份约215 kg农作物种子和菌种,带到200～400 km的太空进行太空环境下的诱变飞行试验。它共包括了152个物种,其中植物133种、微生物16种、动物3种。"实践8号"的主要任务是进行太空育种试验和研究,进而探索出太空育种方面的规律。图2-34是太空青椒与普通青椒对比图。

 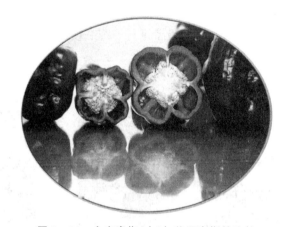

图2-33 "实践8号"育种卫星上质心台　　图2-34 太空青椒(右)与普通青椒的比较

新一代返回式卫星充分地继承了前一代卫星的成熟技术和经验,在此基础上又有较大的创新和改进,从而为国家提供了一种崭新的用途广泛的返回式卫星平台。这也是中国返回式卫星实现高可靠性、低成本和短研制周期的关键。

2.2.4 地球资源卫星系列

现在,人类对自然资源的需求量日增,但受自然条件的限制,许多丰富的资源至今还沉睡在人类尚未涉足的深山老林、茫茫沙漠和浩瀚大海之中。传统的勘探方法和较先进的航空遥感都远远满足不了人类对地球资源不断增长的需求。当代最先进的勘测手段是地球资源卫星。它居高临下,具有连续、快速、全球、定期、详细和综合观测等优点,能方便地观测农作物长势及矿藏资源、森林、渔业和污染的分布等,所获得的数据可绘制成特种地图并可预测自然灾害。

资源卫星是利用星载遥感器获取地球表面图像数据,从而进行资源调查,通常载有可见光、红外、多光谱、紫外和微波等先进的遥感器。这种卫星一般运行于700～900 km高的圆形太阳同步轨道,10～30天可观测地球1遍。它不仅使人类从新的高度观测地球上的千变万化成为现实,还把人的视野从可见光扩展到紫外、红外及微波辐射区,从而发现了许多以前因人迹未到或手段落后而无法找到的自然资源,节省了大量人力、物力和财力。此外,与气象卫星类似,资源卫星还是环保、减灾等方面的"能手"。

世界上第 1 颗资源卫星是美国于 1972 年 7 月 23 日成功发射的"陆地卫星 1 号"。国外的资源卫星主要有美国"陆地卫星"、法国"斯波特"、加拿大"雷达卫星"、印度"遥感卫星"系列,以及美国"快鸟 2 号""全球观测 1 号"等小型高分辨率卫星。中国已研制、发射和运行了中巴"资源卫星 1 号"和中国"资源卫星 2 号""资源卫星 3 号"。各国资源卫星在分辨率、幅宽和频段等方面各有所长,其中载有合成孔径雷达的卫星能全天候、全天时进行对地观测,但分辨率稍低。

1. 中巴"资源卫星 1 号"

"资源卫星 1 号"(见图 2 - 35)于 1999 年 10 月 14 日由"长征 4 号乙"运载火箭从太原卫星发射中心发射升空,是中国和巴西共同研制的地球资源卫星,又称中巴"资源卫星 1 号",结束了中国没有陆地资源卫星的历史。它标志着使用中国研制的卫星获取实时遥感数据的开始,特别是首次直接获得了中国西部边陲地区的遥感图像资料,为开发西部做出了一定的贡献。该卫星于 2003 年 8 月 13 日失效,在轨安全运行了 3 年 10 个月,超出了卫星的 2 年设计寿命。它共环绕地球运行 20 074 圈,中国资源卫星应用系统共接收、处理、存档 CCD 图像数据 228 893 景、红外图像数据 217 313 景、宽视场成像仪图像数据 3 796 景。

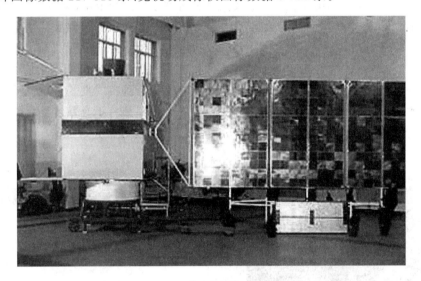

图 2 - 35 中巴"资源卫星 1 号"

这颗卫星未经试验卫星阶段,就直接进入实用阶段,起点高,技术难度大,是中国卫星研制史上星上元器件最多、系统最为复杂的一颗卫星,也是我国第一代传输型地球资源卫星。星上 3 种遥感相机可昼夜观察地球,利用高码速率数传系统将获取的数据传输回地球地面接收站,经加工、处理成各种所需的图片,供各类用户使用。由于其多光谱观察、对地观察范围大、数据信息收集快,故特别有利于动态和快速观察地球地面信息。

该卫星的主要用途是:其图像产品可用来监测国土资源的变化,每年更新全国利用图;测量耕地面积,估计森林蓄积量,农作物长势、产量和草场载畜量及每年变化;监测自然和人为灾害;快速查清洪涝、地震、林火和风沙等破坏情况,估计损失,提出对策;对沿海经济开发、滩涂利用、水产养殖、环境污染提供动态情报；勘探地下资源，圈定黄金、石油、煤炭和建材等资源区，监督资源的合理开发。它将在我国国民经济中发挥强有力的作用。

"资源卫星1号"又是我国空间事业对外合作的一个窗口，将进一步推动航天领域的国际交流与合作。

2. 中国"资源卫星2号"

2000年9月1日，中国空间技术研究院研制的性能更加优异的中国"资源卫星2号"01星升空。2002年10月27日和2004年11月6日，又陆续发射了中国"资源卫星2号"02星、03星，其中中国"资源卫星2号"03星的总体性能和技术水平与前2颗相比有了改进和提高。它们主要用于国土资源勘察、环境监测与保护、城市规划、农作物估产、防灾与减灾、空间科学试验等领域。图2-36为"资源卫星2号"3星组网示意图。

与"资源卫星1号"相比，中国"资源卫星2号"不仅性能更加优异，荣获2003年度国家科技进步一等奖，而且工作寿命长，其中中国"资源卫星2号"01星超期服役3年多，成为中国寿命最长的传输型对地观测卫星，标志着中国航天遥感技术日臻成熟，卫星可靠性不断增强。

3. "资源卫星3号"

"资源卫星3号"是中国第一颗自主的民用高分辨率立体测绘卫星（见图2-37），通过立体观测，可以测制1∶50 000比例尺地形图，为国土资源、农业、林业等领域提供服务。2012年1月9日11时17分"资源卫星3号"在太原卫星发射中心由"长征4号乙"运载火箭成功发射升空，同时搭载有一颗卢森堡小卫星，此次"一箭双星"发射是"长征"系列运载火箭的第156次发射。卫星可对地球南北纬84°以内地区实现无缝影像覆盖，回归周期为59天，重访周期为5天。卫星的在轨工作寿命5年。2012年1月11日顺利传回第一批高精度立体影像及高分辨率多光谱图像，影像覆盖黑龙江、吉林、辽宁、山东、江苏、浙江和福建等地区，共约21万平方千米。2012年4月20日完成卫星在轨测试工作。

图2-36 中国"资源卫星2号"3星组网

图2-37 "资源卫星3号"

"资源卫星3号"多项技术指标达到或优于国外同类型测绘卫星，首次实现我国民用遥感卫星多角度、多光谱综合立体成像，首次使我国卫星的影像质量及测图精度达到国际先进水平，首次实现了我国超高码速率遥感数据传输的国际领先水平，首次实现遥感卫星5年长寿命设计。

"资源卫星3号"标志着中国卫星测绘技术的重大突破,有效缓解了航天遥感影像数据获取的瓶颈,改变了我国相关领域从国外大量购买卫星影像的被动局面。

2.2.5 "风云"气象卫星系列

气象与国计民生密切相关。在没有气象卫星之前,场地观测是获取气象信息的主要手段。1960年4月1日,世界上第一颗遥感卫星——美国的"泰罗斯1号"气象卫星发射成功,揭开了人类利用卫星进行对地观测的序幕。气象卫星的问世,使气象监测工作发生了根本性变化,大大提高了气象预报的准确度,在减灾、防灾和环保等许多方面有着不可替代的作用。它可以近实时地获得全球的天气变化状况,提供常规观测手段无法获取的大量宝贵信息,从而解决广大海洋水域和人烟稀少地区气象资料观测不足的难题,使人类对地球及其大气的了解在深度和广度上达到前所未有的程度。

中国人多地广,是世界上自然灾害最多、最严重的国家之一,其中气象灾害占70%以上,每年农田受灾面积广大,影响人口众多。中国很重视气象卫星的研制,已先后发射了多颗极轨气象卫星和静止轨道气象卫星。

气象卫星通过多通道高分辨率扫描辐射计、红外光谱仪和微波辐射计等观测地球,获取气象资料,遥感监测地球环境。它分为极轨气象卫星和静止轨道气象卫星2种,可不受地理条件、自然环境及国家区域行政疆界的限制,实现快速、长期、连续、全球、全天候、全天时和多方位地观测。

极轨气象卫星一般运行于600~1400 km高度的太阳同步轨道,沿飞行轨道以1~4 km的分辨率对地面数千千米宽的条带进行观测,每天可绕地球运行14圈,能够对全球任何一个地点观测2次,获取全球气象资料,且因运行轨道低而分辨率高,能清晰地了解地面的情况。其不足是由于卫星不停地围绕地球两极运行,得到的图像是全球云图,使得对某一地区的观测周期比较长,有的要几天才能观测1次,对同一地点无法连续观测,不能满足短期预报业务的需要,因此它主要用于长期天气预报。

静止轨道气象卫星定位于地球静止轨道的某一点,可对卫星下方地球面积的40%进行连续观测,因而对监视灾害性天气有很强的时效性。例如,利于追踪台风等快速运动的天气现象,在30 min或更短时间内就能获取一幅地球全景圆盘图,并实时送回地面。其缺点是对于纬度大于70°的高纬度地区的气象观测能力较差,而且由于轨道高而分辨率较低,因此它主要用于地区性短期天气预报业务。

由此可知,极轨气象卫星和静止轨道气象卫星的观测特点各有千秋,可互为补充。

中国的"风云"卫星分为4个系列:"风云1号"系列为中国第一代极轨气象卫星,分为2个批次,即2颗试验卫星("风云1号"A星、B星)和2颗业务卫星("风云1号"C星、D星)。"风云2号"系列为中国第一代静止轨道气象卫星,原计划也为2个批次,即2颗试验卫星("风云2号"A星、B星)和2颗业务卫星("风云2号"C星、D星)。由于使用情况较好,"风云2号"业务卫星增加一个批次("风云2号"E星、F星、G星、H星)。"风云3号"和"风云4号"分别为中国第二代极轨和静止轨道卫星,它们在探测能力上比第一代有很大提高。

1. "风云1号"极轨气象卫星系列

"风云1号"极轨气象卫星是我国第一代极轨气象卫星,共发射了4颗,即FY-1A、FY-

1B、FY-1C、FY-1D。

FY-1A/1B(见图 2-38)分别于 1988 年 9 月和 1990 年 9 月发射,是试验型气象卫星。这两颗卫星上装载的遥感器的成像性能良好,其获取的试验数据和运行经验为后续卫星的研制和管理提供了有益参考。

图 2-38 "风云 1 号"(FY-1)

FY-1C 于 1999 年 5 月 10 日发射,运行于 901 km 的太阳同步极轨道,卫星设计寿命 3 年。FY-1C 卫星的成功发射被列为中国 1999 年十大科技新闻之一,获得了国家科技进步一等奖,并铭刻在中华世纪坛上。2000 年 5 月,FY-1 卫星在轨稳定运行一年之后被世界气象组织正式列入应用卫星序列。"风云 1 号"1D 卫星于 2002 年 5 月 15 日在太原卫星发射中心成功发射。该星超期服役数年,积累了大量数据。

2. "风云 2 号"静止轨道气象卫星系列

"风云 2 号"系列静止气象卫星是我国第一代静止气象卫星,共发射三批,第一批次 2 颗试验星("风云 2 号"A/B),第二批次 3 颗业务星("风云 2 号"C/D/E),第三批次 3 颗业务星("风云 2 号"F/G/H)。

"风云 2 号"具有摄取可见光、红外云图及水汽分布图,转发展宽云图、低速率图像等气象信息,收集气象、海洋、水文等部门的平台数据,获取空间环境监测数据等多项功能。

(1) 第一批"风云 2 号"气象卫星

"风云 2 号"A 星于 1997 年 6 月 10 日在西昌卫星发射中心成功发射;2000 年 6 月 25 日,"风云 2 号"B 星也成功升空,姿态均为自旋稳定,只有一个三通道扫描辐射计,设计寿命 3 年。这两颗星都是试验试用卫星,为建立我国稳定运行的业务应用系统起到了重要作用。

"风云 2 号"A 星(见图 2-39)是一个直径 2.1 m、高 1.6 m 的圆柱体,包括天线在内的卫星总高度为 3.1 m,重约 600 kg,卫星姿态为自旋稳定,自旋转速为 (100 ± 1) r/min,卫星设计寿命为 3 年。

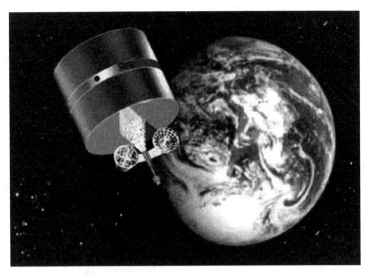

图 2-39 "风云 2 号"(FY-2)

(2) 第二批"风云 2 号"气象卫星

从"风云 2 号"C 星起,扫描辐射计由 3 个通道增加到 5 个通道,在性能上较 A、B 两星有较大的改进与提高,于 2004 年 10 月 1 日成功发射,2005 年 1 月起投入了连续稳定的业务运行,应用系统同时开发了 20 多种业务产品,受到广大用户的欢迎。

2006 年 12 月 8 日,状态相同的"风云 2 号"D 星成功发射,使我国静止业务气象卫星实现了在轨备份和双星组网运行。同年,12 月 23 日,"风云 2 号"E 星发射升空,E 星接替超龄服役的 C 星,与 D 星继续保持"双星观测、互为备份"的业务格局。超龄服役的 C 星"发挥余热",改为区域观测。

(3) 第三批"风云 2 号"气象卫星

2012 年 1 月 13 日,我国在西昌卫星发射中心用"长征 3 号甲"运载火箭,将自主研制的地球同步静止轨道气象卫星"风云 2 号"F 星成功发射升空。卫星成功发射后定点在东经 112°赤道上空的地球同步轨道,设计工作寿命为 4 年。

"风云 2 号"F 星载有 2 个主要设备:扫描辐射计和空间环境监测器。扫描辐射计是获取云图的主要仪器,可以在非汛期每小时、汛期每半小时获取覆盖地球表面约 1/3 的全圆盘图像。空间环境监测器能对太阳 X 射线、高能质子、高能电子和高能重粒子流量进行多能段监测,用于开展空间天气监测、预报和预警业务。

"风云 2 号"第三批 3 颗业务星,即"风云 2 号"F/G/H 卫星,其设计寿命为 4 年,每 2 年发射一颗,"风云 2 号"H 星将运行到 2019 年。

2021 年 12 月 13 日,中国气象局国家卫星气象中心公布了一组数据——自 2019 年 1 月业务运行以来,被誉为"一带一路星"的"风云 2 号"H 星,每日接收 28 幅全圆盘云图、20 幅北半球云图,现已接收 5.5 万幅云图,被广泛应用于"一带一路"沿线国家和地区天气监测预报、灾害预警、农业生产及科学研究等领域。

2021 年 12 月 14 日从中国气象局获悉:我国风云气象卫星家族全球用户"朋友圈"已增至 121 个国家和地区,其中有 85 个"一带一路"沿线国家和地区,全球 92 个国家和地区的 1 400 多名学员接受了相关技术培训。风云气象卫星家族实时向国内外用户免费开放数据,为这些国家和地区乃至全球气象预报、自然灾害应对和生态环境治理,发挥了重要作用。

2022年1月,从国家卫星气象中心了解到,"风云3号"D星(FY-3D)、"风云4号"A星(FY-4A)和"风云2号"H星(FY-2H)正式成为空间与重大灾害国际宪章的值班卫星,并于2022年1月为马达加斯加、莫桑比克和马拉维等国家和地区提供灾害性天气相关数据服务和监测服务产品。

2022年6月1日,"风云3号"E星、"风云4号"B星及其地面应用系统转入业务试运行,开始为全球用户提供观测数据和应用服务。

作为中国第三代低轨气象卫星系统中的低轨气象卫星综合观测系统,"风云5号"卫星将在"风云3号"卫星的基础上,大幅提升对大气温湿廓线、降水、风场、云和辐射、气溶胶和大气成分等探测的精度和稳定性,满足气候观测的高精度要求,同时提高对气象及其衍生灾害的应急监测能力,达到国际领先水平。

风云系列气象卫星是世界气象卫星大家庭的重要组成部分,为中国及其他国家的气象预报、防灾减灾等做出了重要贡献。经过50余年的发展,中国已成功发射"风云1号"至"风云4号"两代四型共计19颗风云卫星,实现了中国气象卫星从无到有、从跟跑到并跑再到部分领跑的历史跨越。

3. "风云3号"静止轨道气象卫星系列

"风云3号"系列气象卫星是接替"风云1号"的新一代极轨气象卫星,新增加了微波辐射计、红外分光计和紫外臭氧垂直探测器等许多设备,观测精度和功能大幅度提高,可实现全球、全天候探测,多光谱、三维、定量遥感。2008年和2010年发射了2颗"风云3号"试验卫星,2013年发射了"风云3号"A卫星(见图2-40)。

图2-40 "风云3号"气象卫星

"风云3号"可实现对大气的三维探测。因为卫星上携带有先进的微波探测仪器和红外垂直探测仪,不仅可以了解云和大气的表面特性,而且可以了解大气温度湿度的垂直结构分布,这对天气预报特别是对数值预报有十分关键的作用。

"风云3号"还实现了全球高分辨率观测,对全球气候和自然灾害监测有重要价值。"风云3号"卫星有很强的星上存储能力,可以存储全球观测到的数据。同时,中国气象局已经和瑞典进行合作,在北极地区建立了数据接收业务,可以获取全球观测资料,并传输到北京。

此外,"风云3号"卫星不受白天和黑夜的限制,也不受各种天气状况的影响,可以在各种条件下工作,提供24 h的观测服务。

(1) 第一批"风云3号"试验型气象卫星

2008年5月27日,中国在太原卫星发射中心用"长征4号丙"运载火箭,将中国首颗新一代极轨气象卫星"风云3号"01星成功送入太空。大家称它为"奥运星",只是恰逢2008年北京奥运会之前发射。它在奥运期间,与"风云2号"气象卫星一起,共同为奥运会提供气象保障服务。这颗装载10余种先进探测仪器的卫星升空后,中国的气象观测能力有了较大的进步。

2010年11月5日,中国在太原卫星发射中心用"长征4号丙"运载火箭成功将中国第2颗"风云3号"气象卫星送入太空。这颗气象卫星与第1颗"风云3号"气象卫星组网运行,进一步提高了中国气象观测能力和中期天气预报能力,实现了我国极轨气象卫星升级换代和上、下午星组网观测,取得显著的社会效益和经济效益。

(2) 第二批"风云3号"业务型气象卫星

2013年9月23日,在我国太原卫星发射中心,"风云3号"03星搭乘"长征4号丙"运载火箭,成功进入预定轨道。这是"风云3号"首颗业务星,标志着我国第二代极轨气象卫星从试验应用型向业务服务型转变,确保了我国极轨气象卫星业务连续稳定运行,在气象卫星发展中具有里程碑意义。

2017年11月15日2时35分,我国在太原卫星发射中心用"长征4号丙"运载火箭,成功将"风云3号D"气象卫星发射升空,卫星顺利进入预定轨道。"风云3号"(FY-3)气象卫星是我国的第二代极轨气象卫星,是在FY-1气象卫星技术基础上的发展和提高,在功能和技术上向前跨进了一大步,具有质的变化,具体要求是解决三维大气探测,大幅提高全球资料获取能力,进一步提高云区和地表特征遥感能力,从而能够获取全球、全天候、三维、定量、多光谱的大气、地表和海表特性参数。

2021年7月5日,"风云3号"E星在酒泉卫星发射中心成功发射。"风云3号"E星(FY-3E)是"风云3号"极轨气象卫星系列的第五颗卫星,是风云卫星家族里首颗民用晨昏轨道卫星,被命名为"黎明星",也是世界业务气象卫星家族中首颗晨昏轨道卫星。它将填补黎明时刻气象卫星观测的空缺,有效提升天气气候、大气环境和空间天气的监测分析能力。

"风云3号"前4颗卫星均采用上午十点的升轨或者是下午两点的降轨,国际上的极轨气象卫星也都是采用此两类轨道。其中,我国"风云3号"C星和欧洲Metop卫星为上午轨道,我国"风云3号"D星和美国NPP卫星为下午轨道。考虑到早晨和傍晚时分,大气对流运动多、天气变化快,科学家研究后发现发射晨昏轨道极轨气象卫星,将有助监测早晚的强对流等灾害天气过程,发射晨昏轨道气象卫星,将弥补卫星观测轨道(观测时间,早上5:30和傍晚17:30过境)的缺憾及观测资料的不足。"风云3号"E星成功在轨运行后,将与上、下午星组网,实现全球数值天气预报模式每6小时同化窗内全球观测资料100%覆盖,可有效提高全球数值天气预报精度和时效。"风云3号"E星将使我国风云极轨气象卫星具有自己的特色,在业务上形成同欧美卫星的等价互补之势,有利于提升我国在国际气象事务中的话语权,有利于提升我国的国际影响力。

"风云3号"E星综合观测能力主要有四大特色,分别为高精度光学微波组合大气温度湿度垂直分布探测能力、主动遥感仪器风场精确探测能力、高时效的全球百米量级分辨率光学成像观测能力、太阳和空间环境综合探测能力。发射后,"风云3号"E星将与在轨的"风云3号"

C星、D星组网运行,使我国成为国际上唯一同时拥有晨昏、上午、下午三条轨道气象卫星组网观测能力的国家。这可使得我们的预报时效延长12小时。

"风云3号"E星发射成功,将丰富海洋风场观测资料,提高台风等海上气象灾害的预报能力,同时能更加精准地判断晨午、夜间火灾等特殊时段的自然灾害。"风云3号"E星的观测数据对全球开放,可有效提高和改进全球数值天气预报精度和时效,对完善全球对地观测具有重要意义。

4. "风云4号"静止轨道气象卫星系列

"风云4号"系列气象卫星是继"风云2号"之后的新一代静止轨道气象卫星,主要发展目标如下:卫星姿态稳定方式为三轴稳定,提高观测的时间分辨率和区域机动探测能力;提高扫描成像仪性能,以加强中小尺度天气系统的监测能力;发展大气垂直探测和微波探测,解决高轨三维遥感;发展极紫外和X射线太阳观测,加强空间天气监测预警。"风云4号"卫星计划发展光学和微波两种类型的卫星。2016年12月11日零时11分,我国在西昌卫星发射中心成功发射"风云4号"卫星(见图2-41),这意味着中国未来的天气监测与预报预警更为准确,而且也代表着中国在气象卫星这一高端领域已经达到世界先进水平。2017年2月27日,"风云4号"A星获取首批图像和数据,世界第一幅静止轨道地球大气高光谱图正式亮相,同时,我国首次获得彩色卫星云图和闪电分布图。

图2-41 "风云4号"静止轨道气象卫星

截至目前,我国已成功发射17颗风云气象卫星,为全球约百个国家和地区的防灾减灾和经济社会发展做出贡献。世界气象组织认为,中国在气象服务和气象卫星技术方面已达世界领先水平,并为全球气象工作做出了贡献。

2021年6月3日,中国"风云4号"B星成功发射;2022年1月,"风云3号"D星、"风云4号"A星和"风云2号"H星正式成为空间与重大灾害国际宪章的值班卫星。

我国气象卫星在轨布局图见图2-42。

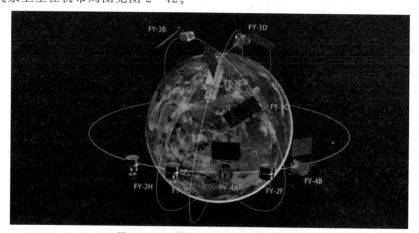

图2-42 我国气象卫星在轨布局图

2.2.6 科学探测与技术试验卫星

为了对航天任务急需的新技术进行先期试验,同时开展空间环境探测与空间科学研究,中国在研制卫星之初,就开始发展科学探测与技术试验卫星系列。从20世纪70年代至今,初步形成了"实践"系列科学探测与技术试验卫星、"海洋"号科学探测与技术试验卫星系列、地球空间双星探测计划、环境与灾害监测预报小卫星星座"2+1"方案和"4+4"方案等。

1. "实践"科学探测与技术试验卫星系列

我国"实践"科学探测与技术试验卫星系列形成时间较长,1971—2013年已发射了10多颗。在此,介绍其中几种"实践"卫星的主要特点及功能。

(1) "实践1号"

1971年3月3日,中国第2颗人造地球卫星"实践1号"(见图2-43)发射成功。它不仅测量了高空磁场、X射线、宇宙射线和外热流等空间环境参数,还进行了硅太阳电池供电系统、主动式热控系统等长寿命卫星的一些关键技术的试验。它在轨道上运行了8年,大大超过了设计寿命,为中国设计长寿命卫星提供了丰富的经验,尤其为卫星的电源、热控和无线测控的研制开辟了成功的道路。

图2-43 "实践1号"(SJ-1)及其在轨飞行示意图

(2) "实践2号"

"实践2号"(见图2-44)是继"实践1号"之后的又一颗科学实验卫星,以空间物理探测为主,兼顾卫星工程新技术试验。采用"一箭三星"发射方案,即以"实践2号"为主星,加"实践2号甲"和"实践2号乙",共3颗卫星一起发射(见图2-45)。1981年9月20日首次发射成功。此次发射不仅使中国在空间探测和新技术试验方面取得了重要成果,而且使中国成为世界上第3个掌握"一箭多星"技术的国家。

"实践2号"卫星上携带了用于探测太阳活动、地球附近空间的带电粒子、地球和大气的红外和紫外辐射背景、高空大气密度等的11种仪器,并采用无水肼推进的自旋稳定且固定帆板对日定向的姿控方式、整星无源主动式热控等新技术,为中国此后研制各种卫星提供了宝贵的经验。

(3) "实践4号"

为了探测近地空间的带电粒子环境,研究它们对航天器的影响,1994年2月8日成功发射了"实践4号"卫星。该星是高性能的小型科学试验卫星,使中国首次获得了地球同步转移轨道上200～36 000 km之间的空间环境参数和高能粒子效应信息。

图 2-44 "实践 2 号"(SJ-2)

图 2-45 "一箭三星"发射"实践 2 号"
"实践 2 号甲"和"实践 2 号乙"

"实践 4 号"科学实验卫星(见图 2-46)主要研究空间带电粒子及其对航天器的影响,是我国第一次发射的在大椭圆轨道上对空间带电粒子及其效应进行探测的卫星。

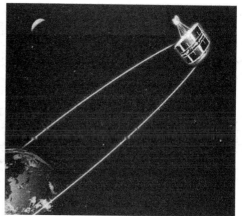

图 2-46 "实践 4 号"(SJ-4)及其在轨飞行示意图

(4)"实践 5 号"

1999 年 5 月 10 日升空的"实践 5 号"卫星(见图 2-47)是中国第一颗采用公用平台(CAST968)思想设计的小型科学实验卫星,达到当时的国际先进水平,为中国小卫星快速发展奠定了基础。该卫星圆满完成了任务,其中空间单粒子效应及其对策研究取得了可喜成果,为以后中国航天器的抗辐射加固设计提供了重要环境参数;利用该卫星出色完成的空间流体科学实验,获得了国际微重力学领域的重大成果;首次在中国卫星上成功地应用了国际上先进的空间数据系统咨询委员会(CCSDS)数据传输标准 1553B 总线技术。这些试验结果和数据对中国新型航天器和电子信息系统的设计具有重要意义。

(5)"实践 6 号"

"实践 6 号"是空间环境探测卫星,每组有 2 颗卫星,分别是 A 星、B 星,如图 2-48 所示。卫星主要进行空间环境探测、空间辐射环境及其效应探测、空间物理环境参数探测,以及其他

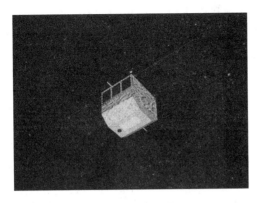
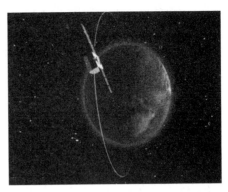

图 2-47 "实践 5 号"卫星(SJ-5)及其绕地球飞行示意图

相关的空间科学试验。2010 年 10 月 6 日 8 时 49 分,我国在太原卫星发射中心成功将"实践 6 号"04 组两颗空间环境探测卫星送入太空。

图 2-48 "实践 6 号 A/B"(SJ-6A/B)卫星

(6)"实践 7 号"

2005 年 7 月 6 日,"实践 7 号"科学试验卫星成功进入太空预定轨道(见图 2-49)。"实践 7 号"卫星设计寿命 3 年,主要用于空间环境监测以及其他相关的空间科学技术试验。

"实践 7 号"卫星上天后所带"焦平面器件研制的推扫式相机"开始持续工作,形成图像清晰;这是我国首次自主研制的红外推扫成像仪器,成功地从数百千米的轨道取得清晰的地物图像,得到国家主管部门的重视与好评。

(7)"实践 8 号"

2006 年 9 月 9 日,"实践 8 号"卫星发射升空,完成空间诱变育种试验后,装载种子的卫星返回舱于 15 天后在四川遂宁成功回收,卫星仪器舱还进行了为期 3 天的空间科学留轨试验。

图 2-49 "实践 7 号"卫星

"实践 8 号"共搭载了 215 kg 蔬菜、水果、谷物和棉花种子上天,是 1987 年以来搭载种子量最多的一次。科学家们希望通过"实践 8 号"所做的科学实验探测失重对种子发芽产生的影响。在宇宙辐射和失重环境下,有些种子可能会发生变异,这些变异种种植到地球上后,能培育出高产优质的新品种。太空育种已得到一定程度的应用。太空育种的果实比在陆地上培育的果实要大得多,太空诱变可以获得营养成分高、口感好的突变体。"实践 8 号"在飞行过程中传回了一系列青菜太空发芽的高清照片。

(8) "实践 9 号"

2012 年 10 月 14 日 11 点 25 分 5 秒,"实践 9 号"A、B 卫星在太原卫星发射中心采用"一箭双星"方式成功发射升空。

"实践 9 号"卫星是中国民用新技术试验卫星系列规划中的首发星,由 A 星和 B 星两颗卫星组成,由中国航天科技集团公司所属航天东方红卫星有限公司研制。

"实践 9 号"卫星主要用于卫星长寿命高可靠、高精度、高性能、国产核心元器件和卫星编队及星间测量与链路等试验,以此提升中国航天产品国产化能力。

"实践 9 号"卫星在轨开展了我国卫星发展急需的新产品验证及国产核心元器件和原材料的考核评价,取得了我国航天技术多项第一。

(9) "实践 10 号"

"实践 10 号"卫星是空间科学战略性先导专项首批确定的科学卫星项目中唯一的返回式卫星,也是中国第一个专用的微重力实验卫星。

2016 年 4 月 6 日 1 时 38 分,中国首颗微重力科学实验卫星——"实践 10 号"返回式科学实验卫星成功发射。

2016 年 4 月 18 日,"实践 10 号"卫星成功返回。

"实践 10 号"在轨模拟图见图 2-50。

(10) "实践 11 号"

"实践 11 号"主要用于空间科学技术实验。2009 年 11 月 12 日上午 10 时 45 分,中国在酒泉卫星发射中心成功将"实践 11 号"01 星送入太空。

(11) "实践 12 号"

"实践 12 号"卫星主要用于开展空间环境探测、星间测量和通信等科学与技术实验。2010 年 6 月 15 日 9 时 39 分,中国在酒泉卫星发射中心将"实践 12 号"卫星成功送入太空。

(12) "实践 13 号"

"实践 13 号"卫星(见图 2-51)是我国首颗高轨道、高通量通信卫星,首次应用 Ka 频段多波束宽带通信系统,信息传送能力大大增强,其通信总容量达 20 G 以上,相较以前有 10 倍左右的提升,带动中国卫星通信技术的大幅提升。2017 年 4 月 12 日 19 时 04 分在西昌卫星发射中心成功发射"实践 13 号"卫星。

(13) "实践 15 号"

2013 年 7 月 20 日,我国在太原卫星发射中心用"长征 4 号丙"运载火箭,以"一箭三星"方式,成功将"实践 15 号""创新 3 号""试验 7 号"3 颗技术科学试验卫星发射升空,卫星顺利进入预定轨道。"试战 15 号"卫星主要用于国土普查、城市规划和防灾减灾等领域。

图 2-50 "实践 10 号"在轨模拟图　　　图 2-51 "实践 13 号"卫星

(14) "实践 16 号"

2013 年 10 月 25 日,我国在酒泉卫星发射中心成功将"实践 16 号"卫星发射升空。该卫星主要用于开展空间环境探测和技术试验。

(15) "实践 17 号"

2016 年 11 月 3 日,由"实践 17 号"卫星和"远征 2 号"上面级组成的载荷组合体在"长征 5 号"运载火箭的托举下成功进入预定轨道。卫星入轨后,中国卫通集团有限公司即开展地球同步轨道通信广播业务,并择机开展空间碎片观测、新型电源、电推进等多项新技术验证工作。

(16) "实践 18 号"

"实践 18 号"卫星是由中国航天科技集团公司五院研制的最大人造卫星,是基于中国自主研发的新一代地球同步轨道大型卫星公用平台——"东方红 5 号"平台研发的技术验证卫星。

2017 年 7 月 2 日 19 时 23 分,搭载着"实践 18 号"卫星的"长征 5 号遥二"火箭在文昌航天发射场执行飞行任务,由于火箭飞行出现异常,发射任务失利。

(17) "实践 20 号"

"实践 20 号"卫星(见图 2-52)是地球同步轨道新技术验证卫星,用于验证"东方红 5 号"新一代大型卫星平台关键技术,并实施多项新技术验证工作,开展地球同步轨道通信广播业务。2019 年 12 月 27 日 20 时 45 分,"长征 5 号遥三"运载火箭在文昌航天发射场点火升空,成功将"实践 20 号"卫星送入预定轨道。

(18) "实践 21 号"

2021 年 10 月 24 日 9 时 27 分,中国在西昌卫星发射中心用"长征 3 号乙"运载火箭,成功将"实践 21 号"卫星发射升空。卫星顺利进入预定轨道,发射任务获得圆满成功。

"实践 21 号"卫星主要用于空间碎片减缓技术试验验证。

图 2-53 为"实践 21 号"卫星成功捕获了失效的"北斗"G2 卫星。

2. "海洋"卫星系列

我国东临太平洋,是世界上重要的海洋国家之一。大陆海岸线长达 1.8 万多千米,沿海岛屿有 6 500 多个,岛屿岸线约 1.4 万多千米,并拥有 300 多万平方千米的管辖海域。海洋在我国社会经济建设中的战略地位极为重要,要想对这一不断运动着的水体进行全面及时的了解,

图 2-52 "实践 20 号"卫星

掌握其活动规律,探清其蕴藏的巨大资源,用一般方法是很难实现的。海洋卫星是利用空间技术检测海洋,是认识海洋真面目的利器,利用它可以经济而方便地对大面积海域实现实时、同步和连续的监测,在维护我国海洋权益、保护海洋环境、开发海洋资源、减轻海洋灾害和有效实施海洋管理等方面显得尤为重要和迫切,它已经被公认是海洋环境监视监测的主要手段。

自美国 1978 年发射了世界上第一颗海洋卫星以来,苏联、日本、法国、加拿大和印度等相继发射了一系列海洋卫星。目前,海洋卫星主要包括海洋水色卫星、海洋地形卫星和海洋环境卫星三大类。主要用途如下:提高海洋环境与灾害的监测、预报和预警能力;调查、开发和管理海洋资源;监测、监视海洋污染,保护海洋环境;维护海洋权益;海洋综合管理;加强全球变化研究,提高对灾害的预测能力;促进海洋、空间及相关领域的科学技术发展等。

中国海洋卫星的发展目标是建立一整套海洋卫星体系,包括 3 个卫星系列,分别是"海

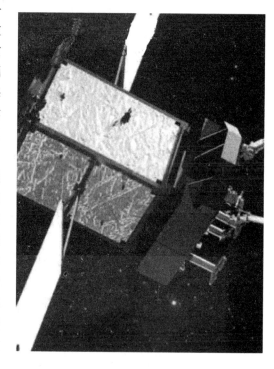

图 2-53 "实践 21 号"卫星
成功捕获了失效的"北斗"G2 卫星

洋 1 号"(海洋水色卫星系列)、"海洋 2 号"(海洋动力环境卫星系列)和"海洋 3 号"(海洋监视监测卫星系列),今后将逐步形成以卫星为主导的立体海洋空间监测网。

根据总体规划,中国将在海洋卫星研制、发射、测控技术和地面应用技术方面最大限度地缩小与先进国家的差距,并在某些方面赶上并超过世界先进水平。总之,中国 3 种海洋系列卫星各有所长,能与气象卫星、资源卫星、环境与灾害监测卫星系列一起共同构成中国长期稳定

运行的卫星对地观测体系。

(1) 海洋水色卫星系列

2002年5月15日,中国第1颗海洋卫星——"海洋1号"A星发射成功(见图2-54)。它是中国海洋水色卫星系列的第1颗卫星,质量为368 kg,初始轨道为870 km高的太阳同步轨道,经过变轨运行在高798 km的准太阳同步近圆轨道,以可见光、红外为主探测水色、水温,设计寿命为2年。

图2-54 "海洋1号"A星

这颗海洋卫星采用的先进设计和技术与国外同类卫星水平相当,使卫星具备了长期的业务化运行能力。与国外同类型卫星比较,它不仅体积小、质量轻,而且技术指标先进,可见光和红外遥感探测并存,谱段较全,对于提取海洋水色和海表温度等多种信息有更佳的效果。

"海洋1号"A星通过对海洋水色要素的探测为海洋生物资源开发利用、海洋污染监测与防治、海岸带资源开发和海洋科学研究等提供科学依据和基础数据。它的发射成功结束了中国没有海洋卫星的历史,表明中国的海洋卫星遥感应用技术取得了重要进展,标志着中国在海洋卫星遥感领域迈入世界先进国家行列。

科研人员利用"海洋1号"A星数据制作了52幅黄河、长江和珠江三大河口地区的资源调查与植被分类图、岸线动态变化图、河口悬浮泥沙分级图等,监测到中国沿海发生的赤潮灾害16次,对中国渤海每年冬季3个月左右的结冰期进行了海冰预报,并获取了大量南北极冰盖数据,为科学考察提供了基础数据。

没有海洋卫星之前,中国渔民只能凭经验出海作业;而利用"海洋1号"A星数据,有关部门制作了3~9月份逐月平均的海温和叶绿素分布图,并及时向海洋渔业生产部门提供服务,从而增加了产量。利用"海洋1号"A星的相关资料,中国与美、法等国的海洋研究机构开展了学术交流与合作,提高了中国在海洋遥感领域的国际地位,推动了中国海洋立体监测体系和空间对地观测体系的建设。

2007年4月11日,中国第2颗海洋卫星——"海洋1号"B星由"长征2号丙"火箭发射升空,卫星准确进入距地球798 km高的太阳同步近圆轨道。该卫星是在"海洋1号"A星基础上研制的,其观测能力和探测精度得到了进一步的增强和提高,标志着中国海洋卫星和卫星海洋应用事业向系列化和规模化方向又前进了一大步。

(2) 海洋动力环境卫星系列

2011年8月16日,中国在太原卫星发射中心用"长征4号乙"运载火箭将"海洋2号"卫星成功送入太空(见图2-55)。"海洋2号"卫星是我国第3颗海洋卫星,也是第1颗海洋动力环境监测卫星,其主要任务是监测和调查海洋环境,能够全天候、全天时进行全球探测,获取包括海面风场、浪高、海流、海温等多种海洋动力环境参数,是海洋防灾减灾的重要监测手段,可直接为灾害性海况预警和国民经济建设服务,并为海洋科学研究、海洋环境预报和全球气候变化研究提供卫星遥感信息。

"海洋2号"卫星的成功发射是我国海洋卫星发展史上又一座新的里程碑,创造了我国民用遥感卫星领域首次实现厘米级高精度测定轨、首次实现集主被动微波遥感器于一体等多个第一,引起了国内外的广泛关注和巨大反响,同时也极大地提高了我国海洋立体监测能力,标志着我国海洋系列卫星体系初步形成。

3. 地球空间双星探测计划

地球空间双星探测计划简称双星计划。1997年由中科院院士、空间物理学家刘振兴院士提出,2001年7月中国国家航天局与欧洲空间局

图2-55 "海洋2号"卫星噪声试验

正式签署合作协议,启动该计划。这是首个由中国科学家提出并以中方为主的空间探测国际合作计划,也是中国与欧洲合作的第一个科学探测卫星项目。"双星计划"将对人类历史上从未探测过的空间区域进行探测,一颗卫星绕着南极和北极上空运行,另一颗卫星绕着赤道运行,而这颗卫星距离地球最远距离则达到了6万多千米,突破了我国卫星以往跨入太空的最远距离。通过双星计划,两颗以大椭圆轨道绕地球运行的微小卫星,分别对地球近赤道区和极区两个地球空间环境变化最为重要的区域进行宽能谱粒子、高精度磁场及其波动的探测。地球空间双星探测计划主要用于研究太阳活动、行星际扰动触发磁层空间暴和灾害性地球空间天气的物理过程,进而建立磁层空间暴物理模型、地球空间环境动态模型和预报方法,为空间活动以及维护人类生存环境提供科学数据和相应对策。

2003年12月30日发射的"探测1号"卫星是"双星计划"中的第1颗卫星,运行在赤道轨道。2004年7月25日,"双星计划"的第2颗卫星——"探测2号"卫星进入极地轨道。这两颗探测地球磁层空间的卫星分别运行于当时国际上地球空间探测卫星尚未覆盖的重要活动区,主要用于研究太阳活动、行星际磁层空间暴和灾害性地球空间天气的物理过程,如图2-56所示。

"探测1号"卫星由星体结构、姿控、热控、电源、总体电路、星务、测控和有效载荷等系统组成,主要探测近地磁尾区的磁层空间暴过程及向阳面磁层顶区太阳风能量向磁层中的传输过程。星上载有磁场测量仪、电子和电流仪、热离子分析仪、电位主动控制仪、低频电磁波探测

图 2-56 由"探测 1 号"和"探测 2 号"组成的中国"双星探测星座"

器、高能电子探测仪、高能质子探测仪和高能重离子探测器共 8 台探测仪器,其中前 5 台是由欧洲航天局研制的,后 3 台是由中国研制的。

"探测 2 号"卫星主要探测太阳风能量和近地磁尾区能量向极区电离层和高层大气传输的过程,以及电离层粒子向磁层传输的过程。该星也载有 8 台探测仪器,其中多台探测仪器是国产的。

"探测 1 号""探测 2 号"卫星取得了 3 项国内第一:① 它们是当时中国发射的距离地球最远的人造地球卫星,其中"探测 1 号"远地点高度比地球同步轨道高了许多,达到了 6 万多千米,突破了此前中国卫星跨入太空的最远距离,成为目前世界上少有的高轨道卫星,推动了中国空间探测技术的跨越式发展;② "探测 1 号""探测 2 号"卫星是中国首批发射的高轨道卫星;③ 中国"双星"同欧洲航天局 4 颗"团星 2 号"相互配合,实现不同区域的同时探测,形成了人类历史上第一次对地球空间的 6 点立体探测。

实施"双星计划"显著提高了中国科学卫星技术,包括卫星的磁洁净技术和卫星表面等电位技术、火箭上面级固体发动机技术和发射卫星轨道精度;提高了科学运行计划编制、卫星在轨运行期间星上仪器数据快速检查、订正和数据产品研制等有关技术;提高了多卫星数据联合分析能力;培养出一支年轻的科学和技术队伍,显示了中国的实力,提高了中国在国际空间界的地位和作用。

4. 环境与灾害监测预报小卫星星座

环境与灾害监测预报小卫星星座简称"环境 1 号"卫星(见图 2-57),是中国为适应环境监测和防灾减灾新的形势和要求所提出的遥感卫星星座计划。根据灾害和环境保护业务工作的需求,

图 2-57 "环境 1 号"卫星运行轨道

环境与灾害监测预报小卫星星座由具有中高空间分辨率、高时间分辨率、高光谱分辨率、宽观测幅宽性能,能综合运用可见光、红外与微波遥感等观测手段的光学卫星和合成孔径雷达卫星共同组成,可满足灾害和环境监测预报对时间、空间、光谱分辨率以及全天候、全天时的观测需求。它是中国第一个专门用于环境与灾害监测预报的小卫星星座,是中国继气象、海洋、资源卫星系列之后发射的又一新型的民用卫星系统。

环境与灾害监测预报小卫星星座建设采用分步实施战略:第一步发射2颗光学小卫星和1颗合成孔径雷达小卫星("2+1"方案),初步形成对我国灾害和环境进行监测的能力;第二步实现由4颗光学小卫星和4颗合成孔径雷达小卫星组成的"4+4"星座方案,形成利用空间技术支持灾害和环境监测与预报的业务运行能力。

"环境1号"卫星于2003年由国家批准立项建设。"环境1号"A、B星于2008年9月在太原卫星发射中心"一箭双星"成功发射。"环境1号"C星于2012年11月在太原卫星发射中心发射。

5. 暗物质粒子探测卫星

暗物质粒子探测卫星取名"悟空"(见图2-58)。"悟空"相当于一个空间望远镜,可以探测高能伽马射线、电子和宇宙射线,是目前世界上观测能段范围最宽、能量分辨率最优的暗物质粒子探测卫星,超过国际上所有同类探测器。它由塑料闪烁探测器、硅微条、钨板、电磁量能器和中子探测器组成,主要科学目标是以更高的能量和更好的分辨率来测量宇宙射线中正负电子之比,以找出可能的暗物质信号。2015年12月17日8时12分在酒泉卫星发射中心成功将暗物质粒子探测卫星"悟空"发射升空,卫星顺利进入预定转移轨道。2017年11月30日,中国科学院公布了我国暗物质粒子探测卫星"悟空"的探测成果:"悟空"卫星在轨运行的前530天共采集了约28亿颗高能宇宙射线,其中包含约

图2-58 暗物质粒子探测卫星"悟空"

150万颗25 GeV(1 GeV=10亿电子伏特)以上的电子宇宙射线。基于这些数据,科研人员成功获取了目前国际上精度最高的电子宇宙射线能谱,该能谱将有助于发现暗物质存在的蛛丝马迹。

2018年12月17日,"悟空"服役工作时间延长两年。2020年12月17日,"悟空"服役期再次延长。

2021年5月19日,暗物质卫星"悟空"发布第三批科学成果。基于四年半的在轨观测数据,"悟空"绘出迄今最精确的高能氦原子核宇宙射线能谱,并观察到能谱新结构。这一发现可能预示存在一处未知的宇宙射线源。中科院紫金山天文台发布"悟空"号最新研究成果:获得氦核宇宙线70 GeV~80 TeV能段的精确能谱测量结果并发现能谱新结构。这是国际上利用空间实验实现对10 TeV以上能段氦核宇宙线能谱的首次精确测量。"悟空"号的结果对揭示高能宇宙线的起源以及加速机制具有十分重要的意义。

2021年9月7日,国家空间科学数据中心与中国科学院紫金山天文台联合公开发布"悟空"号暗物质粒子探测卫星首批伽马光子科学数据。此次公开发布2016年1月1日至2018年12月31日的伽马光子科学数据(共计99 864个事例),以及与其相关的卫星状态文件(共计1 096条记录)。相关科学数据可通过国家空间科学数据中心或中国科学院紫金山天文台获取。后续,研究单位将持续发布伽马光子科学数据,开展数据分析与应用技术及工具的研发,为公众提供更多样、更精细、更透明的数据共享与应用服务。

2022年,暗物质粒子探测卫星"悟空"号国际合作组利用卫星前六年观测数据分析得到 10 GeV/n～5.6 TeV/n 能段宇宙线硼/碳比和硼/氧比的精确测量结果,并发现能谱新结构。相关研究成果于10月14日在线发表在《科学通报》(Science Bulletin)上。

2022年11月,科研人员基于"悟空"数据,新近绘制出迄今能段最高的硼/碳、硼/氧宇宙射线粒子比能谱。这一最新成果显示,宇宙中高能粒子的传播可能比预想更慢。

6. 量子卫星

量子卫星就是以量子信号作为卫星与地面之间数据传输媒介的卫星。我国研制的量子卫星"墨子号"是中科院空间科学先导专项中首批确定立项研制的4颗科学实验卫星之一。2016年8月16日1时40分在酒泉卫星发射中心成功将"墨子号"发射升空。"墨子号"量子科学实验卫星既是中国首个,也是世界首个量子卫星。该卫星的发射使中国在国际上率先实现高速星地量子通信,连接地面光纤量子通信网络,初步构建量子通信网络。

2018年1月,在中国和奥地利之间首次实现距离达7 600 km的洲际量子密钥分发,并利用共享密钥实现加密数据传输和视频通信。该成果标志着"墨子号"已具备实现洲际量子保密通信的能力。

"墨子号"实现洲际量子保密通信网络示意图见图2-59。

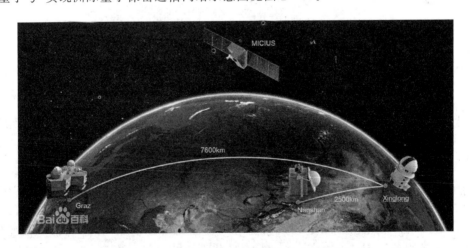

图2-59 "墨子号"实现洲际量子保密通信网络示意图

2020年6月15日,中国科学院宣布,"墨子号"量子科学实验卫星(见图2-60)在国际上首次实现1 000 km级基于纠缠的量子密钥分发。

2022年5月,"墨子号"卫星实现1 200 km地表量子态传输新纪录(见图2-61)。

到2030年左右,中国力争率先建成全球化的广域量子保密通信网络。在此基础上,构建

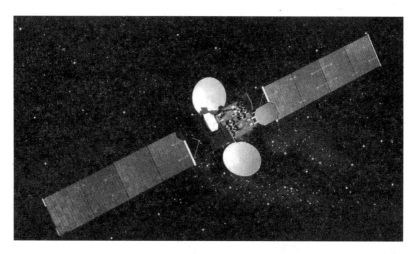

图 2-60 中国"墨子号"量子科学实验卫星

图 2-61 中国"墨子号"卫星实现 1 200 km 地表量子态传输

信息充分安全的"量子互联网",形成完整的量子通信产业链和下一代国家主权信息安全生态系统。

7. X 射线空间天文卫星

"慧眼"是中国首颗 X 射线空间天文卫星(见图 2-62),全称为硬 X 射线调制望远镜卫星,是我国又一颗重要的空间科学卫星。卫星设计寿命 4 年,呈立方体构型,总质量约为 2 500 kg,装载高能、中能、低能 X 射线望远镜和空间环境监测器 4 个探测有效载荷,可观测 1～250 keV 能量范围的 X 射线和 200 keV～3 MeV 能量范围的伽马射线。卫星采用直接解调成像方法,通过扫描观测可以完成宽波段、高灵敏度、高分辨率的空间 X 射线成像,具有复杂的热控保障、对地测控与数传保障以及载荷长期工作下的能源保障能力。2017 年 6 月 15 日,该卫星在中国在酒泉卫星发射中心成功发射。

2020 年 7 月 25 日,由我国自主研发的"龙虾眼 X 射线探测卫星"搭载"长征 4 号乙"运载火箭,在太原卫星发射中心成功发射入轨。"龙虾眼 X 射线探测卫星"历时五年研制成功,其

图 2-62　X 射线空间天文卫星"慧眼"

核心载荷由我国主研单位提供技术引导,联合多家我国空间科学与空间探测领域的优秀团队攻关研制。

目前,该卫星成功获得一批天体的 X 射线实测图像和能谱,这是国际上首次获得并公开发布的宽视场 X 射线聚焦成像天图。

2.2.7　"北斗"导航卫星系列

导航定位是人类社会所必需的。从古至今,人类在生产和生活实践中发明了多种导航方法。从目前的技术水平和可以预见的将来来看,卫星导航技术是一种比较理想的导航工具。导航卫星实际上是把无线电导航台放在卫星上,增加了覆盖范围,因而能克服地面无线电导航台传播距离有限的先天不足,并且不受气象条件的限制,导航精度也比较高。

根据信号覆盖范围,卫星导航定位系统可分为区域导航卫星定位系统和全球导航卫星定位系统。目前在轨工作的全球卫星导航定位系统有美国"全球定位系统"(GPS)、俄罗斯"全球导航卫星系统"(GLONASS)、中国"北斗"全球导航卫星系统。

"北斗"导航卫星系统是中国正在实施的自主发展、独立运行的全球导航卫星系统,目标是建成独立自主、开放兼容、技术先进、稳定可靠的覆盖全球的"北斗"导航卫星系统,促进卫星导航产业链形成,完善国家卫星导航应用产业支撑、推广和保障体系,推动卫星导航在国民经济社会各行业的广泛应用。

"北斗"导航卫星系统由空间段、地面段和用户段三部分组成。空间段包括 5 颗静止轨道卫星和 30 颗非静止轨道卫星,地面段包括主控站、注入站和监测站等若干个地面站,用户段(见图 6-63)包括"北斗"用户终端以及与其他卫星导航系统兼容的终端。

1. 系统建设

"北斗"卫星导航系统是中国自行研制开发的有源三维卫星定位与通信系统,可在全球范围内为用户提供全天候不间断的定位、导航、授时服务,并兼具短报文通信能力。中国高度重视"北斗"系统建设发展(见图 6-64),自 20 世纪 80 年代开始探索适合我国国情的卫星导航系统发展道路,形成了"三步走"发展战略:从 2000 年 10 月 31 日"北斗 1 号"第一颗卫星(见图 2-65)发射升空并准确入轨,到 2007 年 2 月 3 日第四颗"北斗 1 号"卫星发射成功并进入预

图 2-63 "北斗"系统用户段

定轨道,"北斗1号"区域卫星导航系统顺利建成,并在2008年北京奥运会、汶川抗震救灾中发挥了重要作用;在"北斗1号"的基础上又独立开发了"北斗2号"卫星导航系统并于2012年底完成14颗卫星发射组网,"北斗2号"系统在兼容"北斗1号"系统技术体制的基础上,增加了无源定位体制;2009年我国启动了"北斗3号"系统建设,2020年6月23日"北斗3号"最后一颗全球组网卫星在西昌卫星发射中心点火升空,2020年7月31日"北斗3号"全球卫星导航系统(见图2-66)正式开通运行。

图 2-64 "北斗"卫星导航系统发展

近三年标志性事件:

2020年6月23日9时43分,我国在西昌卫星发射中心用"长征3号乙"运载火箭,成功发射北斗系统第55颗导航卫星,暨"北斗3号"最后一颗全球组网卫星,至此"北斗3号"全球卫星导航系统星座部署比原计划提前半年全面完成。

2020年12月15日,北斗导航装备与时空信息技术铁路行业工程研究中心成立。

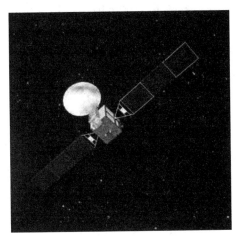 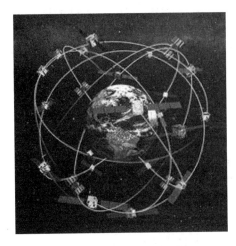

图 2-65 "北斗"导航试验卫星　　　图 2-66 "北斗 3 号"全球卫星导航系统

2021年5月26日,在我国南昌举行了第十二届中国卫星导航年会,据北斗卫星导航系统主管部门的数据统计,当前中国卫星导航产业年均增长达20%以上。截至2020年,中国卫星导航产业总体产值已突破4 000亿元。

2022年1月,我国卫星测控中心圆满完成52颗在轨运行的北斗导航卫星健康状态评估工作。"体检"结果显示,所有"北斗"导航卫星的关键技术指标均满足正常提供各类服务的要求。

2022年8月,随着第一个"北斗"导航探空仪在探空站施放,中国探空业务改革试点工作正式拉开帷幕。

2022年9月,在"北斗"应用方面,国内"北斗"高精度共享单车投放量突破500万辆,货车前装"北斗"超过百万辆。2022年上半年,新进网手机中有128款支持"北斗"导航,出货量合计1.32亿部,出货量占比达98.5%。

2. 国际合作

2022年11月4日,国务院新闻办公室发布《新时代的中国北斗》白皮书。书中"广泛开展国际合作交流"部分指出:

中国深化国际合作机制,共拓国际合作渠道,打造国际合作平台,建立国际合作窗口,持续扩大北斗系统国际"朋友圈",不断提升卫星导航全球应用水平。

深度参与卫星导航国际事务。参加联合国框架下系列活动,举办全球卫星导航系统国际委员会大会,参与议题研究,研提合作建议,发起合作倡议,共商共促世界卫星导航事业发展。

开展多双边合作交流。与东盟、阿盟等区域组织和非洲、拉美等地区的国家开展合作与交流,举办北斗/GNSS合作论坛,发布应用场景,推介解决方案,提高国际应用水平。

深化测试评估合作。联合开展北斗及其他全球卫星导航系统定位导航授时、短报文通信、国际搜救等服务性能测试评估,发布测试评估报告,增进用户对卫星导航系统状态和服务性能的了解,增强用户信心,提高合作水平。

搭建国际教育培训平台。持续开展卫星导航相关专业国际学生学历教育,特别是硕士及博士生教育。依托联合国空间科技教育亚太区域中心(中国)、北斗/GNSS中心、北斗国际交流培训中心等平台,积极开展卫星导航培训,为国际社会特别是发展中国家培养卫星导航人才,促进国际卫星导航能力建设。

广泛开展国际学术交流。做强中国卫星导航年会和北斗规模应用国际峰会等交流平台,持续提升国际影响力。积极参加国际卫星导航领域学术交流活动,促进国际卫星导航技术进步。

3. "北斗"运用

"北斗"运用包括"北斗"系统用户终端以及与其他卫星导航系统兼容的终端。可以追踪北斗导航卫星,并实时地计算出接收机所在位置的坐标、移动速度及时间。接收机可分为袖珍式、背负式、车载、船载、机载等。

(1) 区域服务

"北斗"系统在2008年的北京奥运会、汶川地震抗震救灾中发挥了重要作用。

(2) 支援武汉抗疫

2020年年初,新冠肺炎疫情爆发。在危难时刻,"北斗"系统火线驰援武汉市火神山医院和雷神山医院建设。利用"北斗"高精度技术,多数测量工作一次性完成,为医院建设节省了大量时间,保障抗击疫情"主阵地"迅速完成建设,为抗击疫情贡献了"北斗"智慧与力量。

(3) 华为智能手机

2022年9月6日,华为技术有限公司发布支持"北斗"卫星通信消息的大众智能手机Mate50系列。

4. 未来计划

2035年前,我国将建成以北斗系统为核心,更加泛在、更加融合、更加智能的国家综合定位导航授时体系,为未来智能化、无人化发展提供核心支撑。届时,从室内到室外,从深海到深空,用户均可享受全覆盖、高可靠的导航定位授时服务,"北斗"卫星导航系统将更好地服务全球、造福人类。

2.2.8 载人航天器——"神舟"系列飞船

载人航天是当今高技术中最具挑战性的领域,能体现一个国家的综合国力和整体科技水平。早在20世纪70年代初,中国就开始对载人航天技术进行研究,并曾制作过一个名为"曙光"号的两舱式全尺寸飞船模型。随着中国国民经济和科学技术的不断发展,1992年9月21日,国家正式批准实施载人航天工程。

中国载人航天实施"三步走"的发展战略:

第一步是以载人飞船起步,把航天员安全送入近地轨道,进行适量的对地观测和科学实验,并使航天员安全返回地面,实现载人航天的历史性突破。

第二步是除继续用载人飞船进行对地观测和空间实验外,重点突破航天员出舱活动、空间交会对接试验2项关键技术,并发射长期自主飞行、短期有人照料的空间实验室,尽早建成中国完整配套的航天工程大系统,解决中国一定规模的空间应用问题。

第三步是建造长期有人照料、短期自主飞行的大型空间站,从而大规模、长时间地开发宝贵的太空资源,为全人类造福。

1. "神舟"系列飞船创新点

与国外飞船相比,中国"神舟"系列飞船有不少突出的优点。

首先,作为中国第一代载人飞船,它的起点很高,越过了单人式飞船、双人式飞船,直接研制三舱式飞船,可乘坐 2~3 名航天员。

其次,"神舟"飞船可以"一船多用"。国外飞船在返回后,其轨道舱一般废弃在轨道上,而"神舟"飞船的轨道舱具有留轨利用的功能。该舱内的仪器设备能在无人值守的情况下,像科技卫星一样自主地工作半年左右,能充分发挥飞船的"余热"。它还可以用于交会对接试验,为中国载人航天二期工程奠定基础。

再次,中国飞船的防热技术基本达到了世界先进水平。最大直径为 2.5 m 的"神舟"返回舱表面积是 22.4 m^2,目前使用的防热材料总质量约 500 kg;而俄罗斯"联盟"号飞船返回舱直径约 2.2 m,表面积是 17 m^2,但它的防热材料质量达 700 kg。

最后,"神舟"飞船的降落伞是世界上回收能力最强的降落伞之一,面积足有 1 200 m^2。该降落伞系统由引导伞、减速伞、牵引伞、主伞和伞包组成。引导伞的任务是将减速伞拉出、拉直;减速伞把返回舱的速度从 200 m/s 减至 80 m/s 左右后与主伞分离;主伞打开后,能把返回舱的速度减至 6 m/s。从伞顶拎起,伞衣有 30 多米长,加上伞绳,一副降落伞长达 80 m。整个伞铺在地上有小半个足球场大小,但叠起来却只有一个小提包那么大,质量仅仅 90 多千克。如果用普通航空降落伞的材料来做这么大的伞,那么体积和质量都会增加 3 倍以上。

2. "神舟"无人试验系列飞船

在"神舟"飞船研制过程中虽然已经做了大量的分析、计算和各种试验,对设计的正确性进行了验证,但地面试验毕竟有不少条件是模拟的,与真实的发射、飞行条件有较大差别。因此,必须在发射载人飞船之前发射几艘无人飞船,用于验证各系统设计的正确性和协调性;各系统的工作性能、可靠性和安全性;系统间的匹配性、协调性;飞船载人环境,以获取航天员船上生活环境和与航天员安全有关的数据。通过试验来发现不足,经过改进再试验,直到飞船的各项功能、性能完全符合要求,确保发射载人飞船安全、可靠。

中国在发射载人飞船之前只发射了 4 艘无人试验飞船。通过 4 艘无人试验飞船的发射和飞行试验,获得了数据,验证了设计,锻炼了队伍,测试了程序,为发射载人飞船奠定了基础。

(1)"神舟 1 号"飞船

1999 年 11 月 20 日,中国自行研制的第一艘试验飞船"神舟 1 号"(见图 2 - 67)在中国酒泉卫星发射中心用新型"长征 2 号 F"运载火箭发射升空,次日在内蒙古中部地区成功着陆。飞船由轨道舱、返回舱和推进舱组成。轨道舱是航天员生活和工作的地方。返回舱是飞船的指挥控制中心,航天员乘坐其上天和返回地面。推进舱也称动力舱,为飞船在轨飞行和返回时提供能源和动力。这次试验飞行主要验证了有关创新技术。它是中国载人航天工程的首次飞行,标志着中国在载人航天飞行技术上有了重大突破,是中国航天史上的重要里程碑。

(2)"神舟 2 号"飞船

2001 年 1 月 10 日,"神舟 2 号"飞船在发射升空 20 多个小时之后,经过北京航天指挥控制中心的精确测控,成功完成了飞船变轨,使飞船由预定轨道进入圆形轨道。"神舟 2 号"飞船是中国第一艘无人正样飞船,其系统结构有了新的扩展,技术性能有了新的提高,飞船技术状态与载人飞船基本一致。

中国利用该飞船的有效载荷开展了一系列空间科学实验,这是中国首次在自己研制并发射的飞船上进行多学科、大规模和前沿性的空间科学与应用研究。其中"神舟 2 号"飞船轨道舱进行了首次留轨运行,其在轨正常工作约半年之久,成功开展了一系列空间科学实验,有的

图 2-67 "神舟 1 号"飞船

还达到国际同类设备的先进水平。国家有关部门负责人认为,中国空间科学和应用研究在"神舟 2 号"飞船上取得的科研成果标志着中国的空间科学和应用研究实现了新的跨越。

图 2-68 是"神舟 2 号"返回舱。

(3) "神舟 3 号"飞船

2002 年 3 月 25 日发射的"神舟 3 号"飞船(见图 2-69),其技术状态与载人状态完全一致,进一步改进优化了许多分系统的性能,而且在确保航天员安全措施方面得到了较大完善。通过这次发射试验,使运载火箭、飞船和测控发射系统进一步改进,提高了载人航天的安全性和可靠性。

图 2-68 "神舟 2 号"返回舱

图 2-69 "神舟 3 号"飞船

"神舟3号"飞船的一项创新之举是装载了太空"模拟人"。它由人体代谢模拟装置、拟人生理信号设备和形体假人组成,能够定量模拟航天员在太空中的重要生理活动参数,如耗氧、脉搏等,并随时受地面指挥中心的监控。以"模拟人"这种无生命载荷取代狗、猩猩等动物,在飞船内模拟、检验飞船载人状态,这是中国在世界上的首创。

与第2次飞行试验相比,"神舟3号"飞船还增加了逃逸与应急救生功能,即增加了在飞船发射出现故障时,用于保证航天员安全脱离危险的逃逸救生塔。其功能是在飞船的待发和上升段,一旦出现危及航天员生命的情况,能发出一条指令,把装载航天员的舱体与火箭分离开来,让航天员得以逃生。逃逸与应急救生功能的实现,可以通过地面发出指令控制,也能由飞船自行实施。

(4)"神舟4号"飞船

2002年12月30日入轨的"神舟4号"飞船(见图2-70)是中国发射的最完善的无人试验飞船。其飞行试验是在无人状态下考核最全面的一次,其中包括飞船和火箭系统、测控系统、航天员系统、陆海应急救生系统、主着陆场和备用着陆场等。

图2-70 "神舟4号"飞船

这艘飞船在充分继承前3艘无人飞船成熟技术的基础上,增加了人工控制和在轨自主应急返回等多项功能,以便进一步考核飞船系统的工作性能、可靠性和安全性,获取航天员在船上的生活环境和与航天员安全相关的数据。

为了确保航天员的安全,科研人员为"神舟4号"飞船设计了多种救生模式,在飞船发射后的不同阶段出现意外都能保证航天员安全返回地面。此外,还对所有材料进行了化验检查,在满足医学指标的基础上,进一步从工效学的角度对飞船内部设施进行了优化,使其符合人的生活、工作习惯。例如,调整了仪表的颜色、大小,并考虑到各种仪器、开关在失重状态下的操作特点,增加了关键事件的语音提示和重要操作事件的时间提示。科研人员按照载人要求,对飞船内的电缆、管路等进行了保护,并在选择颜色时煞费苦心。

另外,这次在飞船里也安置了2个穿航天服的"模拟人",旨在对船内环境控制与生命保障系统进行全面考核,以便对获得的大量数据进行分析,进一步验证船内载人的安全性和可靠性。

"神舟4号"飞船与前3艘无人飞船不一样的地方还有：为了应对由于气象等原因飞船不能返回内蒙古中部主着陆场的情况发生，提高返回的成功率，"神舟4号"飞船具有返回酒泉副着陆场的能力。按照正式载人飞行的要求，这次试验飞行设立了若干陆上和海上应急救生区，部署了海上应急救生船和几十架飞机，救护人员到位并进行了有关演练。

总之，"神舟4号"飞船在充分继承前3艘无人飞船成熟技术的基础上，进一步提高了飞船的可靠性和安全性，完善了应急救生系统功能，增加了航天员手动控制系统，增强了整船偏航机动能力，改善了舱内载人环境，充分考虑了航天员座椅使用、出舱/进舱、操作是否方便和舒适等因素，并在发射前由航天员进行了人船联合测试、工效学评价试验考核。

(5) "神舟8号"飞船

"神舟8号"飞船(见图2-71)是中国"神舟"系列飞船的第8艘飞船，于2011年11月1日由改进型"长征2号F遥八"火箭顺利发射升空。升空后2天，"神舟8号"与此前发射的"天宫1号"目标飞行器进行了空间交会对接。组合体运行12天后，"神舟8号"飞船脱离"天宫1号"并再次与之进行交会对接试验，这标志着我国已经成功突破了空间交会对接及组合体运行等一系列关键技术。2011年11月16日，"神舟8号"飞船与"天宫1号"目标飞行器成功分离，返回舱于11月17日返回地面。

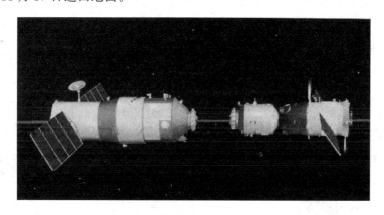

图2-71 "神舟8号"与"天宫1号"空间交会对接

3. 中国"神舟"载人系列飞船

(1) "神舟5号"飞船

2003年10月15日，我国在酒泉卫星发射中心进行首次载人航天飞行，"神舟5号"载人飞船(见图2-72)发射升空。杨利伟(见图2-73)成为"中国太空第一人"，开创了中国航天新纪元。

"神舟5号"飞船载人飞行的成功使中国成为继苏联、美国之后世界第3个掌握载人航天技术的国家，是中国航天史上一座新的里程碑。它对中国的政治、国防、经济和科技等方面的发展均有重要的战略意义；带动了一大批高新技术的发展，促进了中国科学技术水平的全面进步；为未来开发太空，获取经济利益奠定了基础；培养了尖端科技和管理人才；带动了相关产业的发展；极大地振奋了民族精神。

图 2-72 "神舟 5 号"飞船

(2)"神舟 6 号"飞船

2005 年 10 月 12 日 9 时 0 分,举世瞩目的载人飞船"神舟 6 号"(见图 2-74)把费俊龙、聂海胜(见图 2-75)2 名航天员送入太空,在太空飞行 5 天后于 10 月 17 日安全返回地面。它是中国第二艘载人飞船,也是中国第一艘执行"多人多天"任务的载人飞船。

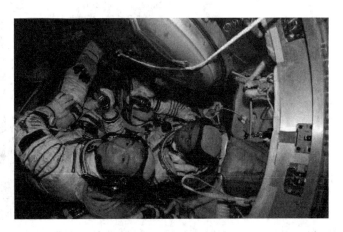

图 2-73 "神舟 5 号"飞船航天员杨利伟　　　　图 2-74 "神舟 6 号"飞船

"神舟 6 号"飞船主要完成了三大任务:一是继续突破载人航天的基本技术,如多人多天太空飞行技术;二是继续进行空间科学实验,尤其是进行了中国第 1 次有人参与的空间科学实验;三是继续考核工程各系统的性能,从而发现不足,进一步完善各系统的性能,使它们更加成熟。

图 2-75 "神舟 6 号"飞船航天员费俊龙、聂海胜

(3) "神舟 7 号"飞船

"神舟 7 号"载人飞船于 2008 年 9 月 25 日由"长征 2 号 F"火箭发射升空。"神舟 7 号"飞行任务的主要目的是实施中国航天员首次空间出舱活动,突破和掌握出舱活动相关技术,同时开展卫星伴飞、卫星数据中继等空间科学和技术试验。"神舟 7 号"上载有翟志刚(指令长)、刘伯明和景海鹏 3 名航天员(见图 2-76)。

图 2-76 "神舟 7 号"飞船航天员翟志刚、刘伯明、景海鹏

翟志刚出舱作业(见图 2-77),刘伯明在轨道舱内协助,实现了中国历史上的第一次太空漫步。飞船于 2008 年 9 月 28 日成功着陆于我国内蒙古四子王旗。"神舟 7 号"飞船共计飞行 2d 20h 27min。

(4) "神舟 9 号"飞船

"神舟 9 号"飞船(见图 2-78)是中国首艘载人交会对接宇宙飞船。2012 年 6 月 16 日"神舟 9 号"飞船在酒泉卫星发射中心发射升空。2012 年 6 月 18 日转入自主控制飞行,并与"天宫 1 号"实施自动交会对接,这是中国实施的首次载人空间交会对接。它在轨飞行 13 天,于

2012年6月29日安全返回。

图 2-77 翟志刚出舱作业,在太空舞动五星红旗

图 2-78 "神舟 9 号"飞船

相比前三次载人飞行,此次任务的飞行乘组特点是"新老搭配、男女配合"(见图 2-79):① 景海鹏是第二次作为航天员参加飞行任务;② 刘洋成为中国首位参加载人航天飞行的女航天员,同时她也是中国第二批航天员中首个参加飞行任务的。首位"神女"刘洋的出现,打破了中国从未有女航天员进入太空的纪录。迄今为止,世界上已经有7个国家共50余名女航天员进行过太空飞行。相比于男性,女航天员上天要克服更多的困难,但也有自己独特的优势和意义。

图 2-79 "神舟 9 号"航天员景海鹏、刘旺、刘洋

(5) "神舟 10 号"飞船

"神舟 10 号"飞船(见图 2-80)是中国第5艘载人飞船。执行在轨维修、绕飞,首次进行应用飞行,升空后再和目标飞行器"天宫 1 号"对接,并对其进行短暂的有人照管试验。对接完成之后的任务将是打造太空实验室。任务将是对"神舟 9 号"载人交会对接技术的"拾遗补缺"。"神舟 10 号"于2013年6月11日在酒泉卫星发射中心由"长征 2 号 F"改进型运载火箭(遥十)"神箭"成功发射,在轨飞行 15 天,并首次开展中国航天员太空授课活动(见图 2-81)。飞行乘组(见图 2-82)由男航天员聂海胜、张晓光和女航天员王亚平组成,聂海胜担任指令长。6月26日,"神舟 10 号"载人飞船返回舱返回地面。

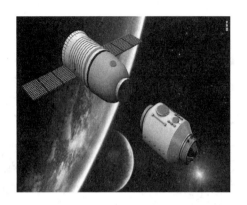
图 2-80 "神舟 10 号"飞船

图 2-81 女航天员王亚平太空授课

图 2-82 "神舟 10 号"飞船航天员王亚平、聂海胜、张晓光

(6) "神舟 11 号"飞船

"神舟 11 号"飞船(见图 2-83)是指中国于 2016 年 10 月 17 日 7 时 30 分在中国酒泉卫星发射中心发射的"神舟"载人飞船,目的是更好地掌握空间交会对接技术,开展地球观测和空间地球系统科学、空间应用新技术、空间技术和航天医学等领域的应用和试验。飞行乘组(见图 2-84)由航天员景海鹏和陈冬组成,景海鹏担任指令长。"神舟 11 号"是中国载人航天工程三步走中从第二步到第三步的一个过渡,为中国建造载人空间站做准备。"神州 11 号"飞行任务是中国第 6 次载人飞行任务,也是中国持续时间最长的一次载人飞行任务,总飞行时间长达 33 天。

(7) "神舟 12 号"飞船

"神舟 12 号"载人飞行任务是空间站关键技术验证阶段第四次飞行任务,也是空间站阶段首次载人飞行任务。

2021 年 6 月 17 日 9 时 22 分,搭载"神舟 12 号"载人飞船的"长征 2 号 F 遥十二"运载火

图 2-83 "神舟 11 号"飞船对接

图 2-84 "神舟 11 号"飞船航天员景海鹏、陈冬

箭,在酒泉卫星发射中心点火发射。此后,"神舟 12 号"载人飞船与火箭成功分离,进入预定轨道,顺利将聂海胜、刘伯明、汤洪波 3 名航天员(见图 2-85)送入太空,飞行乘组状态良好,发射取得圆满成功。

图 2-85 "神舟 12 号"航天员聂海胜、刘伯明、汤洪波

2021年6月17日15时54分,"神舟12号"载人飞船入轨后顺利完成入轨状态设置,采用自主快速交会对接模式成功对接于天和核心舱前向端口,与此前已对接的"天舟2号"货运飞船一起构成三舱(船)组合体,整个交会对接过程历时约6.5小时。

2021年8月20日,经过约6小时的出舱活动,"神舟12号"航天员乘组第二次出舱活动于20日14时33分圆满完成。

2021年9月16日,"神舟12号"载人飞船撤离空间站组合体;2021年9月17日13时34分,"神舟12号"载人飞船返回舱在东风着陆场成功着陆,执行飞行任务的航天员聂海胜、刘伯明、汤洪波安全顺利出舱,身体状态良好,空间站阶段首次载人飞行任务取得成功。此次是东风着陆场首次执行载人飞船搜索回收任务。

"神舟12号"的成功发射,意味着中国第一座自主研发的空间站开始进入一个全新的篇章,开始验证解决有较大规模的、长期有人照料的空间应用问题。首次启用载人飞船应急救援任务模式外,"神舟12号"还进一步验证载人天地往返运输系统的功能性能,全面验证航天员长期驻留保障技术,在轨验证航天员与机械臂共同完成出舱活动及舱外操作的能力,首次检验东风着陆场的搜索回收能力。

(8)"神舟13号"飞船

2021年10月16日0时23分,搭载"神舟13号"载人飞船的"长征2号F遥十三"运载火箭点火发射,"神舟13号"载人飞船与火箭成功分离,进入预定轨道,顺利将翟志刚、王亚平、叶光富3名航天员(见图2-86)送入太空,飞行乘组状态良好,发射成功。

图2-86 "神舟13号"航天员叶光富、翟志刚、王亚平

"神舟13号"航天员在轨飞行期间,先后进行了2次出舱活动,开展了手控遥操作交会对接、机械臂辅助舱段转位等多项科学技术实(试)验,验证了航天员长期驻留保障、再生生保、空间物资补给、出舱活动、舱外操作、在轨维修等关键技术。利用任务间隙,航天员还进行了2次"天宫课堂"太空授课,以及一系列别具特色的科普教育和文化传播活动。

"神舟13号"载人飞行任务的圆满成功,标志着空间站关键技术验证阶段任务圆满完成,中国空间站即将进入建造阶段。"神舟13号"首次实施并圆满实现快速返回,进一步提升航天员舒适性及任务实施效率;全面验证载人飞船功能、性能,进一步检验面向空间站应用与发展任务阶段的标准天地往返运输系统的可靠性安全性,建立了高密度发射任务下的多艘载人飞船并行研制、发射、停靠、返回及在轨管理体系。

(9)"神舟14号"飞船

2022年6月5日10时44分,搭载"神舟14号"载人飞船的"长征2号F遥十四"运载火箭在酒泉卫星发射中心点火发射,约577 s后,"神舟14号"载人飞船与火箭成功分离,进入预定轨道,飞行乘组状态良好,发射取得圆满成功。陈冬、刘洋、蔡旭哲3名航天员(见图2-87)执行"神舟14号"载人飞行任务,陈冬担任指令长。

图2-87 "神舟14号"航天员陈冬、刘洋、蔡旭哲

"神舟14号"乘组配合地面完成空间站组装建设工作,从单舱组合体飞行逐步建成三舱组合体飞行状态,这期间要经历9种组合体构型、5次交会对接(见图2-88)、3次分离撤离和2次转位任务;将首次进驻"问天"实验舱和"梦天"实验舱,建立载人环境;配合地面开展两舱组合体、三舱组合体、大小机械臂测试,以及气闸舱出舱相关功能测试等工作;首次利用气闸舱实施出舱活动;完成"问天"实验舱和"梦天"实验舱14个机柜解锁、安装等工作。开展高微柜悬

图2-88 "神舟14号"径向对接

浮实验系统柜内磁悬浮实验、高微柜悬浮实验系统柜内喷气悬浮实验、无容器柜材料科学实验、医学样本处理和分析项目等。

"神舟14号"载人飞船是中国空间站进入建造阶段的首发载人飞船,也是"神舟13号"的应急救援飞船,于2021年进驻酒泉卫星发射中心,首次创造了待命长达7个月的纪录。进入空间站时代,无论是"长征2号F"运载火箭,还是"神舟"载人飞船,均采用"滚动待命"策略,在前一发载人飞船发射时,后一发载人飞船在发射场待命,并具备8.5天应急发射能力以实现太空救援。

(10)"神舟15号"飞船

2022年11月29日,我国在酒泉卫星发射中心用"长征2号F"运载火箭将载有航天员费俊龙、邓清明、张陆的"神舟15号"载人飞船送入预定轨道,11月30日"神舟15号"载人飞船成功对接于空间站"天和"核心舱前向端口,与"神舟14号"航天员乘组"胜利会师",并共同在轨工作一周左右时间。

"神舟15号"飞行乘组3名航天员,与"神舟14号"航天员在轨轮换后,在轨驻留6个月。2022年12月4日,"神舟14号"载人飞船返回舱在东风着陆场成功着陆,航天员陈冬、刘洋、蔡旭哲平安返回,标志着"神舟14号"载人飞行任务获得圆满成功。

2.2.9 载人航天器——中国空间站

我国载人空间站为一个空间实验室系统,其组成过程中将先发射无人空间实验室,而后再用运载火箭将载人飞船送入太空,与停留在轨道上的实验室交会对接,航天员从飞船的附加段进入空间实验室,开展工作。航天员的生活必需品和工作所需的材料、设备均由飞船运送,载人飞船停靠在实验室外边,作为应急救生飞船。如果实验室发生故障,可随时载航天员返回地面,航天员工作完成后,乘飞船返回。我国载人空间站工程分为空间实验室和空间站两个阶段实施。首先,研制并发射空间实验室,突破和掌握航天员中期驻留等空间站关键技术,开展一定规模的空间应用;然后,研制并发射核心舱和实验舱,在轨组装成载人空间站,突破和掌握近地空间站组合体的建造和运营技术、近地空间长期载人飞行技术并开展较大规模的空间应用。

1. "天宫1号"目标飞行器

"天宫1号"是中国第一个目标飞行器(见图2-89),于2011年9月29日21时16分03秒在酒泉卫星发射中心发射,飞行器全长10.4 m,最大直径3.35 m,由实验舱和资源舱构成。它的发射标志着中国迈入航天"三步走"的第二步第二阶段。2011年11月3日凌晨实现与"神舟8号"飞船的对接。2012年6月18日下午14时14分,与"神舟9号"对接成功,之后航天员成功进入"天宫1号"(见图2-90)。"神舟10号"飞船也在2013年6月13日13时18分与"天宫1号"完成自动交会对接。2016年3月16日,"天宫1号"目标飞行器正式终止数据服务,全面完成了其历史使命。

2. "天宫2号"空间实验室

"天宫2号"空间实验室是中国自主研发的第二个空间实验室,用于进一步验证空间交会对接技术及进行一系列空间试验。2016年9月15日,"天宫2号"发射成功。2016年10月19日凌晨,"神舟11号"飞船与"天宫2号"自动交会对接成功,航天员景海鹏和陈冬入驻"天

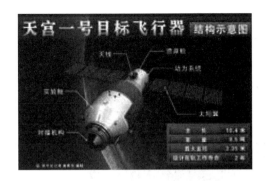

图 2-89 "天宫 1 号"目标飞行器

图 2-90 "神舟 9 号"的航天员成功进入"天宫 1 号"

宫 2 号"空间实验室(见图 2-91)。11 月 17 日 12 时 41 分,"神舟 11 号"飞船与"天宫 2 号"空间实验室成功实施分离,航天员景海鹏、陈冬踏上返回之旅。11 月 18 日 13 时 59 分"神舟 11 号"返回舱在内蒙古四子王旗的主着陆场区成功返回地球。"神舟 11 号"航天员在轨飞行约 33 日,其中驻留"天宫 2 号"30 天。

图 2-91 航天员景海鹏、陈冬进入"天宫 2 号"

"天舟 1 号"货运飞船是用于提供中国空间站补给服务的无人货运飞船,2017 年 4 月 20 日 19 时 41 分从中国文昌航天发射场以"长征 7 号"运载火箭发射成功。4 月 22 日中午 12 时 23 分,"天舟 1 号"与"天宫 2 号"完成刚性连接,形成组合体,如图 2-92 所示。4 月 23 日早上 7 时许开始进行首次推进剂在轨补加试验,4 月 27 日晚上 7 时 7 分首次推进剂在轨补加试验成功完成,使中国成为继苏联、美国之后的全球第三个独立掌握"太空加油"核心技术的国家。6 月 21 日 9 时 47 分,经过 2 个月的组合体飞行后,"天舟 1 号"按计划与"天宫 2 号"实施撤离,开始进入独立运行阶段。9 月 17 日 16 时 15 分,在经过近 5 个月的飞行后,"天舟 1 号"货运飞船按计划与"天宫 2 号"空间实验室完成分离。

2019 年 7 月 16 日,"天宫 2 号"终止数据服务。

2019 年 7 月 19 日 21 时 06 分,"天宫 2 号"空间实验室受控离轨再入大气层,少量残骸落

图 2-92 "天舟 1 号"与"天宫 2 号"组合体

入南太平洋预定安全海域。

"天宫 2 号"空间实验室于 2016 年 9 月 15 日发射入轨,先后与"神舟 11 号"载人飞船和"天舟 1 号"货运飞船完成 4 次交会对接,成功支持 2 名航天员在轨工作生活 30 天,突破掌握航天员中期驻留、推进剂在轨补加等一系列关键技术,并在超期服役的 300 多天里,完成多项拓展试验,为中国空间站研制建设和运营管理积累了重要经验。

"天宫 2 号"的运行天数定格在"1036"这个数字上。它作为中国第一个真正意义上的空间实验室,在接近三年的工作时间里共搭载 14 项应用载荷,以及航天医学实验设备和在轨维修试验设备,开展了 60 余项空间科学实验和技术试验。此外,"天宫 2 号"还与"天舟 1 号"货运飞船配合,首次实现了中国航天器推进剂在轨补加任务,全面突破和掌握了相关技术,对后续空间站阶段的推进剂补加进行了完整验证,并使中国推进剂补加系统性能指标达到世界领先水平。

3. 中国空间站"天和"核心舱

2021 年 4 月 29 日 11 时,"长征 5 号 B 遥二"运载火箭搭载空间站"天和"核心舱在海南文昌航天发射场发射升空。中国空间站"天和"核心舱发射成功后,于 2021 年 5 月完成在轨测试验证。

2021 年 5 月 29 日,"天舟 2 号"货运飞船在海南文昌航天发射场用"长征 7 号遥三"运载火箭发射成功,携带 3 名航天员的消耗品、舱外航天服、平台物资等,在 5 月 30 日与"天和"核心舱完成自主快速交会对接。

2021 年 6 月 17 日,搭载"神舟 12 号"载人飞船的"长征 2 号 F 遥十二"运载火箭在酒泉卫星发射中心发射成功,当天与"天和"核心舱完成自主快速交会对接,航天员聂海胜、刘伯明、汤洪波先后进入"天和"核心舱,标志着中国人首次进入自己的空间站。2021 年 7 月 4 日,"神舟 12 号"航天员进行中国空间站首次出舱活动。9 月 16 日,"神舟 12 号"载人飞船撤离空间站组合体,于 9 月 17 日 13 时 30 分安全降落在东风着陆场预定区域。"神舟 12 号"航天员乘组在空间站组合体工作生活了 90 天。

2021 年 9 月 20 日,"长征 7 号遥四"运载火箭搭载"天舟 3 号"货运飞船在海南文昌航天发射场发射成功,向中国空间站运送航天员生活物资、舱外航天服及出舱消耗品、空间站平台物资、部分载荷和推进剂等,当天与"天和"核心舱及"天舟2号"组合体完成交会对接,转入三舱(船)组合体飞行状态。

2021年10月16日,搭载"神舟13号"载人飞船的"长征2号F遥十三"运载火箭在酒泉卫星发射中心发射成功,当日飞船与空间站组合体完成自主快速交会对接,航天员翟志刚、王亚平(见图2-93)、叶光富进驻"天和"核心舱,中国空间站开启有人长期驻留时代。11月7日,航天员翟志刚、王亚平身着中国新一代"飞天"舱外航天服,先后从"天和"核心舱节点舱成功出舱,这是中国女航天员的首次出舱活动。2021年12月9日15:40,"天宫课堂"第一课正式开讲,时隔8年之后,中国航天员再次进行太空授课。"太空教师"翟志刚、王亚平、叶光富在中国空间站为广大青少年带来了一场精彩的太空科普课,这是中国空间站首次太空授课活动。2022年4月16日,在圆满完成了为期6个月的太空任务后,"神舟13号"载人飞船在东风着陆场安全着陆。这次返回也是中国载人飞船首次

图 2-93　中国首位太空行走女航天员王亚萍

采用"快速返回"模式,从与空间站"天和"核心舱分离到返回地面,从以前的20多小时缩短到9个多小时。

2022年4月20日5时02分,"天舟3号"货运飞船从空间站天和核心舱后向端口分离,绕飞至前向端口,并于9时06分完成自动交会对接。空间站"天和"核心舱和"天舟3号"组合体状态良好。

2022年5月10日01时56分,搭载"天舟4号"货运飞船的"长征7号遥五"运载火箭,在中国文昌航天发射场点火发射;约10分钟后,飞船与火箭成功分离,进入预定轨道;2时23分,飞船太阳能帆板顺利展开工作,发射取得圆满成功。后续,"天舟4号"货运飞船与在轨运行的空间站组合体进行交会对接。"天舟4号"货运飞船采用了快速交会对接技术,用时仅为6.5小时。

2022年6月5日10时44分,搭载"神舟14号"载人飞船的"长征2号F遥十四"运载火箭在酒泉卫星发射中心点火发射,约577 s后"神舟14号"载人飞船与火箭成功分离,进入预定轨道,飞行乘组状态良好,发射取得圆满成功。此次"神舟14号"任务将创下多个"首次",包括在太空迎来"神舟15号"飞船对接空间站,首次实现两艘载人飞船同时在轨,中国空间站有6名航天员共同在轨驻留;"神舟14号"与"神舟15号"航天员乘组同时在轨驻留,首次实现航天员乘组在轨轮换等。"神舟14号"任务期间,中国空间站完成了三舱建造。

4. 中国空间站"问天"实验舱

2022年7月24日14时22分,搭载"问天"实验舱的"长征5号B遥三"运载火箭,在我国文昌航天发射场点火发射,发射取得圆满成功。

2022年8月10日,中国空间站舱外机械臂开展了在轨测试,空间站组合体状态稳定,航天员身心状态良好,正在为后续的出舱任务进行准备。

2022年9月30日12时44分,经过约1小时的天地协同,"问天"实验舱完成转位。"问天"实验舱转位完成后,空间站组合体由两舱"一"字构型转变为两舱"L"构型。

5. 中国空间站"梦天"实验舱

2022年10月31日15时37分,搭载中国空间站"梦天"实验舱的"长征5号B遥四"运载火箭,在我国文昌航天发射场点火发射,"梦天"实验舱与火箭成功分离并进入预定轨道,发射任务取得圆满成功。11月3日,空间站"梦天"实验舱顺利完成转位,中国空间站"天和"核心舱、"问天"实验舱与其相拥形成"T"字基本构型(见图2-94),中国空间站建造全面完成,国家太空实验室建成。

图2-94 中国"天宫"新居配齐,三舱合"T"逐梦太空

2022年11月12日10时03分,搭载着"天舟5号"货运飞船的"长征7号遥六"运载火箭,在我国文昌航天发射场准时点火发射,约10分钟后"天舟5号"货运飞船与火箭成功分离并进入预定轨道,飞船太阳能帆板顺利展开工作,发射取得圆满成功。

"天舟5号"货运飞船装载了"神舟15号"3名航天员6个月的在轨驻留消耗品、推进剂、应用实(试)验装置等物资,还搭载了"澳门学生科普卫星1号"、宇航用氢氧燃料电池、空间宽能谱高能粒子探测载荷等试验项目。

"天舟5号"货运飞船入轨后顺利完成状态设置,于2022年11月12日12时10分,采取自主快速交会对接模式,成功对接于空间站"天和"核心舱后向端口,中国航天员首次在空间站迎接货运飞船来访。交会对接完成后,"天舟5号"转入组合体飞行段。

此次任务中,首次实现了两小时自主快速交会对接,创造了世界纪录。这一技术突破对于提升我国空间交会对接水平,提升空间站任务应急物资补给能力具有重要意义。

2.2.10 深空探测和嫦娥工程

发射人造地球卫星、载人航天器和深空探测器是人类航天活动的三大领域。重返月球,开发月球资源,建立月球基地已成为世界航天活动的必然趋势和竞争热点。开展月球探测工作是我国迈出航天深空探测的第一步。月球已成为未来航天大国争夺战略资源的焦点。月球具有可供人类开发和利用的各种独特资源,月球上特有的矿产和能源是对地球资源的重要补充和储备,将对人类社会的可持续发展产生深远影响。中国探月工程是我国自主对月球进行探索和观察,国务院正式批准绕月探测工程立项后,绕月探测工程领导小组将工程命名为"嫦娥工程",将第一颗绕月卫星命名为"嫦娥1号"。"嫦娥1号"卫星由中国空间技术研究院研制,主要用于获取月球表面三维影像、分析月球表面有关物质元素的分布特点、探测月壤厚度、探测地月空间环境等。中国探月工程按照"绕""落""回"三步走战略逐步开展,并计划在月球建立研究基地。

第一阶段为"绕",即实施"嫦娥1号"绕月探测工程,发射中国第1颗月球探测卫星,突破至地外天体的飞行技术,实现首次绕月飞行。这一阶段充分利用了中国现有的成熟航天技术,研究并发射了月球探测卫星,突破了地月飞行、远距离测控和通信、绕月飞行、月球遥测与分析等技术,并初步建立了中国月球探测航天工程系统。

第二阶段为"落",即研制和发射月球软着陆器,并携带月球巡视探测器(俗称"月球车"),在着陆区附近进行就位探测。这一阶段通过发射"嫦娥2号""嫦娥3号""嫦娥4号"突破在地外天体上实施软着陆技术和自动巡视探测技术。具体方案是用安全降落在月面上的巡视探测器、自动机器人探测着陆区岩石与矿物成分,测定着陆点的热流和周围环境,进行高分辨率摄影和月岩的现场探测或采样分析,为以后建立月球基地的选址提供月面的化学和物理参数。

第三阶段为"回",即发射月球采样返回器软着陆在月球表面特定区域,并进行分析采样,然后把月球样品带回地球进行详细研究。这一步通过发射"嫦娥5号""嫦娥6号"突破返回器自地外天体自动返回地球的技术。其中前期主要是研制和发射新型软着陆月球车,对着陆区进行巡视探测;之后研制和发射小型采样返回舱、月表钻岩机、月表采样器和机器人操作臂等,采集关键性样品返回地球,对着陆区进行考察,为下一步载人登月探测和建立月球前哨站的选址提供数据资料。

1. "嫦娥1号"月球探测卫星

"嫦娥1号"是我国的首颗绕月人造卫星,已于2007年10月24日发射,并于2007年11月20日开始传回所拍摄的月面图像(见图2-95)。它是中国第1个深空探测器,从而成为继人造地球卫星、载人航天器之后,中国航天史上的第3座里程碑。此举还使中国成为世界第5个发射月球探测器的国家。

该卫星的科学目标是获取月球表面的三维立体影像,分析月球表面有用元素的含量和物质类型的分布特点,探测月壤厚度和地球至月球的空间环境。2009年3月1日完成使命,撞向月球预定地点,撞击降落时卫星上的CCD相机实时传回了清晰的图像,为我国探月一期工程画上了圆满的句号。此次利用"嫦娥1号"剩余的燃料来撞击月球是为我国探月工程二期积累技术和工程经验。

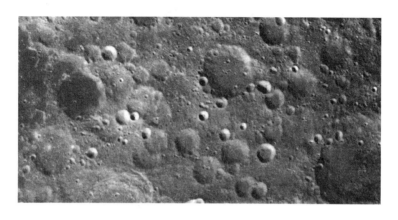

图 2-95 "嫦娥 1 号"传回的第一幅月面图

2. "嫦娥 2 号"月球探测卫星

"嫦娥 2 号"卫星(见图 2-96)是"嫦娥 1 号"卫星的姐妹星,同时是"嫦娥 3 号"的先导星,用于突破六大关键技术,由"长征 3 号丙"火箭发射。但是"嫦娥 2 号"卫星上搭载的 CCD 相机的分辨率将更高,其他探测设备也将有所改进,所探测到的有关月球的数据将更加翔实。"嫦娥 2 号"于 2010 年 10 月 1 日在西昌卫星发射中心发射升空,并获得了圆满成功。"嫦娥 2 号"突破 5 000 万千米深空而刷新"中国高度"。

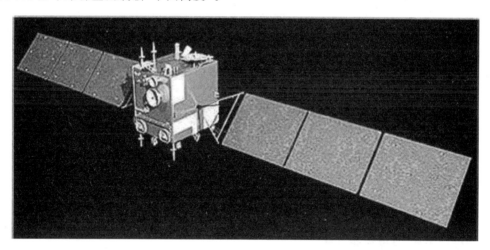

图 2-96 "嫦娥 2 号"月球探测卫星

"嫦娥 2 号"工程的实施创造了航天领域多项"世界第一":首次获得 7 m 分辨率全月球立体影像,首次从月球轨道出发飞赴日地拉格朗日 L2 点进行科学探测,首次对图塔蒂斯小行星近距离交会探测并获得 10 m 分辨率的小行星图像。

3. "嫦娥 3 号"落月探测器

"嫦娥 3 号"是我国首个落月探测器,包括着陆器(见图 2-97)和"玉兔号"月球车(见图 2-98)。2013 年 12 月 2 日,"嫦娥 3 号"探测器由"长征 3 号乙"运载火箭从西昌卫星发射中心发射,首次实现月球软着陆和月面巡视勘察,12 月 10 日成功降轨。12 月 15 日晚,正在月球上开展科学探测工作的"嫦娥3号"着陆器和巡视器进行互成像实验,"两器"顺利互拍,"嫦娥3号"圆满完成任务。

图 2-97 "嫦娥 3 号"着陆器

图 2-98 "玉兔号"月球车

在科学技术方面,探月二期工程实现四个第一:研制并发射我国第一个地外天体着陆探测器和巡视探测器,第一次利用"长征3号乙"运载火箭发射地月转移轨道航天器,第一次建立和使用深空测控网进行测控通信,第一次实现月球软着陆、月面巡视、月夜生存等重大突破,开展月表地形地貌与地质构造、矿物组成和化学成分、月球内部结构、地月空间与月表环境等七大创新探测活动,建成基本配套的月球探测工程体系。

4. "嫦娥4号"探测器

"嫦娥4号"探测器(见图2-99)简称"嫦娥4号",是嫦娥绕月探月工程计划中嫦娥系列的第4颗人造绕月探月卫星,主要任务是接着"嫦娥3号"着陆月球表面、继续更深层次更加全面地科学探测月球地质、资源等方面的信息,完善月球的档案资料。"嫦娥4号"的结构基本不变,仍分为着陆器和巡视器两部分,但这次着陆点选在月球背面,针对不同的地质条件,"嫦娥4号"也进行了针对性改进。

图2-99 "嫦娥4号"探测器

2018年12月8日,在西昌卫星发射中心由"长征3号乙"运载火箭发射。2019年1月3日,"嫦娥4号"成功登陆月球背面,人类首次实现月球背面软着陆。5月16日,中国科学院国家天文台宣布,利用"嫦娥4号"探测数据,证明了月球背面南极-艾特肯盆地存在以橄榄石和低钙辉石为主的深部物质(见图2-100)。2022年7月6日,"嫦娥4号"着陆器结束第40月昼工作,进入月夜休眠。截至第40月昼,"玉兔2号"月球车累计行驶里程1 239.88 m。

2019年12月5日,"嫦娥4号"任务获得月球村协会颁发的优秀探月任务奖。

5. "嫦娥5号"探测器

根据中国探月工程"绕""落""回"三步走战略,探月工程三期主要实现采样返回,其主要任务由"嫦娥5号"月球探测器(见图2-101)承担。"嫦娥5号"主要科学目标包括对着陆区的现场调查和分析,以及月球样品返回地球以后的分析与研究。

"嫦娥5号"的第一个科学目标是开展着陆点区的形貌探测和地质背景勘察,获取与月球样品相关的现场分析数据,建立现场探测数据与实验室分析数据之间的联系。着陆区的地形地貌探测:采样点周围形貌与结构构造特征;撞击坑的形貌、大小与分布等。物质成分探测:采样点的物质成分特征;月壤物理特性与结构;月壳浅层的温度梯度探测等。

第二个科学目标是对返回地面的月球样品进行系统、长期的实验室研究,分析月壤与月岩的物理特性与结构构造、矿物与化学组成、微量元素与同位素组成、月球岩石形成与演化过程的同位素年龄测定、宇宙辐射与太阳风离子与月球的相互作用、太空风化过程与环境演化过程等,深化月球成因和演化历史的研究。

图 2-100　首张月球背面图　　　　　图 2-101　"嫦娥 5 号"探测器成功发射

2020 年 11 月 24 日 4 时 30 分,中国在中国文昌航天发射场,用"长征 5 号遥五"运载火箭成功发射探月工程"嫦娥 5 号"探测器。火箭飞行约 2 200 s 后,顺利将探测器送入预定轨道,开启中国首次地外天体采样返回之旅。

2020 年 12 月 1 日 23 时,"嫦娥 5 号"探测器成功在月球正面预选着陆区着陆(见图 2-102)。

图 2-102　"嫦娥 5 号"探测器

2020 年 12 月 17 日凌晨 1 时 59 分,"嫦娥 5 号"返回器携带月球样品,采用半弹道跳跃方式再入返回,在内蒙古四子王旗预定区域安全着陆,将 1 731 g 月壤带回了地球。我国成为了世界上第三个实施月表采样返回任务的国家,再一次彰显了我国的航天实力。

2022 年 5 月 6 日,中国探月工程官方宣布,自即日起公开发布"嫦娥 5 号"探测器有效载荷 2 级科学数据。

6. "嫦娥6号"探测器

2022年9月,探月工程四期任务已获国家批复。探月四期全面启动,中国航天事业全面开启星际探测的新征程。中国航天将坚持面向世界航天发展前沿、面向国家航天重大战略需求,陆续发射"嫦娥6号""嫦娥7号""嫦娥8号"探测器,开展任务关键技术攻关和国际月球科研站建设。其中"嫦娥6号"计划到月球背面采样,并正在论证构建环月球通信导航卫星星座。

"嫦娥6号"是"嫦娥5号"的备份,具备采样返回的功能,将前往月球背面执行任务。截至2022年9月,"嫦娥6号"产品基本生产完毕。

7. "嫦娥7号"探测器

"嫦娥7号"正在研制中,后续将对月球南极进行探测,还将建立国际月球科研站的基本型。

2.3 中国航天事业的成就

经过60多年的艰苦努力,中国建立了相当规模的航天工业体系,发展了具有世界水平的航天技术,取得了举世瞩目的成就。中国在卫星回收、一箭多星、低温燃料火箭、捆绑火箭以及静止轨道卫星发射与测控等许多重要技术领域已跻身世界先进行列;在遥感卫星研制及其应用、通信卫星研制及其应用、载人飞船试验以及空间微重力实验等方面均取得重大成果。这里仅就我国在火箭和空间技术、空间应用、空间科学研究3个方面的发展进行简单介绍。

2.3.1 火箭和空间综合技术

我国于1970年4月24日成功地发射了第一颗人造地球卫星"东方红1号",成为世界上第五个独立自主研制和发射人造地球卫星的国家。现在,已初步形成了7个卫星系列——"东方红"通信广播卫星系列、返回式遥感卫星系列、"资源"号地球资源卫星系列、"风云"气象卫星系列、"实践"科学探测与技术试验卫星系列、"海洋"号科学探测与技术试验卫星系列以及"北斗"导航定位卫星系列。近年来,中国研制并发射的通信、地球资源和气象卫星投入使用后,工作稳定,性能良好,产生了很好的社会效益和经济效益。

在运载火箭方面,我国独立自主地研制了14种不同型号的"长征"系列运载火箭,适用于发射近地轨道、地球静止轨道和太阳同步轨道卫星。"长征"系列运载火箭近地轨道最大运载能力达到12 000 kg,地球同步转移轨道最大运载能力达到5 500 kg,基本能够满足不同用户的需求。自1985年中国政府正式宣布将"长征"系列运载火箭投入国际商业发射市场以来,已将30多颗外国制造的卫星成功送入太空,在国际商业卫星发射服务市场中占有了一席之地。截止2021年12月10日,"长征"系列运载火箭共实施了400次发射。

此外,我国已建成酒泉、西昌、太原和文昌4个航天器发射场,并圆满完成了各种运载火箭的飞行试验和各类人造卫星、试验飞船的发射任务。中国航天器发射场既可完成国内发射任务,又具有完成国际商业发射服务和开展其他国际航天合作的能力。

在航天测控方面,我国已建成完整的航天测控网,包括陆地测控站和海上测控船,圆满完成了从近地轨道卫星到地球静止轨道卫星、从卫星到飞船到月球探测器的航天测控任务。我国航天测控网已具备国际联网共享测控资源的能力,测控技术达到了世界先进水平。

我国在1992年开始实施载人航天工程,研制了载人飞船和高可靠运载火箭,开展了航天医学和空间生命科学的工程研究,选拔了航天员,研制了一批空间遥感和空间科学试验装置。中国先后进行了5次不载人飞船发射和10次载人飞船发射,先后进行了多次太空科学实验,成功实现航天员出舱,并建立了自己的天空实验室和空间站。中国人向着熟悉太空、利用太空、享受太空的梦想又迈进了一大步,不久的将来,我国航天员将搭乘自己研制的飞船登上月球,为人类探索宇宙做出应有的贡献。

2.3.2 空间应用

空间应用包括卫星遥感、卫星通信和卫星导航定位。我国从20世纪70年代初期开始利用国内外遥感卫星,开展卫星遥感应用技术的研究、开发和推广工作,在气象、地矿、测绘、农林、水利、海洋、地震和城市建设等方面得到了广泛应用。目前,国家遥感中心、国家卫星气象中心、中国资源卫星应用中心、卫星海洋应用中心和中国遥感卫星地面接收站等机构,以及国务院有关部委、部分省市和中国科学院的卫星遥感应用研究机构都已经建立起来。这些专业机构利用国内外遥感卫星开展了气象预报、国土普查、作物估产、森林调查、灾害监测、环境保护、海洋预报、城市规划和地图测绘等多方面、多领域的应用研究工作。特别是卫星气象地面应用系统的业务化运行,极大地提高了对灾害性天气预报的准确性。

卫星通信方面,我国从20世纪80年代中期开始利用国内外通信卫星发展卫星通信技术,以满足日益增长的通信、广播和教育事业的发展需求。在卫星固定通信业务方面,全国建有数十座大中型卫星通信地球站,联结世界180多个国家和地区的国际卫星通信话路2.7万多条。我国已建成国内卫星公众通信网,国内卫星通信话路7万多条,初步解决了边远地区的通信问题。甚小口径终端(VSAT)通信业务近几年发展较快,已有国内甚小口径终端通信业务经营单位30个,服务小站用户15 000个,其中双向小站用户超过6 300个;同时建立了金融、气象、交通、石油、水利、民航、电力、卫生和新闻等几十个部门的80多个专用通信网,甚小口径终端上万个。在卫星电视广播业务方面,已建成覆盖全球的卫星电视广播系统和覆盖全国的卫星电视教育系统。从1985年开始利用卫星传送广播电视节目,目前已形成了占用33个通信卫星转发器的卫星传输覆盖网,负责传送中央、地方电视节目和教育电视节目共计47套,以及中央32路对内、对外广播节目和近40套地方广播节目。卫星教育电视广播开播十多年来,有3 000多万人接受了大、中专教育与培训。近年来,建成了卫星直播试验平台,通过数字压缩方式将中央和地方的卫星电视节目传送到无线广播电视覆盖不到的广大农村地区,使我国广播电视的覆盖率有了很大提高。我国现有卫星电视广播接收站约18.9万座。在卫星直播试验平台上,还建立了教育卫星宽带多媒体传输网络,面向全国开展远程教育和信息技术的综合服务。

卫星导航定位方面,我国从20世纪80年代初期开始利用国外导航卫星,开展卫星导航定位应用技术开发工作,并在大地测量、船舶导航、飞机导航、地震监测、地质防灾监测、森林防火灭火和城市交通管理等许多行业得到了广泛应用。1992年我国加入了国际低轨道搜索和营救卫星组织,此后还建立了中国任务控制中心,大大提高了船舶、飞机和车辆遇险报警服务能力。2000年10月,我国发射了第一颗试验卫星,开始试验自主的导航定位系统。至2020年6月23日发射三代共55颗"北斗"导航卫星,建立了独立自主的导航定位系统。2020年7月31日,"北斗3号"全球卫星导航系统正式开通运行。

2.3.3 空间科学研究

我国在20世纪60年代初期开始利用探空火箭、探空气球开展高层大气探测。70年代初期开始利用实践系列科学探测与技术试验卫星开展空间探测和研究,获得了很多宝贵的环境探测资料。近年来,开展了空间环境预报的研究工作及相应的国际合作。从80年代末开始利用返回式卫星进行了多种空间科学实验,在晶体和蛋白质生长、细胞培养、作物育种等方面取得了很好的成果。中国空间科学在基础理论研究方面取得了若干创新成果,在空间物理学、微重力科学和空间生命科学等领域建立了具有一定水平的对外开放的国家级实验室,建立了空间有效载荷应用中心,具有支持进行空间科学实验的基本能力。近年来,利用实践系列科学探测与技术试验卫星对近地空间环境中的带电粒子及其效应进行了较为详细的探测,并首次完成了微重力流体物理两层流体空间实验,实现了空间实验的遥控操作。

随着中国特色社会主义市场经济体制的初步建立和不断完善,国家通过宏观调控引导中国航天活动的发展方向,统筹规划空间技术、空间应用和空间科学的发展,推动航天领域中重大技术的研究开发和系统集成,促进航天技术在经济、科技、文化和国防建设等方面的应用,深化航天科技工业的改革,实现航天事业的持续发展。国家加强法治建设和政策管理,建立航天法规体系,制定航天产业技术政策,保证航天活动有序、规范发展。国家鼓励科研机构、工业企业、商业企业和高等院校在国家航天政策引导下,发挥各自优势,积极参与航天活动。国家支持航天科技创新,构建有中国特色的航天创新体系,提高自主创新能力,积极推进中国航天技术实现产业化。国家支持公益性航天活动以及具有商业前景的航天研究开发工作,并不断强化对航天行业的监督。

2.4 中国航天事业的发展与展望

在科学技术日新月异、迅猛发展的今天,作为诸多技术高度集成的航天技术,其脱颖而出并成为衡量一个国家综合国力的重要标志绝非偶然。纵观美国、苏联/俄罗斯或欧洲等航天强国或航天组织的发展情况,可以知道航天技术不仅在国民经济的发展中起着巨大的作用,而且在国防和军事上得到极为广泛的应用。作为发展中国家,我国政府一直把航天事业作为国家整体发展战略的重要组成部分,坚持为了和平目的探索和利用外层空间,使外层空间造福于全人类。当前,国家的根本任务是发展经济,不断推进国家现代化建设事业。航天活动在维护国家利益、实施国家发展战略中的重要地位和作用,决定了我国发展航天事业的宗旨和原则。

我国航天事业的发展宗旨是:探索外层空间,扩展对宇宙和地球的认识;和平利用外层空间,促进人类文明和社会发展,造福全人类;满足经济建设、国家安全、科技发展和社会进步等方面日益增长的需要,维护国家利益,增强综合国力。

我国航天事业的发展原则是:坚持长期、稳定、持续的发展方针,使航天事业的发展服从和服务于国家整体发展战略;坚持独立自主、自力更生、自主创新,积极推进国际交流与合作;根据国情国力,选择有限目标,重点突破;提高航天活动的社会效益和经济效益,重视技术进步的推动作用;坚持统筹规划、远近结合、天地结合、协调发展。

我国航天事业的发展思路是:促进空间技术及应用实现产业化,引导和鼓励航天科技企业制度创新和技术创新,建立面向国内外市场的运行机制,以通信卫星和卫星通信、运载火箭为重点,分步实施,推进空间技术及应用产业化进程。

合理部署各种航天活动,统筹规划,协调发展空间技术、空间应用与空间科学;采用"优先安排""积极支持""适度发展"和"跟踪研究"4种不同方式部署航天活动3个领域的各项工作,以实现中国航天事业的全面、协调发展。

加强预先研究和技术基础建设,集中力量攻克重大关键技术,掌握核心技术,形成自主知识产权;同时加强航天活动3个领域的技术基础建设,扩大国际空间合作,继续保持中国航天事业的发展势头。

加速航天科技队伍建设,构筑航天人才优势,发展航天教育,培养航天人才,采取特殊政策,加速造就一支高水平的、年轻的航天科技队伍。普及航天知识,宣传航天事业,动员社会各界力量支持航天事业的发展。

加强科学管理,提高质量和效益。针对航天活动投资大、风险大、技术密集、系统复杂等特点,运用系统工程等现代管理手段,加强科学管理,提高系统质量,降低系统风险,提高综合效益。

展望未来,21世纪是人类全面进入太空的新世纪,载人航天和积极开发人类活动的第四领域——太空,将成为新世纪航天活动的主旋律。在世界航天发展的这一态势下,作为火箭技术的故乡,世界大国之一的中国,势必要积极投入世界航天发展的潮流中去。可以预见,中国的航天事业的发展必将更加兴旺,航天技术队伍必将更加成熟和壮大。

2.5 中国独特的航天文化和民族精神

航天文化是传统文化和时代文化的融合,它从航天事业诞生就与之俱来,经过几代航天人的探索和总结,形成了一系列影响深远的优良传统和文化理念。

使命航天是航天文化的灵魂,价值航天是航天文化的主题,品质航天是航天文化的核心,创新航天是航天文化的特质。航天文化是时代精神、民族精神的集中体现。

航天文化有其独特的特点和规律。首先,航天文化是历史积淀的文化。它作为航天人共同的价值追求一代一代传承下来。同时,航天文化无疑是与时俱进的文化,伴随着航天事业的发展而发展,紧跟航天事业的需要而不断完善,坚持与时俱进,积极改革创新,尤其是在实现中国航天梦和社会主义文化大繁荣、大发展的推动下,航天文化吸收了许多先进元素,成为新时期重要的先进文化代表。其次,航天文化是群体共识的文化。在长期的实践中大力建设和谐文化,构建航天价值体系,形成了航天战线科技工作者和部队官兵共同的价值取向,以及行为规范、道德修养、优良传统等精神财富,成为航天人群体的一致共识。最后,航天文化也是系统集成的文化。它既是整个国防科技、科技文化的重要组成,又自成体系,涵盖了发展航天事业的科学理念、思想精髓、价值追求,而且伴随着航天事业的日益进步,逐步成熟,日趋完善。

2.5.1 航天"三大"精神

60多年来,中国航天事业从无到有、从小到大、从弱到强,走出了一条具有鲜明中国特色的发展道路。伴随着航天事业的发展,在出成果、出人才的同时,航天科技工业培育形成了航天精神、"两弹一星"精神和载人航天精神。航天"三大"精神是航天文化在不同历史时期的具体体现和继承发展,是伟大的民族精神与航天实践相结合的产物,是中国航天事业之魂,也是中国航天企业文化之魂。

1. 航天精神

1956年10月8日,国防部第五研究院正式成立。根据聂荣臻副总理的提议,经毛泽东主席、周恩来总理批准,确定国防部五院的建院方针是"自力更生为主,力争外援和利用资本主义国家已有的科学成果"。"自力更生"精神孕育了我国最初的航天精神。1986年底,当时的航天工业部党组对航天精神进行了提炼和归纳,提出了"自力更生、大力协同、尊重科学、严谨务实、献身事业、勇于攀登"的航天传统精神。以后根据聂荣臻副总理倡导的"自力更生、艰苦奋斗、大力协同、无私奉献"的精神,结合航天科技工业的具体特点,对航天传统精神做了新的概括和提炼,表述为"自力更生、艰苦奋斗、大力协同、无私奉献、严谨务实、勇于攀登"。

中国航天事业的起步阶段可谓举步维艰,当时的航天人住沙窝、喝碱水,但在较短的时间里,中国航天就走出了一条适合本国国情和有自身特色的发展道路,并取得了一系列重要成就。而支撑航天事业和航天人一直坚韧前行的,无疑就是广为称道的"航天精神",这是中国航天人在20世纪为中华民族创造的新的宝贵精神财富。正是在航天精神这一伟大民族精神的鼓舞下,亿万人民始终保持昂扬向上的精神状态,奋发图强、齐心协力、锐意进取,取得了一项又一项骄人的成绩,使伟大的祖国显示出旺盛的生机与活力。

2. "两弹一星"精神

20世纪五六十年代,我国面对严峻的国际形势,为打破核大国的讹诈与垄断,为了世界和平和国家安全,在条件十分艰苦的情况下,党中央高瞻远瞩,果断做出了研制"两弹一星"的战略决策。老一代科学家和广大研制人员发扬"热爱祖国、无私奉献,自力更生、艰苦奋斗,大力协同、勇于攀登"的精神,风餐露宿,顽强拼搏,团结协作,克服了各种难以想象的艰难险阻,突破了一个又一个技术难关,取得了中华民族为之自豪的伟大成就。1964年10月16日,原子弹爆炸成功;1966年10月27日,导弹核试验成功;1970年4月24日,人造卫星发射成功。"两弹一星"精神成为20世纪中国人民自强不息艰苦奋斗的可贵民族精神。1999年9月,江泽民同志在表彰为研制"两弹一星"做出突出贡献的科技专家大会上,将"两弹一星"精神进一步概括为"热爱祖国、无私奉献,自力更生、艰苦奋斗,大力协同、勇于登攀"。

我们要学习"两弹一星"功臣们的爱国主义精神。他们中的许多人都在国外学有所成,拥有优越的科研和生活条件,为了投身于新中国的建设事业,冲破重重障碍和阻力,毅然回到祖国。几十年中,他们为了祖国和人民的最高利益,默默无闻,艰苦奋斗,以其惊人的智慧和高昂的爱国主义精神创造着人间奇迹。"中华民族不欺侮别人,也绝不受别人欺侮"是他们的坚定信念,爱国主义是他们创造、开拓的动力,也是他们克服一切困难的精神支柱。我们要学习功臣们艰苦奋斗、无私奉献的精神。正是有了这样的精神,他们不怕狂风飞沙,不惧严寒酷暑,没有条件,创造条件;没有仪器,自己制造;缺少资料,刻苦钻研。就是这样,他们以惊人的毅力和速度从无到有、从小到大,创造出"两弹一星"的惊人业绩。

我们要学习"两弹一星"功臣们勇于探索、勇于创新的精神。在"两弹一星"的研制过程中,我们看到了高水平的技术跨越。从原子弹到氢弹,我们仅用两年零八个月的时间,比美国、苏联、法国所用的时间要短得多。在导弹和卫星的研制中所采用的新技术、新材料、新工艺、新方案,在许多方面跨越了传统的技术阶段。"两弹一星"是中国人民创造活力的产物。

3. 载人航天精神

2003年11月7日,在中共中央、国务院、中央军委召开的庆祝我国首次载人航天飞行圆满成功大会上,胡锦涛总书记指出:"伟大的事业孕育伟大的精神。"在长期的奋斗中,我国航天工作者不仅创造了非凡的业绩,而且铸就了特别能吃苦、特别能战斗、特别能攻关、特别能奉献的载人航天精神。

2005年11月26日,党中央、国务院、中央军委在人民大会堂隆重举行庆祝"神舟6号"载人航天飞行圆满成功大会。胡锦涛总书记把载人航天精神进一步概括为"热爱祖国、为国争光的坚定信念,勇于登攀、敢于超越的进取意识,科学求实、严肃认真的工作作风,同舟共济、团结协作的大局观念和淡泊名利、默默奉献的崇高品质"。

(1) 特别能吃苦的精神:不辞辛劳、艰苦创业

中国航天事业是在极其艰苦和困难的条件下起步的。茫茫戈壁、浩瀚海洋,洒下几代航天工作者辛勤的汗水,留下几代航天工作者奋斗的足迹。广大航天工作者为了早日实现飞天梦想,栉风沐雨,不辞辛劳,克服了无数困难,付出了巨大牺牲,以昂扬奋发的精神状态,创造了中华民族科技进步的奇迹。

(2) 特别能战斗的精神:一往无前、勇攀高峰

载人航天是当今世界高新科技最具挑战性的领域之一,广大航天人不畏艰险,顽强拼搏,不因遇到挫折而气馁,不因取得成功而懈怠,表现了坚韧不拔的革命意志和义无反顾的战斗精神。科研人员一次次向艰难险阻发起进攻,航天员一次次向生理和心理极限发起冲击,表现了钢铁般的意志和坚韧不拔的毅力。

(3) 特别能攻关的精神:自主创新、求真务实

中国载人航天事业的进展,靠的正是自主创新的勇气、智慧和精神。我国载人航天工程在一代又一代航天人艰苦创业、奋力攻关的基础上,始终坚持高起点发展,瞄准当今航天科技发展前沿,进行大量卓有成效的自主创新,突破和掌握了一批核心技术,取得了一次又一次重大进展。中国的载人航天走的是一条与世界上任何航天大国都不同的、具有中国特色的道路——投入少、效益高的道路。速度与效益,需要极高标准的工作质量。"零缺陷,零故障,零疑点""严上加严、细上加细、慎之又慎、精益求精""一丝不苟、分秒不差"……这些看似极端的口号,从一个侧面反映了中国航天人严谨求实的作风。

(4) 特别能奉献的精神:团结协作、无私奉献

中国载人航天事业的突破,靠的是社会主义大协作,靠的是发挥社会主义制度集中力量办大事的政治优势。作为一项规模宏大、高度集成的系统工程,载人航天工程包括了飞船、火箭、测控通信等七大系统,涉及力学、地球科学、空间科学、自动控制、微电子等众多领域。投入研制、试验和协调配合的单位达3000多个。在中央的集中统一领导下,万众一心的凝聚力又一次空前迸发。无论是科研人员还是保障人员,无论是火箭、飞船的研制者还是发射场、着陆场的建设者,情系载人航天事业的千军万马用齿轮咬合般的协作精神,汇聚成了助推神舟飞天的强大力量。伟大的实践催生伟大的精神,伟大的精神推动伟大的事业。一代代航天人艰苦奋进的动人业绩和英雄精神,正成为我们民族一笔极为宝贵的精神财富,这是实施载人航天工程给我们民族带来的最大收获。

2.5.2 质量文化

质量是企业的生命,文化是企业的灵魂。经过60多年的发展,中国航天人培育了独具特色的质量文化,形成了一整套科学系统的质量管理方法,有力地支撑了以"两弹一星"、载人航天和探月工程为代表的重大任务的圆满完成。进入新时期,我们要把握形势和任务的新特点和新要求,传承和弘扬航天质量文化,牢固树立零缺陷理念,全面实施精细化质量管理,深入推进新体系建设,推动我国从航天大国向航天强国迈进!

1. 质量文化理念

中国航天人大力推进质量文化建设,员工质量素养、质量管理水平和型号产品质量得到了显著提升。2011年,中国航天科技集团公司为了适应新形势和新任务的需要,推动质量文化建设的深入开展,制定了《中国航天科技集团公司质量文化建设纲要》。其指导思想是严肃认真、周到细致、稳妥可靠、万无一失;质量座右铭是零缺陷,即第一次就把事情做对、做好;质量理念是质量是政治、质量是生命、质量是效益;质量价值观,以质量创造价值、以质量体现价值;质量道德观,诚实守信 尽职尽责;质量方针是一次成功、预防为主,精细管理、持续改进,顾客满意、追求卓越;质量行为准则是严慎细实。

2. 6S管理活动

6S管理包括整理(SEIRI)、整顿(SEITON)、清洁(SEISO)、规范(SEIKETSU)、素养(SHITSUKE)、安全(SAFETY)6个项目,因为前五个单词日语的罗马拼音和最后一个英文单词均以字母"S"开头,故简称为"6S"。

(1) 6S管理的一般要求

6S管理应着重于现场(发生问题的场所)、现物(发生问题的对象)、现实(发生问题的现象),以提升员工素质和企业形象为始终,立足于通过改变现实、整理现物、规范现场来创造一个整洁、高效的工作环境,使员工养成认真对待每一件事的良好习惯,从而塑造整洁有序、奋发向上的企业形象,形成追求完美的企业精神。6S管理的总体要求是:定置、通畅、整齐、透亮、协调、清洁、绿化、美观、文明、安全。

(2) 6S管理的各项要求

整理:全面检查整理工作场所,不留死角;制定必需品和非必需品的判别准则;制定非必需品的处理程序和方法;按要求彻底清除非必需品;每日自我检查。

整顿:彻底地清理工作场地;规划现场布局,明确摆放物品的场所、方法、标识;摆放方法做到定点、定类、定量;分区划线,定位标识,实施"目视管理",即利用形象直观、色彩适宜的各种视觉感知信息来"一目了然"地揭示生产活动与管理状况。

清洁:划分室内、室外清扫责任区,责任落实到人;制定各区域清洁的点检表,并规定点检的时间、频次要求;清理脏污,执行例行扫除、清扫、点检、维护保养机器设备;查明污染源,从根本上解决问题,防止污染再发生。

规范:制定相关制度和标准,持续进行整理、整顿、清洁活动;制定考核评比办法和奖惩制度,加强现场指导检查。

素养:制定相关的职业规范与制度;制定公务活动的礼仪守则;制定培养素养的教育培训计划并实施;开展提升素养的各种活动(如晨会制度、礼仪活动、升旗仪式、6S管理优秀典型讲评、6S管理征文、评选优秀航天员工等活动);持续推动整理、整顿、清洁、规范,直至习惯化。

安全:建立健全安全管理制度,制定应急预案;落实和加强员工的安全培训教育;实行现场巡视,及时排除隐患;创建有序、安全的工作环境。

2.5.3 创新文化

经过半个多世纪的发展,中国航天人不仅创造了以"两弹一星"、载人航天和探月工程三大里程碑为代表的辉煌成就,还铸就了航天精神、"两弹一星"精神和载人航天精神。这其中孕育了独具特色的航天创新文化,在中国航天发展的不同历史时期发挥了内在的、无形的重要推动作用。

航天科技工业是国家战略性高科技产业的代表,肩负富国强军的神圣使命。60多年的发展反复证明,中国航天发展史就是一部创新史。自力更生是航天发展的基础,自主创新是航天发展的灵魂,勇攀高峰、以新图强是中国航天取得一个又一个成功的不竭动力。

在新的历史发展时期,我们要积极挖掘、继承、弘扬和发展航天创新文化,坚持追求卓越、创新无限的理念,大力提高自主创新能力,支撑航天科技工业新体系的建设,为建设国际一流大型航天企业集团、加速推进我国从航天大国向航天强国迈进而努力奋斗!

1. 创新文化建设意义、目标和思路

(1) 航天创新文化建设意义

创新文化建设是航天人肩负国家和民族重任,实践科学发展观,履行富国强军神圣使命的需要。创新文化建设是航天人提高自主创新能力,实现跨越式发展,支撑创新型国家建设的需要。创新文化建设是航天人构建航天科技工业新体系,建设国际一流大型航天企业集团的需要。创新文化建设是航天人深化和完善技术创新体系、航天文化体系的需要。

(2) 航天创新文化建设目标

坚持在继承航天精神、"两弹一星"精神和载人航天精神的基础上不断发展,推进建设具有时代特色的航天创新文化,全面形成一套完整、合理并能持续激发员工创新活力、满足航天科技工业新体系要求、适应军民融合发展需要的航天创新文化理念和行为体系,将创新观念融入每一位员工的思想和行为中,打造知名航天品牌及一流的航天产品,树立创新形象,为航天战略目标的实现提供强大的保障和推动作用。

(3) 航天创新文化建设思路

坚持科学发展观,按照全面构建航天科技工业新体系,建设国际一流大型航天企业集团战略目标的要求,牢牢抓住自主创新能力建设这条主线,继承航天"三大精神",吸收航天文化精髓,丰富创新文化内涵,坚持倡导并实践创新文化理念和行为体系,提供科学的指导和有力的制度保障,营造积极向上的文化氛围,不断推进技术、管理、组织和制度创新,把创新文化内化于心、固化于制和外化于行,最终实现创新文化建设目标。

2. 创新文化的传承

(1) 万户飞天——古代航天创新精神

中华民族自古就有敢于探索、不断创新的优良传统。中国是第一个敢于向茫茫太空、浩瀚星河挑战的国家,是古代火箭诞生的摇篮。虽然作为世界上首次飞天的尝试失败了,但万户敢于冒险、追求创新的精神长存浩宇,激励着现代中国人孜孜不倦,勇攀航天事业高峰。

（2）航天三大里程碑——现代航天创新精神

1960年11月5日，第一枚导弹"东风1号"发射成功；1964年10月16日，第一颗原子弹爆炸成功；1966年10月27日，"东风2号"装载着核弹头的首次两弹结合试验取得圆满成功；1970年4月24日，第一颗人造卫星"东方红1号"发射成功。中国的"两弹一星"是20世纪下半叶中华民族创建的辉煌伟业，是中国航天事业发展的第一座里程碑。

2003年10月15日，第一艘载人飞船"神舟5号"发射成功，创造了中国人首次载人飞天的历史，实现了中华民族千年飞天的梦想，是中国航天事业发展的第二座里程碑。

2007年10月24日，第一颗探月卫星"嫦娥1号"发射成功，传回了中国第一幅月球表面图像，使我国跨入世界为数不多的具有深空探测能力的国家行列，是中国航天事业发展的第三座里程碑。

现代中国人继承了先人敢于冒险、勇于尝试的创新求索精神。半个多世纪以来，中国航天缔造的航天精神、"两弹一星"精神和载人航天精神更是激励了广大航天科技工作者自力更生、自主创新，依靠集体智慧和团队协作，取得了今天航天事业举世瞩目的成就，奠定了中国航天大国的地位。

（3）航天创新文化定义

创新文化是有利于开展创新活动的一种氛围，是科技活动中产生的与整体价值准则相关的群体创新精神及其表现形式的总和。具体地说，是指创新理念、创新行为准则及规章制度体系等。

航天创新文化是航天事业长期发展过程中形成的航天特色文化之一。航天"三大精神"所蕴含的创新理念、创新方法构成了航天创新文化的主体，随着时代的进步和航天事业的发展而不断发展，逐步形成了新时期的航天创新文化。

（4）航天创新文化结构

航天创新文化结构包括精神层、行为层、物质层。

精神层是创新文化的核心和灵魂，是形成物质层和制度层的基础，主要包括创新方针、创新理念、创新价值观。

行为层亦称制度层，主要包括规范创新活动的行为准则以及行为规范等。创新行为准则是爱国奉献、唯实求真、百家争鸣、系统思维；创新行为规范是指创新的制度体系和标准规范。

物质层是创新文化的物化部分，是航天创新理念与创新行为的外在表征，包括高新的航天产品、知名的航天品牌、一流的技术设施、完善的工作系统。

3. 创新文化核心内涵

（1）创新方针

国家至上。航天科技工业作为国家战略性高科技产业，是国家安全的基石，是推动国家科技进步、支撑国民经济发展的主力军。航天的创新活动要坚持国家和民族利益至上，以富国强军的神圣使命开展创新工作。

技术引领。从国家安全和民族利益的高度着眼未来，超前部署和创新发展航天领域的前沿技术，实现从跟踪到引领的突破和跨越，推动国家现代武器装备的研制和建设；以技术创新引领和开拓市场，推动航天技术成果的转化和应用，更多更好地服务于国民经济建设。

勇于攀登。航天科技作为科学、技术和工程前沿的高技术群，是国家综合科技实力的重要标志。创新工作要不畏艰难，敢于超越，不懈探索；要有创新的勇气和决心，要有发现问题、分析问题和解决问题的能力;不因暂时的挫折和失败动摇必胜的信念,要以锲而不舍的精神不断攀登新的航天科技高峰。

追求卓越。航天事业具有技术高度先进性、系统性和跨学科性,必须把创新作为集团公司持续发展的战略基点,强调永无止境地创新,做到尽善尽美。适应和引领市场需求,致力于把集团公司建设成为技术国际领先、产品和服务一流的大型航天企业集团。

(2) 创新理念

以人为本。人是创新活动的主体,要坚持以人才为第一资源的航天人才观,以培养创新人才为目的,充分依靠人、尊重人、理解人,才能充分发挥人的积极性和创造性,激发人的潜能,实现企业价值。

自主创新。历史发展事实证明,中国航天必须立足于自主创新。只有掌握具有自主知识产权的核心技术,才能掌握发展的主动权,为赶超世界航天先进水平提供核心驱动力。

开放合作。航天科技创新是基于大系统工程的创新,要充分利用系统内外的优势资源和已有成果为我所用;在交流和合作中处理好原始创新与集成创新、引进消化吸收再创新的关系。

包容自励。航天的高技术性决定了创新工作的高风险性。树立正确的技术成败观,宽容失败,赋予员工自由宽松的创新环境;对待创新活动中的成功和失败,要胜不骄败不馁、大胆开拓创新。

(3) 创新价值观

以创新提升核心竞争力。企业竞争的本质是核心技术的竞争。只有通过创新,真正掌握具有自主知识产权的核心技术,实现在航天领域的重点跨越,才能为赶超世界先进水平和占领技术制高点奠定坚实基础。

以创新推动富国强军。集团公司肩负着富国强军的神圣使命。通过发展新型装备,强大国防实力,维护国家主权和安全,巩固和提升大国地位;通过军民融合创新发展,推动航天技术更多更好地服务于国民经济建设。

以创新实现科学发展。航天事业事关国家安全与发展,热爱祖国、默默奉献、服从国家利益是开展创新活动的前提,是指导创新工作的思想基础。

(4) 创新行为准则

爱国奉献是企业和员工开展创新活动必须遵守的思想准则。航天事业事关国家安全与发展,热爱祖国、默默奉献、服从国家利益是开展创新活动的前提,是指导创新工作的思想基础。

唯实求真是企业和员工开展创新活动必须遵守的道德准则。航天科技是国家综合科技实力的重要标志,航天工程任务代表着国家形象。创新活动要求实事求是,尊重科学规律,恪守科学道德,求真求精,追求真理,严禁弄虚作假。

百家争鸣是企业和员工开展创新活动必须遵守的作风准则。发扬学术民主,广泛吸收不同学术团体或个人的创新智慧,集思广益,培养求同存异、百花齐放的学术风气,打造业务能力强的创新团队。

系统思维是企业和员工开展创新活动必须遵守的方法准则。航天工程具有大系统工程的特点,创新活动应参照钱学森同志创立的系统工程理论,运用系统工程的方法考核重要的创新环节,以局部与整体相协调为原则完成创新任务。

2.5.4 创新人物

1. 中国火箭奠基人——钱学森

钱学森,1911年12月11日生于上海,1934年从国立交通大学毕业,考上了清华大学公费留学生。1935年8月钱学森到美国进入麻省理工学院航空系,学习成绩一直名列前茅。由于当时美国航空工厂歧视中国人,所以一年后他开始转向航空工程理论,即应用力学的学习。1936年10月他转学到加州理工学院,成为大名鼎鼎的空气动力学教授"超声速飞行之父"匈牙利人冯·卡门领导的古根汉姆航空实验室的一名研究生。这个实验室后来成为美国火箭技术的摇篮,钱学森就是最早在这里进行火箭技术研究的三名成员之一。

从1935年到1955年,钱学森在美国整整居住了20年。这期间,他在学术上取得了辉煌的成就,生活上享有丰厚的待遇,工作上拥有便利的条件,担任加利福尼亚理工学院超声速实验室主任和古根汉姆喷气推进研究中心主任。然而,他始终眷恋着生他养他的祖国。他在写给父亲的信中,不止一次地发出"旅客生涯做到何时"的感叹。

1949年10月1日第一面五星红旗飘扬在天安门广场上空,5天后就是中华民族的传统节日——中秋节。在这一天,钱学森夫妇和十几位中国留学生一起欢度佳节,他们边赏月边倾诉情怀,深为祖国的新生而欢欣,并对祖国的美好前景充满着憧憬。就在此时,钱学森心中萌发起一个强烈的愿望:早日回归祖国,用自己的专长为国家建设服务。

1950年8月23日午夜,钱学森收到移民局的通知——全家不准离开美国。从此,钱学森的行动处处受到移民局的限制和联邦调查局特务的监视,不许他离开他所居住的洛杉矶,还定期查问他。钱学森就这样失去了5年的自由。然而,钱学森挚爱祖国的赤子之心反而更加炽热。他日夜思念着新中国,坚持斗争,不断地向移民局提出离开美国回国的要求。有国不能归的钱学森,在那5年间始终没有停止钻研他所热爱和献身的科学事业。当时,美国政府阻止他离开美国,是因为他研究的火箭技术与国防建设有关,想通过滞留他来阻拦新中国科学技术的发展。当钱学森知道这点后,感到万分气愤。于是,他另行选择"工程控制论"新专业进行研究,以消除回国的障碍。经过努力,于1954年用英文写出30多万字的《工程控制论》。实际上,工程控制论与生产自动化、电子计算机的研制和运用、国防建设都密切相关,只不过当时美国当局没有认识到这点而已。

钱学森返回祖国的斗争,也得到了祖国的关怀和支持。1955年8月1日中美大使级会谈在瑞士日内瓦进行,王炳南大使按照周总理的授意,与美方交涉,迫使美国政府允许钱学森离美回国。1955年,钱学森被允许回国。1955年9月17日,钱学森与他的夫人和两个幼儿终于乘坐美国"克利夫兰总统号"邮船,离开了洛杉矶,驶向地处东方的祖国。

钱学森回国后长期担任中国火箭和航天计划的技术领导人,对航天技术、系统科学和系统工程做出了巨大的、开拓性的贡献。1979年钱学森的母校加州理工学院授予他"杰出校友"的称号。1986年6月南加州华人科学家工程师协会给他授奖。1989年国际技术与技术交流大会授予钱学森"威拉德W·F·小罗克韦尔奖章""世界级科学与工程名人"和"国际理工研究所名誉成员"的称号。

在国内,他更是受到中央嘉奖,是人民敬重的杰出科学家。1991年10月16日,在北京雄伟庄严的人民大会堂,一场不同寻常的会议正在这里召开。中共中央总书记江泽民同志亲手将"一级英雄模范奖章"和"国家杰出贡献奖"的红色烫金证书交给著名科学家钱学森时,全场响起热烈的掌声。一时间,闪光灯交相辉映,记者们纷纷将镜头对准他,记录下这一庄严美好的历史时刻。

2. 航天工人的明星团队唐建平班组

唐建平班组是航天八院800所以全国劳动模范唐建平的名字命名的数控加工班组,先后获得过国防科技工业职工技能模范班组、全国质量信得过班组、全国"五一"劳动奖等荣誉称号。

(1) "要当就当许振超式的大腕"

"三百六十行,行行出状元",唐建平经常重复这句老话。全国劳模、青岛港桥吊队的队长许振超和上海电气(集团)总公司上海液压泵厂的工人李斌就是唐建平心中的"状元",就是他追赶的目标。他尽管嘴上没这么说,但心里早有一把标尺,"当工人就要当许振超式的大腕"。

1979年,唐建平顶替父亲从江苏常熟农村进入当时七机部、现为航天科技集团公司所属的八院800所,成为一名铣工。在进所的前几年,唐建平在铣工技术比武中冒了尖,连续四次获得第一名。组织发现他是个好苗子,相继安排他参加机械类高级技工技术培训和数控加工中心操作高级工培训,还派他到英国、俄罗斯、德国等国家学习数控加工的理论、操作与机械维修技能。

唐建平认为"技术工人也有出息",一组数字正是对唐建平有"出息"的最好佐证:

——完成某工程"控制舱与本体柔性协调加工"攻关课题,获八院首届工人技术成果三等奖;作为主要参与者完成的"铝合金薄壁舱体加工工艺研究",获部级二等奖。

——独立设计制造的11套加工中心专用夹具、23种专用刀具,解决了产品制造中的许多装夹和加工难题。

——解决民品高难度零件机加工难题,每年节约和增加外协费用300多万元。

——从2002年以来,每年都提出多项合理化建议。这些合理化建议平均提高工效6倍以上,每年产生的直接经济效益达数十万元。

——平均每年完成定额工时5 000 h以上,相当于一年干了两年多的活。

……

由于唐建平的过人表现,一串串荣誉接踵而至。中华技术能手大奖、全国"五一"劳动奖章,小到院所,大到航天科技集团公司、上海市、国家级的各种奖励被唐建平一一摘得。

(2) "以工人的名字命名班组还是头一回"

2002年6月3日,对于唐建平和他的班组来说,是一个值得纪念的日子。当天,在航天科技集团公司八院召开的班组长千人大会上,唐建平获八院10万元人民币重奖;八院还命名了"唐建平班组"。"以工人的名字命名班组还是头一回。"无论是科技人员还是工人,大家在发出这番感慨的同时,都觉得重奖唐建平这样的优秀人才,让一线技术工人看到了努力的方向。

作为国家战略性和尖端科技企业的航天科技集团公司非常重视人才队伍建设,强调"五支队伍"的培养,其中包括像唐建平这种高技能人才。八院自开展"质量信得过班组"达标活动到现在的"班组工程",奖励经费从100万元递增到400万元。800所平均每年拨款10万元,为班组建设工作提供所需的财力和物力保证,还保证落实不少于工资总额的1.5%的教育经费。

(3) "责任心+现代知识+脚踏实地=特别能战斗"

"责任心+现代知识+脚踏实地=特别能战斗。"有人在评价唐建平班组时得出了这个推断。时代的发展,对制造业的工人提出了新的要求。光有"老黄牛"精神不行了,还必须具备智能型的头脑。班组是企业里最基层、最活跃的细胞,要使它产生"核裂变"效应,就要完成从工具性工作观向创造性工作观的转变,从单纯的劳动者向能力型劳动者的转变。

质量创新和技术创新是最直接、最显成效的创新活动。唐建平班组提出把好"三关"、走好"四步"等质量管理办法,铸就了班组质量的铜墙铁壁。产品交验一次合格率达到了 99.8%,关键件合格率为 100%。早在 2001—2003 年,他们的技术创新项目就有 17 项,其中不少都提高工效七八倍。

航天事业提供了唐建平班组施展的大舞台,21 世纪高科技的飞速发展铸就了唐建平班组含金的品牌。

第3章 航天飞行原理

航天器在空间航行的轨迹称为轨道,要进入这些轨道需要用不同的速度克服地球引力的作用。所有航天器都必然经历离开地面、穿越大气层、进入太空的阶段。有些航天器最后还要重新进入大气层并返回。为保证航天器中的人员、采集的各种标本、生物试样等的安全,航天器在返回时需要特别的保护和专门的场所。整个过程通常包括发射入轨段、在轨运行段和返回再入段。航天器在轨道运行段完成航天飞行的全部飞行任务。在轨道运行段飞行的航天器,绝大部分时间是在地球引力作用下的无动力惯性飞行,航天器轨道动力学专门研究这种飞行模式,它从古典的天体力学发展而来。天体力学研究自然天体(如月球、行星)的运动规律,从本质上讲航天器与自然天体的运动规律是一致的。因此,研究航天器的运动可用天体力学的方法。

本章通过介绍航天器从克服地球引力的作用到回收着陆的整个过程来讲述航天飞行的基本原理。

3.1 开普勒定律

开普勒定律是开普勒(见图3-1)发现的关于行星运动的定律。开普勒根据丹麦著名天文学家第谷·布拉赫的行星位置资料,沿用哥白尼的匀速圆周运动理论,通过大量计算,得出了第一定律和第二定律,又经过10年的大量计算,得出了第三定律。开普勒主张地球是不断地移动的,行星轨道不是正圆的,而是椭圆形的,行星公转的速度不恒等。这些论点大大地动摇了当时的天文学与物理学。经过了近一个世纪艰辛的研究,物理学家们终于能够用物理理论解释其中的道理。牛顿利用开普勒第二定律和万有引力定律,在数学上严格地证明了开普勒定律。

1. 椭圆定律

开普勒第一定律,也称椭圆定律,即每一行星沿一个椭圆轨道环绕太阳运行,而太阳则处在椭圆的一个焦点上,如图3-2所示。

图3-1 开普勒

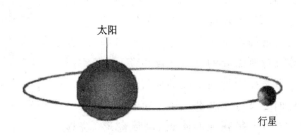

图3-2 椭圆定律

2. 面积定律

开普勒第二定律也称面积定律,即从太阳到行星所连接的直线在相等时间内扫过同等的面积,如图 3-3 所示。用公式表示为

$$S_{AB} = S_{CD} = S_{EK}$$

3. 调和定律

开普勒第三定律也称调和定律,即行星围绕太阳运动的公转周期的平方与它们的轨道半长轴的立方成正比,如图 3-4 所示。设 T 为行星公转周期,则

$$F^3/T^2 = K$$

其中,F 为行星公转轨道半长轴,T 为行星公转周期,K 为常数。

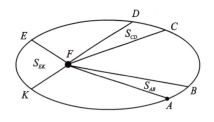

图 3-3　面积定律

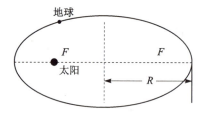

图 3-4　调和定律

3.2　宇宙速度

人类要发射人造地球卫星或星际航行的飞行器,就要摆脱地球强大的引力。如何离开地球呢?这就要使飞行器或人造地球卫星的速度达到宇宙速度。宇宙速度就是从地球表面发射飞行器,飞行器环绕地球、脱离地球和飞出太阳系所需要的最小速度,分别称为第一宇宙速度(环绕速度)、第二宇宙速度(逃逸速度)和第三宇宙速度。

3.2.1　第一宇宙速度

在地面上向远处发射物体,物体速度越快飞行距离越远,当物体的速度达到一定数值时,物体不再落回地面(不考虑大气作用),而是环绕地球做圆周飞行,如图 3-5 所示,这就是第一宇宙速度(又称环绕速度)。

环绕速度也是人造卫星在地面附近绕地球做"匀速圆周运动"必须具有的速度。但是随着高度的增加,地球引力下降,环绕地球飞行所需要的飞行速度也降低,所有航天器都是在距地面很高的大气层外飞行,所以它们的飞行速度都比第一宇宙速度低。

图 3-5　第一宇宙速度

人造卫星在地面附近(高度忽略)绕地球做匀速圆周运动时,其轨道半径近似等于地球半径 R,其向心力为地球对卫星的万有引力,

其向心加速度近似等于地面处的重力加速度。也就是说，物体所受重力、万有引力、航天器沿地球表面做圆周运动时向心力是相同的。如果物体质量为 m，R 为地球半径，M 为地球质量，g 为重力加速度，G 为万有引力系数，v 为物体运动速度，即有

$$mg = GMm/R^2 = mv^2/R$$
$$mg = mv^2/R$$

因为 $v^2 = gR$，又 $R \approx 6.37 \times 10^6$ m，$g \approx 9.8$ m/s²，所以

$$v \approx 7.9 \text{ km/s}$$

实际上，地球表面存在稠密的大气层，航天器不可能贴近地球表面做圆周运动，必须在 150 km 的飞行高度上才能绕地球做圆周运动。在此高度下的第一宇宙速度约为 7.8 km/s。

3.2.2 第二宇宙速度

当物体飞行速度达到 11.2 km/s 时，就可以摆脱地球引力的束缚，飞离地球进入环绕太阳运行的轨道，而不再绕地球运行。这个脱离地球引力的最小速度就是第二宇宙速度（又称为逃逸速度），如图 3-6 所示。按照力学理论可以计算出第二宇宙速度等于 11.2 km/s。由于月球还未超出地球引力的范围，故从地面发射探月航天器，其初始速度不小于 10.848 km/s 即可。

图 3-6 第二宇宙速度

假设在地球上将一颗质量为 m 的卫星发射到绕太阳运动的轨道需要的最小发射速度为 v，地球半径为 R。此时，卫星绕太阳运动可认为是不受地球引力的，距离地球无穷远；认为无穷远处是引力势能零势面，并且发射速度是最小速度，这样卫星刚好可以到达无穷远处。设 r 为地球至无限远那点处的距离，由动能定理得

$$\frac{1}{2}mv^2 - mgR = GMm/r$$

因为 $r \to \infty$，mgR 为地球表面重力势能，所以

$$GMm/r \approx 0$$

解得

$$v = \sqrt{(2gR)} = 11.2 \text{ km/s}$$

3.2.3 第三宇宙速度

第三宇宙速度是指使物体挣脱太阳引力的束缚，飞到太阳系以外的宇宙空间去而必须具备的速度。本来在地球轨道上，要脱离太阳引力所需的初始速度约为 42.4 km/s，但地球绕太阳公转时令地面所有物体已具有约 30 km/s 的初始速度，因此若沿地球公转方向发射，只需在脱离地球引力以外额外再加上 12.4 km/s 的速度，如图 3-7 所示。物体所需的总动能为

$$\frac{1}{2}mv_3^2 = \frac{1}{2}mv_2^2 + \frac{1}{2}m\Delta v^2$$

由此得知所需速度为

$$v_3 = \sqrt{11.2^2 + 12.4^2} = 16.7 \text{ km/s}$$

其中，v_2 为第二宇宙速度，v_3 为第三宇宙速度。

需要注意的是，这是选择航天器入轨速度与地球公转速度方向一致时计算出的值；如果方向不一致，所需速度就要大于 16.7 km/s。可以说，航天器的速度是挣脱地球乃至太阳引力的唯一要素，目前只有火箭才能突破宇宙速度。

三个宇宙速度如图 3-8 所示，分别为 7.9 km/s、11.2 km/s、16.7 km/s。

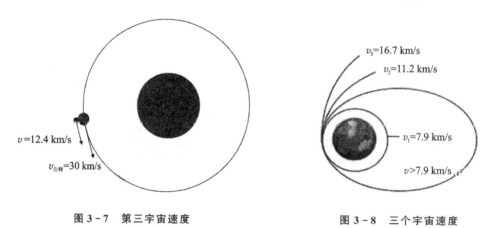

图 3-7　第三宇宙速度　　　　　　图 3-8　三个宇宙速度

3.3 航天飞行器发射轨道

运载火箭从地面起飞到达某一飞行高度才能把航天器送入运行轨道，这段飞行轨迹称为发射轨道。航天器进入运行轨道称为入轨，进入运行轨道时的初始位置称为入轨点，入轨点也是运载火箭最后一级推力终止点。航天器入轨点的运动状态参数（如位置、速度等）决定航天器运行的轨道要素。发射轨道的任务是使运载火箭在入轨点满足给定的运动状态参数，把航天器送入预定的运行轨道。当航天器的实际运行轨道偏差在设计要求范围内时称为精确入轨。

航天器发射轨道由若干个动力段和自由飞行段组成。由于入轨高度有一定的要求和节省能量的考虑，或为了满足特定的入轨位置要求，各级发动机不是连续工作的，只有在入轨高度

较低而且没有入轨位置要求时才采用发动机连续工作的方式。运载火箭发射轨道的设计,要满足运载火箭在入轨点的运动状态,才能把航天器送入预定的运行轨道。根据入轨情况不同,运载火箭的发射轨道可分为直接入轨、滑行入轨和驻留轨道入轨三大类型。

1. 直接入轨

直接入轨是指运载火箭各级发动机逐级连续工作,发动机工作结束后,完成航天器入轨,如图 3-9 所示。其特点是多级火箭连续工作,各级之间没有滑行阶段。到达入轨点时速度方向应与当地水平面平行(飞行角为零),速度值应等于或大于该高度对应的环绕速度。这种发射轨道适用于发射低轨道(150~300 km 高度)的航天器。

2. 滑行入轨

滑行入轨是指发射轨道由主动段、自由飞行段和加速段组成,即有 2 个动力段和 1 个自由飞行段,如图 3-10 所示。这种发射轨道适用于发射中、高轨道(高度为 2 000 km 以下)的航天器,其运载火箭最后一子级发动机需要有二次启动功能。

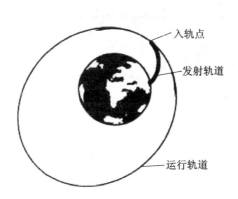

图 3-9 直接入轨

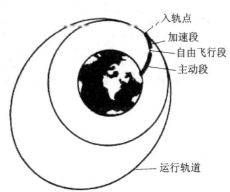

图 3-10 滑行入轨

3. 驻留轨道入轨

这种形式的发射轨道由三个动力飞行段,两个自由飞行段,共五段组成,如图 3-11 所示。在第一个动力飞行段,把航天器送入一条 200~400 km 的圆或椭圆驻留轨道,航天器在驻留轨道上自由飞行。选择适当时间和位置启动发动机,使航天器加速,进入另一条过渡轨道上自由飞行。当飞行至过渡轨道的远地点时第三次使航天器加速进入目标轨道。采用驻留轨道的优点在于可以较充分地对驻留轨道进行观测,并且可以任意选择过渡轨道的起点,有利于对入轨点的测控。这种发射轨道适用于发射地球静止卫星。

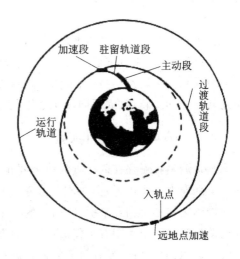

图 3-11 驻留轨道入轨

3.4 卫星运行轨道

所谓人造地球卫星轨道就是人造地球卫星绕地球运行的轨道。这是一条封闭的曲线。这条封闭曲线形成的平面称为人造地球卫星的轨道平面,轨道平面总是通过地心的。

图 3-12 所示为卫星在轨运行。

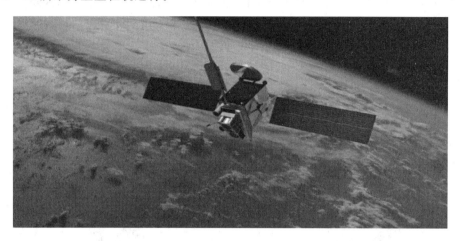

图 3-12 卫星在轨运行

如果把地球看成一个均质的球体,它的引力场即为中心力场,其质心为引力中心。那么,要使人造地球卫星在这个中心力场中做圆周运动,就是要使卫星飞行的离心加速度所形成的力(离心惯性)正好抵消(平衡)地心引力。这时,卫星飞行的水平速度就是第一宇宙速度,即环绕速度。反过来说,卫星只要获得这一水平方向的速度后,不需要再加动力就可以环绕地球飞行。这时卫星的飞行轨迹叫卫星轨道。卫星轨道平面通过地球中心。如果速度稍大一些,则形成椭圆形轨道;如果达到第二宇宙速度,即逃逸速度,则为抛物线轨道,那时它将绕太阳飞行成为人造行星;如果达到第三宇宙速度,则为双曲线轨道,与太阳一样而绕银河系中心飞行了。

人造地球卫星轨道按离地面的高度,可分为低轨道、中轨道和高轨道;按形状分可分为圆轨道和椭圆轨道;按飞行方向分可分为顺行轨道(与地球自转方向相同)、逆行轨道(与地球自转方向相反)、赤道轨道(在赤道上空绕地球飞行)和极轨道(经过地球南北极上空)。人造地球卫星还有地球同步轨道、太阳同步轨道等几种特殊轨道。

3.4.1 圆轨道和椭圆轨道

椭圆轨道是普遍存在的一种天体之间相对运动的轨迹。根据牛顿运动定律($F=ma$),即物体在受到外力的作用下,会在该受力方向上产生一个加速度。又根据万有引力定律,任何有质量的物体之间都会相互吸引,吸引力的大小取决于两个物体的质量和相隔距离。假如现在地球运动方向相对于太阳有个偏离速度,如果不存在万有引力,地球将逐渐远离太阳在宇宙中匀速直线运动;而正由于万有引力使得地球在太阳的方向有个加速度,地球就会往太阳的方向发生偏移并不停地改变速度大小和方向,使得地球绕太阳旋转。一般情况下,当一个物体靠近另外一个物体时,是逐渐被捕获并逐渐增加吸引力的,所以越靠近吸引力越大,加速度和速度也越大,而速度越大,要改变物体的运动就越难,除非达到绝对平衡,否则天体运动基本上不会成为标准的圆周运动,根据运动速度和距离可以推算出一般为椭圆方程。人造卫星的运动规律与天体运动规律一致,因而一般都是椭圆轨道。

3.4.2 顺行轨道和逆行轨道

1. 顺行轨道

顺行轨道的特点是轨道倾角(轨道平面与地球赤道平面的夹角)小于90°,如图3-13所示。在这种轨道上运行的卫星,绝大多数离地面较近,高度仅为数百千米,故又将其称为近地轨道。我国地处北半球,要把卫星送入这种轨道,运载火箭要朝东南方向发射,这样能够利用地球自西向东自转的部分速度,从而可以节约火箭的能量。地球自转速度可以通过赤道自转速度、发射方位角和发射点地理纬度计算出来。显然,在赤道上朝着正东方向发射卫星,可利用的速度最大,纬度越高,能用的速度越小。

我国大部分航天器都采用顺行轨道。例如,我国用"长征1号""风暴1号"两种运载火箭发射的8颗科学技术试验卫星,用"长征2号""长征2号丙""长征2号丁"3种运载火箭发射的17颗返回式遥感卫星以及用"长征2号F"运载火箭发射的"神舟"飞船,都是顺行轨道。

2. 逆行轨道

逆行轨道的特征是轨道倾角大于90°,如图3-14所示。欲把卫星送入这种轨道运行,运载火箭需要朝西南方向发射,不仅无法利用地球自转的速度,而且还要付出额外能量克服地球自转。因此,除了太阳同步轨道外,一般都不采用这种轨道。

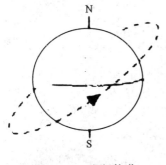
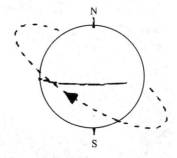

图3-13 顺行轨道　　　　　图3-14 逆行轨道

由于地球表面不是理想的球形,其重力分布也不均匀,使卫星轨道平面在惯性空间中不断变动。具体地说,地球赤道部分有些鼓胀,对卫星产生了额外的吸引力,给轨道平面附加了1个力矩,使轨道平面慢慢进动,进动方向与轨道倾角有关。当卫星轨道倾角大于90°时,力矩是逆时针方向的,轨道平面由西向东进动。

3.4.3 地球同步轨道

地球同步轨道俗称"24 h轨道",其实就是运行周期与地球自转周期(23 h 56 min 4 s)相同的顺行人造地球卫星轨道,如图3-15所示。有人把周期等于地球自转周期几分之一的轨道也称为地球同步轨道。在这种轨道上运行的卫星对地面上的人来说,每天相同时刻出现的

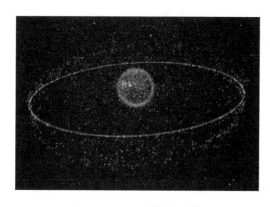

图 3-15 地球同步卫星

方向也大致相同。通信卫星常在这种轨道上运行。

实现地球同步轨道,需满足下列条件:

① 卫星运行方向与地球自转方向相同;

② 轨道偏心率为0,即轨道是圆形的;

③ 轨道周期等于地球自转周期(23 h 56 min 4 s),静止卫星(如果把同步卫星发射到赤道平面内,而且卫星在轨道上转一圈的时间和地球自转的时间一样,这样卫星总是停留在赤道上空的某处,从地面上看卫星在空中静止不动,称为地球静止卫星)的高度为 35 786 km。

不考虑轨道摄动,在地球同步轨道上运行的卫星每天在相同时间经过相同地点的上空,它的星下点轨迹是一条封闭的曲线。对地面观测者来说,每天相同时刻卫星会出现在相同的方向上。倾角为零的圆形地球同步轨道称为地球静止卫星轨道。

地球同步轨道现在面临着太空垃圾问题。2013 年 3 月 12 日,俄罗斯联邦航天局局长弗拉基米尔·波波夫金表示,如果不解决太空垃圾问题,人类可能在未来失去地球同步卫星轨道。波波夫金呼吁建立国际组织来解决战略性卫星轨道的太空垃圾问题。图 3-16 为被太空垃圾击中后的卫星破洞图片。

图 3-16 被太空垃圾击中后的卫星破洞

3.4.4 太阳同步轨道

太阳同步轨道指卫星的轨道平面和太阳始终保持相对固定的取向,轨道的倾角(轨道平面与赤道平面的夹角)接近 90°,卫星要在两极附近通过,因此又称为近极地太阳同步卫星轨道,如图 3-17 所示。为使轨道平面始终与太阳保持固定的取向,轨道平面每天平均向地球公转方向(自西向东)转动0.9856°(即360°/年)。但是若地球是个均匀球体,当地球绕太阳公转时,轨道平面随地球平动,则轨道平面不能保持与太阳有固定的取向。事实上由于地球是个扁椭球体,这种扁椭球体上的各点对卫星的引力不等,使卫星的轨道平面绕地轴朝着与卫星运动相反方向旋转,即轨道平面的进动。若选定合适的倾角(大于90°)使卫星轨道平面的进动为1°,正好使轨道平面与太阳始终保持固定的取向,就实现了太阳同步轨道。选择太阳同步轨道,能保证当卫星每次飞越某地上空时,太阳都是从同一角度照射该地,亦即卫星每次都在同一当地时间经过该地,这对成像侦察卫星、气象卫星、资源卫星都很有利,因为每次对某地拍摄的照片都是在同一照度下取得的,通过对比可以获得很多的信息。

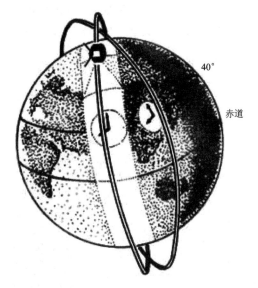

图 3-17 太阳同步轨道

3.4.5 极轨道

倾角为90°的人造地球卫星轨道又称极轨道。在极轨道上运行的卫星,每一圈内都可以经过任何纬度和南北两极的上空。由于卫星在任何位置上都可以覆盖一定的区域,因此,为覆盖南北极,轨道倾角并不需要严格的90°,只需在90°附近就行。在工程上常把倾角在90°左右,但仍能覆盖全球的轨道也称为极轨道。近地卫星导航系统(如美国海军导航卫星系统)为提供全球导航服务而采用极轨道。许多地球资源卫星、气象卫星以及一些军事侦察卫星采用太阳同步轨道,它们的倾角与90°只相差几度,所以也可以称其为极轨道。还有一些研究极区物理的科学卫星也采用极轨道。采用这种轨道的优点是,卫星可以飞经地球上任何地区的上空。比如说极轨气象卫星,它所获的图像覆盖全球,因而对于外行来说也是很容易理解的,云、云的系统、冷热锋、台风、湖泊、森林、山脉、冰雪、火灾、烟雾、油迹等污染现象都一目了然。假如把一系列的照片连到一起看云的变化和发展,那么连风都可以"看"到。有经验的专业人员可以分析气象卫星的红外线图像,通过它可以确定云的高度和类型、计算地面和水面的温度,可以确定海面的污染、潮汐和海流。对航海业来说,海流的信息是非常重要的,因为他们依此可以制定省油的航线。渔民和农民希望知道地面或海面的温度,来保护他们的作物以免受冻或提高他们的捕获量。连厄尔尼诺现象都可以被转化成图像。红外线图片可用于测量地面的温度,从而预报火灾发生的可能性。这些红外线图像一般是灰色的,但通过计算机处理可以变成多色的,以提高它们的对比度。

气象卫星对沙暴的观察对人类理解和预报这个现象起了非常重要的作用。人们发现每年春天中国的沙暴可以一直跨越太平洋到达美国,在非洲每年夏季大量撒哈拉沙漠的沙暴被刮进大西洋,有时可以到达南美洲。

目前世界上分辨率最高的极轨气象卫星是美国国防部的气象卫星DMSP。它的飞行高度是720 km,可以分辨出地面上油车大小的物体,可以在夜里利用月光来拍照。它拍的城市灯光、火山爆发、大火、闪电、流星、油田和极光的照片非常漂亮。这些图片可以用来计算一个地区的能源使用量。天文学家还可以用它们来确定一个观察点的光污染程度。

3.4.6 回归轨道

回归轨道就是星下点轨迹周期性出现重叠现象的人造地球卫星轨道，如图 3-18 所示。重叠出现的周期称为回归周期。

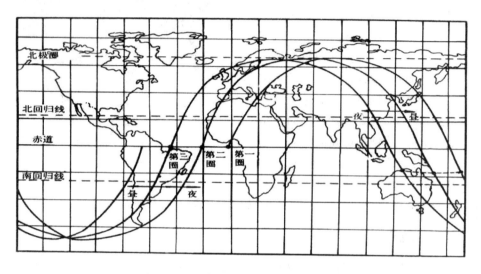

图 3-18 回归轨道，卫星星下点轨迹图

工程中回归周期的大小根据卫星的任务确定。同一个回归周期可对应很多条轨道。如回归周期为一天时，运行的轨道周期可近似为 24 h、8 h 等，从中可以选出合适的运行周期以满足卫星任务的要求。在回归轨道上运行的卫星，每过一个回归周期，卫星就重新依次经过各地上空。这样可以对卫星覆盖的区域进行动态监视，以发现这一段时间内目标的变化。在轨道设计中，回归轨道仅限制轨道运行周期，若再选择其他参数，则可设计出太阳同步回归轨道。这样的轨道兼有太阳同步轨道和回归轨道的特性。选择合适的发射时间，可使卫星在经过某些地区时这些地区有较好的光照条件，以获取地面图像为目的的卫星，像侦察卫星、气象卫星、地球资源卫星大都选择这种轨道。回归轨道要求轨道周期在较长时间内保持不变，因此卫星必须具备轨道修正能力，以克服入轨时的倾角偏差、周期偏差和补偿大气阻力引起的周期衰减。

3.4.7 行星际飞行轨道

行星际飞行器大致分三类：从星球旁边飞过、绕星球运行成为该星球的人造卫星、穿过星球上的大气层进行着陆或探测。图 3-19 所示为某行星际飞行器。

行星际飞行器的飞行可分为三个阶段。第一个阶段是从地球附近发射到脱离地球作用范围前。这时，除了受地球的引力作用以外，还受地球大气的阻力和月球、太阳引力的作用。它相对于地球的运动轨道接近于双曲线。这一阶段的飞行时间很短。第二个阶段是脱离地球作用范围后到进入目标行星作用范围前的轨道过渡阶段，主要是飞行器的日心运动。飞行器在太阳（有时还考虑某些行星）的引力作用下，相对于太阳的运动轨道基本上是一个椭圆。这一阶段飞行时间最长，是飞行器运动的主要阶段。第三个阶段是进入目标行星作用范围。这时飞行器在目标行星和太阳的引力作用下运动，它相对于目标行星的运动轨道接近于一条双曲线。如果要使飞行器成为行星的人造卫星或者在行星表面上软着陆，则需要利用制动火箭使飞行器减速。这个阶段持续时间也很短。

有些飞行器是同时飞往几个行星的，例如"先驱者 11 号""水手 10 号"和"旅行者 2 号"等。这些飞行器的运动除了上述三个阶段外，当进入"过路"行星的作用范围时必须考虑这些行星的引力作用，直到完全脱离它们的作用范围为止。对于需要回收的行星际飞行器，它的返回轨道也经历上述几个阶段，只是过程相反，即把目标行星当作出发行星，把地球当作目标行星。

行星际飞行器的运动主要在轨道过渡阶段，这个阶段的轨道设计十分重要。选择什么样的过渡轨道以使能量消耗不大而飞行时间又较短的最优化问题，以及飞行中几次靠火箭推力换轨的轨道过渡问题，都是行星际飞行器动力学的重要问题。最节省能量的过渡轨道是日心椭圆轨道，它在近日点和远日点上分别与相应的两个行星的运动轨道相切，故又称双切轨道。这种过渡轨道是霍曼在 1925 年首先提出的，又称霍曼轨道。

霍曼轨道以太阳为一个焦点，远日点（或近日点）和近日点（或远日点）分别位于地球轨道和目标行星轨道上，如图 3-20 所示。轨道的长轴则等于地球轨道半径与目标行星轨道半径之和。沿着双切轨道运动的飞行器从地球到目标行星的飞行时间，是这个椭圆运动周期的一半。根据各个行星的平均轨道半径，可求出从地球沿双切轨道向行星发射飞行器的速度和飞行时间。

图 3-19　行星际飞行器

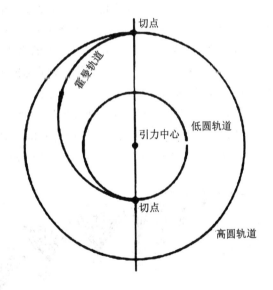

图 3-20　霍曼轨道

用能量最省航线飞向远距离行星的时间太漫长，如飞向冥王星约需 46 年。为节省时间，需采用其他航线，或者在航程中用自备动力加速，或者借助其他行星的引力加速，但这样一来，其轨迹不再是单纯的椭圆、抛物线或双曲线了。

在实际应用中，为了克服火箭发射场地理位置的局限，飞向月球和行星的探测器一般先进入绕地球飞行的过渡轨道，然后在合适的方位上加速进入预定航线。为了便于修正轨道和节省燃料，在空间飞行中还设计了一种驻留轨道，它们是围绕着地球和目标行星飞行的卫星轨道。

行星的运动轨道一般不是圆形，而是一个椭圆，它们的轨道也并不在同一平面上，因此，行星际飞行器的运动实际上更为复杂。目前都用天体力学数值方法计算它们的轨道。

3.5 航天器的回收

3.5.1 航天器回收方式与程序

1. 航天器回收方式

航天器的回收可以选择陆地降落、海面溅落或在空中用飞机直接钩取等方式，相应地有陆上回收系统、海上回收系统和空中回收系统。

航天器经专门减速装置减速后，以一定速度安全着陆称为软着陆；未经专门减速，直接撞地着陆称为硬着陆。

回收系统是实现软着陆的有效手段，常称软着陆系统。按系统所采用的减速装置分为降落伞着陆系统、降落伞-缓冲火箭着陆系统和降落伞-缓冲气囊着陆系统。

2. 航天器回收程序

"神舟"载人飞船正常返回着陆过程如图 3-21 所示。返回舱进入稠密大气层下降到某一高度后，升力控制结束、倾侧角归于零，保持以配平姿态继续下降。当返回舱下降到特定高度时，回收着陆分系统开始动作，首先将主伞舱盖以一定的分离速度弹射出去，同时将两副串联状的引导伞从伞舱拉出并打开。引导伞的牵引力又将减速伞与返回舱从伞舱拉出，返回舱将下降到一定高度，减速伞与返回舱分离同时拉出主伞。返回舱乘主伞稳定下降至某高度时抛掉防热大底，接着又转换吊挂方式，由单点倾斜吊挂转换到双点垂直吊挂，为着陆反推装置工作创造必要条件。随后座椅缓冲装置伸展竖起，进入准备状态。当返回舱下降到距地面一定高度时着陆指示灯亮，告示航天员即将着陆。在返回舱触地前，着陆反推发动机点火工作，使返回舱再次制动减速后安全着陆。着陆后航天员根据需要通过手控使主伞与返回舱脱离。

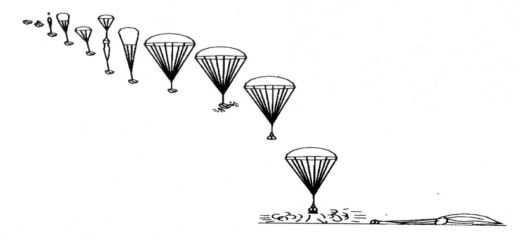

图 3-21 载人飞船回收着陆过程

在我国以往的载人航天活动中,回收的"神舟"飞船载人舱质量约为 3.5 t。2018 年 11 月,中国航天五院 508 所研制的大型群伞系统和大载重着陆缓冲系统结合,可将回收质量增加到 7 t 以上,与美国新一代"猎户座"飞船达到同一水平。回收航天器,再入返回时的初级减速主要靠减速伞。有别于"神舟"飞船的单伞系统,全新研制的减速伞是群伞系统,由 2 顶减速伞、3 顶主伞组成。减速伞的承载能力、伞型设计大幅优化;主伞则保证了各伞之间充气的一致同步。该群伞系统多级收口与展开,有效降低了开伞载荷。

3. 航天器回收技术发展方向

世界航天科技已不是追求火箭成功发射的时代,而是强调可重复利用火箭的发射及研制、可重复使用宇宙飞船的再次成功使用等,从一次性的火箭及航天器转变为追求发展可重复使用的航天器,这是航天科技的一大进步。

2015 年 12 月 22 日,美国 SpaceX 公司的"猎鹰 9"运载火箭在成功将 11 枚微型通信卫星送入轨道后,其第一级火箭成功降落。这是"猎鹰 9"火箭首次实现发射、回收全过程,同时也是人类第一个可实现一级火箭回收的轨道飞行器。2020 年 11 月 16 日,SpaceX 首次正式载人飞行在肯尼迪航天中心发射升空,搭载四名航天员飞赴国际空间站,该飞船已顺利返回,未来可重复使用。本次发射揭开了世界商业载人航天的帷幕,开启了全新的太空时代。

2020 年 9 月 4 日,我国在酒泉卫星发射中心利用"长征 2 号 F"大推力运载火箭,成功发射了我国的一种可重复使用的试验航天器,在轨飞行 2 天后成功返回预定着陆场,标志着我国可重复使用航天器技术研究取得重要突破。目前,可重复使用航天器,主要是指空天飞机。世界上典型的该类别代表性航天器,包括美国航天飞机、美国"X-37B"空天飞机、SpaceX"龙"飞船等等,现在我国也迈入了这一领域,处于世界领先地位。这是我国太空事业、科技事业的一个伟大突破。各种航天器的重复使用,将大幅降低人类往返太空的成本,是未来航天事业的一个发展方向。

3.5.2 航天器回收系统

1. 航天器回收系统的功用

载人飞船、成像侦察卫星、生物卫星等返回型航天器的返回舱再入大气层后,下降到 20 km 左右的高度时达到稳定下降速度的状态。如果不进一步采取减速措施,返回舱会以相当大的速度(约 150~200 m/s)冲向地面。返回舱一般选用钝头再入体的气动外形,这类返回舱在亚声速区域是不稳定的,表现出大幅度的摆动、旋转甚至翻滚。随着飞行高度的降低和速度的进一步减小,这种姿态的不稳定性日趋严重。载人飞船返回舱的这种不稳定性会使舱内的航天员头晕,引起黑视,甚至晕厥。回收系统在这个临界时刻开始工作,展开气动力减速装置使返回舱在亚声速区域保持姿态稳定,然后逐级展开气动力减速装置使返回舱有控制地进一步减速,直至以一定速度安全着陆。与此同时回收系统不断发出信标信号和施放显迹标记,使地勤人员易于发现,及时找到航天员、取回照相胶片或生物试样。

2. 航天器回收系统的组成

载人飞船、返回式卫星等返回型航天器所采用的回收系统基本上是相同的,但对于载人飞船来说,不仅要求回收系统有更高的可靠性和更小的着陆速度,而且为适应正常返回和应急返回的需要,回收系统还应保证飞船同时具有海上溅落和陆上着陆的能力。载人飞船回收系统包括以下四个分系统。

① 气动力减速分系统：弹道式和半弹道式返回型航天器都用降落伞作为减速装置，一般由二级降落伞组成气动力减速分系统。第一级为稳定伞，作用是保证返回舱在亚声速区域的稳定性，并使返回舱初步减速，为主伞开伞创造条件。稳定伞通常选用开伞动载小、稳定性好的锥形带条伞。一般返回舱都只有一副稳定伞，个别重型返回舱（如"阿波罗"号飞船）装有二副稳定伞。第二级为主伞，作用是保证返回舱以一定的速度安全着陆，通常选用阻力效率高、工作可靠、稳定性好和开伞动载较小的环帆伞。主伞一般为单伞，但当回收质量大时也采用多伞系统。主伞面积很大，一般都通过伞衣收口实现二次或三次开伞，以减小开伞动载，提高开伞可靠性。主伞空投开伞过程如图 3-22 所示。

② 着陆缓冲分系统：为保证返回舱结构的完整和航天员的安全，必须尽可能减小返回舱的着陆冲击过载。常用的缓冲装置有缓冲火箭、缓冲气囊（如图 3-23 所示）和其他缓冲结构。"联盟"号飞船采用缓冲火箭和航天员座椅上的缓冲结构组成着陆缓冲分系统。对海上降落的载人飞船，主伞的最终下降速度约为 9 m/s，而在返回舱乘主伞下降时调整其悬挂姿态，使返回舱底面的锐边首先着水，利用海水的缓冲作用使返回舱着水冲击过载大为减小，同时辅以航天员座椅上的缓冲结构达到安全溅落目的。

图 3-22　主伞空投开伞过程

图 3-23　缓冲气囊

③ 标位分系统：航天器返回时落点有一定的散布范围，所以在返回舱上装有多种标位装置，通过光、声、电波等多种途径帮助地勤人员及时标定返回舱的落点位置。标位分系统通常以无线电信标机为主，辅以闪光灯、海水染色剂和水下发声弹等。

④ 控制-作动分系统：作用是控制和执行各项回收动作，诸如打开伞舱盖、弹射开伞、解锁脱伞、信标机开机、缓冲火箭点火等。分系统由电源、控制元件（如时间程序机构、高度开关、加速度开关等）、作动元件（如弹伞筒、解锁器、分离器等，常为电爆火工装置）通过电路连接而成。

回收系统不仅有正常回收程序，而且备有应急回收程序。飞船回收程序不仅能自动控制，而且也可由航天员直接手动控制。航天器回收系统依需要还可能设置漂浮装置，借以增加浮力而浮于海面并保持一定的漂浮姿态。回收系统中的扶直装置能产生附加浮力，使返回舱翻身；而在陆地着陆时扶直装置能使返回舱在陆地着陆后处于直立姿态，以保证信标天线竖立，正常发射信号，地面可有多个雷达接收，如图 3-24 所示。

图 3-24 返回舱信号接收雷达

3.5.3 航天器回收区和着陆场

回收区通常分为陆上回收区和海上回收区两种。陆上回收区根据航天器运行轨道特点，必须具备 4 个条件：一是航天器将从这个地区上空多圈次通过；二是场地要开阔；三是地势要平缓，地表要足够坚硬；四是天气状况要好。海上回收区选择在海况较好，附近岛屿设有测控站的海域。

一般来说国情决定回收区的选择。美国在实施载人飞船工程时，密歇根大学曾对陆上回收区和海上回收区进行了对比分析。由于载人飞船只有很少一部分地面航迹经过美国或美国军事基地附近，因此要使飞船在陆上着陆，则需要设计大升阻比外形，使其具有较大的偏航能力，并且设置多个陆上着陆场，相比之下，水上回收具有更多的再入窗口。与陆上着陆相比，海上回收可放宽精度要求，导航和计算设备可相应简化。美国在大西洋和太平洋以及海外军事基地有强大的海军力量，可服务于海上回收。因此，美国的载人飞船均采取海上回收方式。

苏联"东方"号载人飞船的着陆场最初也选在海上，后来由于保密原因，改为陆上回收。苏联实施绕月工程时，在印度洋上设置了紧急返回场区，部署了 10 艘舰船和 1.2 万～1.5 万搜救人员。苏联国土横跨欧亚大陆，幅员辽阔，飞船有较长的地面航迹在国内，发射场所在的哈萨克斯坦大草原不仅为飞船提供了难得的着陆场地，而且可综合利用拜科努尔发射场的测控设备实施返回测控，地理纬度的优势也保证了飞船有较多的返回机会。如果采取海上回收，西部和南部海区缺乏测控网支持，北部和东部海域海水温度不利于航天员生存和海上作业，海上回收需要组织庞大的海上跟踪测量和回收救援部队，人力、物力投入远大于陆上回收。因此，苏联/俄罗斯的载人飞船采取陆上回收方式。我国的返回式卫星和载人飞船也都采用陆上回收。

除陆上回收和海上回收外，美国还曾使用过一种空中回收方式，即利用飞机在空中回收"发现者"侦察卫星的返回舱。

在载人航天飞行中，为了确保航天员和航天器安全顺利地返回地面，需要建设相应的着陆场。世界各航天大国根据各自的国情和载人航天工程的特点建设了适合本国载人航天器返回的着陆场。

美国肯尼迪航天中心主着陆场位于佛罗里达州卡那维拉尔角,创建于1949年,当时创建的目的是为了发射试验远程导弹。1977年改名为东部空间和导弹试验中心,能发射各种导弹和载人航天器。美国爱德华兹空军基地位于洛杉矶东北部沙漠中,是一个综合性航空基地,由于位于沙漠中,气候干燥少雨,因此被选作航天飞机着陆的第一后备机场。美国航天飞机的100多次飞行中,有49次在爱德华兹空军基地着陆。

苏联/俄罗斯载人航天的主着陆场设在拜科努尔发射场东北的草原上。这里东西绵延上万里,人烟稀少,自然条件适宜飞船回收。同时,拜科努尔发射场的测控通信设备可用于飞船返回和回收时的测控。

中国"神舟"飞船的主着陆场在内蒙古中部四子王旗。这里海拔1 000~1 200 m,地势平坦开阔,人烟稀少,适宜飞船着陆。着陆场组建了直升机分队和地面搜索分队,配备了跟踪、通信、运输、救护等设施,可确保飞船返回舱和航天员的安全着陆和顺利回收。

图3-25所示为"神舟"飞船着陆回收场景。

图3-25 "神舟"飞船回收着陆

思 考 题

1. 开普勒三大定律是什么?
2. 简述第一、第二、第三宇宙速度的概念及其大小。
3. 驻留轨道入轨有什么优点?适合于布置何种卫星?
4. 航天器的回收方式有哪几种?
5. 简述航天器回收系统的组成。
6. 地球同步轨道是一条什么样的轨道?实现地球同步轨道,须满足什么条件?

第4章 航天器的构造

航天器的构造是各个受力和支承构件的总称。它的作用是安装、连接各种仪器设备和动力装置,满足它们所需要的环境要求,承受地面操作、发射、轨道飞行和返回地面时的外力,并保持航天器的完整性。对航天器构造的基本要求是质量小、可靠性高、成本低等,通常用构造质量比,即构造质量占航天器总质量的比例来衡量航天器构造设计和制造的水平,这个比值越小表示水平越高。航天器任务的多样性决定了航天器构造形式的多样性。航天器构造一般分为人造地球卫星构造、载人飞船构造、航天飞机构造、空间站构造、空间探测器构造等。早期近地轨道卫星大多为固定式构造。为了增加航天器的功能和扩大航天器的尺寸,现代卫星和空间探测器也采用一些可展开式构造。这种构造在发射时藏在运载火箭的有限容积内,到了空间展开成较大的构造。需要返回地面的航天器,特别是载人飞船,对构造又有新的要求,从而形成与再入防热、着陆、救生、生命保障等要求相适应的许多特殊构造形式。随着航天飞机的诞生,又出现了兼有飞机、火箭和航天器特性的新型构造。

4.1 卫星的基本结构

卫星的结构形式因其具体用途而各有不同,但从功能上看一般都由承力结构、外壳、安装部件、天线结构、太阳能电池阵及稳定构造等组成。卫星的结构除了为卫星的仪器设备提供安装基座外,还能够屏蔽空间辐射,传递运载火箭的巨大推力;对返回式卫星而言,还有保护卫星的回收部分在返回地球时不受气动热损坏。在设计卫星结构时,应在满足功能要求的前提下,尽可能做到质量小、加工易、成本低、可靠性高。结构质量通常占航天器总质量的20%左右,先进的结构设计可将质量百分比降至10%甚至更低,因此结构设计的潜力较大。卫星的质量每降低1 kg,运载器的质量就可降低200~300 kg,可以大幅节省发射费用。

4.1.1 卫星的结构组成

卫星的外形多种多样,有球形、锥形、圆柱形、方形及其他形状。外形的多样化是卫星的飞行任务和运行过程多样化的反映。

承力结构一般由铝合金、钛合金或纤维增强复合材料的薄壁圆柱壳、波纹、蜂窝夹层圆柱或截锥壳与杆件组成。主承力构件的方案,一般可分为承力筒式、箱板式、桁架式、外壳式、组合式等形式。迄今为止,承力筒式是卫星主承力结构的主流形式,应用范围十分广泛。美国劳拉公司 FS1300 卫星平台、我国 DJS-1 平台、TTS-1 平台等卫星,均采用了承力筒式结构。

承力筒是卫星结构的重要承力件。因为承力筒结构具有力学性能好(尤其是抗扭转、弯曲和剪切的强度和刚度等均较好)、空间利用充分(一般可在承力筒内布置大型推进剂储箱)、承载能力宽和适应性强(小至1 000 kg 以下,大到3 000 kg 以上)等突出优点,所以在卫星上被广泛应用。

卫星应用的承力筒在形状、组成、材料、加工工艺等方面不尽相同。按所用材料可分为金属材料、复合材料等,其中金属材料有铝合金、镁合金、铝锂合金、钛合金、铍合金等,复合材料有碳纤维复合材料、蜂窝夹层结构等。金属材料承力筒可采用铆接、焊接、整体锻件加工等工艺制成,复合材料承力筒可通过缠绕成型工艺、热压罐共固化工艺等制成。

外壳构成卫星本体的外形,一般为球形、多面柱形、锥形或不规则多面体等。它的结构形式有半硬壳式结构、蜂窝结构、夹层结构、整体结构和柔性张力表面结构。外壳的作用除保护内部仪器不受空间辐射破坏外,还有外壳内外表面附着的热控制材料(热控制涂层和保温材料)可维持卫星适宜的温度;外壳外表面可敷设太阳能电池阵;外壳外安装的防热材料可保护卫星重返大气层时不受气动加热破坏;密封舱体的外壳保证舱体的密封性能。

安装部件是指安装仪器设备,一般为仪器舱式或盘式结构。它要保证安装精度和防震、防磁、密封等要求。因此,安装部件具有较好的力学环境、安装精度和热环境对仪器正常工作是有利的。

小型卫星由于仪器设备不多,功能较简单,有可能采用单舱结构,但更多的卫星采用多舱结构,将仪器设备布置在不同舱内,以适应航天任务的要求。例如,我国研制的第一颗返回式卫星质量为 1 800 kg,由仪器舱和返回舱组成。仪器舱内装有地物相机、星空相机及姿态控制系统、跟踪系统等重要设备。仪器舱是密封的,并设有遥感窗口。返回舱内除装回收系统外,还有回收片盒等重要设备。返回舱外的烧蚀防热结构可保证返回舱顺利穿过大气层重返地面,而仪器舱在卫星完成任务后留在空间轨道不再回收。这种分舱设计降低了卫星成本,并使仪器设备各得其所。

近年来,人们逐步采用了公用舱结构设计思想,即将卫星结构按功能分舱,如有效载荷舱、服务舱、动力舱等。这种组合式模块设计方法可以简化结构设计、提高设计的通用性,以降低成本,缩短研制周期,并有利于提高产品可靠性。例如,在航天任务相近时,有时不对服务舱做大的改动,只需改变有效载荷舱就可做到一星多用。这种设计方法已用于通信卫星和对地观测卫星的结构设计,常称为卫星平台。

天线结构多为抛物面形或平板形,有固定式和展开式之分。在进入空间轨道前,由于安放空间的限制,天线被折叠收缩成很小的体积,进入轨道后自行展开并锁定。有些短波天线是拉杆式的,收缩时只有几十厘米,展开后可长达几米。抛物面状卫星天线也能做成折叠式的,一种直径 9.2 m 的抛物面天线是用记忆合金丝编制的,经过成形、热处理,在室温下折叠收拢,所占体积很小。发射入轨后,在一定温度下自行展开。展开式天线有伞式、花瓣式、渔网式和桁架式。为防止热变形影响天线的电性能,天线通常采用热膨胀系数很小的石墨纤维复合材料制成。

太阳能电池阵为卫星在轨运行时提供能源,它可以是一组直接粘贴在卫星外表面的太阳能电池片,也可以是太阳能电池帆板。它在发射时缩叠,进入太空后展开成翼状,由于在太空中没有空气阻力的影响,因此太阳能电池帆板可以做成非对称形式。太阳能电池阵是新型长寿命卫星必须具备的部件。长寿命卫星的能源只能取自太阳能电池。早期自旋稳定的卫星,多将太阳能电池固定在卫星外表面(如我国第一颗科学试验卫星"实践 1 号")。但随着能源需求的增长,卫星表面积不敷需求,展开式太阳能电池帆板便应运而生。刚性太阳能电池帆板一般都用蜂窝夹层板制造。这种夹层板上下面板是碳纤维复合材料,中间夹芯是铝箔制成的铝蜂窝。夹层板具有良好的刚性和强度且极轻。每块单板用铰链连接,入轨前折叠并锁紧,入轨后有一套解锁伸展机构将折叠的帆板展开。

大多数功率小于 10 kW 的长寿命卫星都以太阳能电池阵—蓄电池组系统作为一次电源。美国 1958—1987 年间发射的 1 000 余颗卫星,90％均采用此种电源系统。我国发射的卫星除在轨时间较短的返回式卫星外,大多采用这种电源系统。

使用最多的是单晶硅太阳能电池,它具有价格低廉、可靠性高、技术成熟的优点,其光电转换效率已达 15％～18％。硅太阳能电池单片的长度和宽度通常为 20 mm 或更大,厚度为 0.2 mm。砷化镓太阳能光电池是新型空间电源,具有效率高、光谱特性好、寿命长、可靠性高等优点,其光电转换效率已可超过 20％。

众多的太阳能电池单片组成太阳能电池阵。体装式太阳能电池阵装在卫星本体表面,结构简单,容易实现,适用于自旋稳定卫星。"国际通信卫星"Ⅳ型是这种太阳能电池阵的代表,其面积比功率为 24～29 W/m^2,质量比功率为 6.6～7.7 W/kg。当今,越来越多的卫星采用展开式太阳能电池阵,以适应卫星用电量迅速增加的需要。太阳能电池阵具有更大的容量和效率,其面积比功率可接近 100 W/m^2。

4.1.2 卫星的结构材料

卫星结构材料的性能对结构设计有决定性影响。设计者希望结构材料强度高、刚度好而质量密度小,通常用比强度(强度与密度之比)与比刚度(刚度与密度之比)来综合考虑。例如,硬铝的比强度大约是钢的 1 倍,而碳纤维复合材料的比强度又约是硬铝的 5 倍,这说明碳纤维复合材料优于硬铝,而硬铝又优于钢。优良的结构材料还应具备工艺性能好、价格较低、耐空间辐射等性能。

铝合金是当今使用最多的卫星结构材料,这是因为铝合金比强度和比刚度高,工艺性能优良,易于进行焊接、铆接、铸造和冲压,品种较多,有硬铝、软铝、锻铝、铸造铝等,可用于不同的结构件且价格较低。镁合金密度比铝合金更低,比强度与比刚度略低于铝合金,易加工,能承受冲击载荷,是使用较多的轻金属结构材料。钛合金比强度约为铝合金的 1.6 倍,抗腐蚀,在低温和高温下均可使用,在卫星结构材料中是后起之秀。但工艺性较差、价格较高是其不足之处。

各种复合材料,即纤维增强塑料,在卫星结构设计中得到越来越广泛的应用。常用的纤维材料有玻璃纤维、芳纶纤维、碳纤维及硼纤维等,使用最多的基体材料是环氧树脂塑料。卫星结构材料常采用碳纤维复合材料,这种材料在相同强度下,质量仅为铝合金的 1/3 左右,且抗疲劳、耐腐蚀、耐冲击和振动、热膨胀系数低。各种卫星越来越多地采用复合材料制造承力结构和活动部件。某些部件,例如太阳能电池阵,几乎都使用碳纤维复合材料来制造。

返回式卫星的返回舱都具有防热结构,以防止重返大气层时被气动热破坏。防热方式有两种,一种是烧蚀式防热,其防热结构外表面为烧蚀材料层,烧蚀材料有尼龙酚醛、有机硅树脂、热塑环氧、聚四氟乙烯、玻璃钢及石墨等。它们在受到气动热时发生升华汽化、热解、氧化等复杂的"烧蚀"现象,吸收大量的气动热,从而使舱内温度不至于过高。另一种常用的防热方式是辐射式防热,其防热结构外表面是由难熔金属(如钼合金和铌合金)制成的外壳,外壳与卫星结构之间有一层隔热材料。外壳外表面涂有抗氧化高辐射率涂层,重返大气层时外壳在高温下不会破坏,且向外辐射出大量热量,使卫星内部仍能维持正常的温度。

经过 40 余年的工作实践,我国卫星结构系统设计队伍已独立开发了各种卫星结构系统的设计、计算与试验技术,圆满完成了我国各种科学试验卫星、返回式卫星、通信卫星和气象卫星的结构设计任务。我国研制的卫星已采用了复合材料、钛合金、镁合金等新材料。返回式卫星的防热结构、密封结构及各种长寿命卫星的折叠式太阳能电池阵,虽然具有较大技术难度,但我国结构系统设计人员亦能完全掌握。这说明我国的卫星结构设计与生产已接近世界先进水平。

4.1.3 卫星稳定构造

卫星功能的实现对其姿态都有一定的要求,例如,气象卫星要求星体快速旋转,使得卫星上的气象观测仪器不停地对地球扫描,获取云图;通信卫星要求转发天线始终朝向地面的接收地点;天文卫星则要求姿态保持高度稳定,以便对选定的星球拍摄高质量的照片,同时又能够改变姿态,便于对多个目标进行观测。卫星通过姿态控制系统稳定自身的姿态,一般有自旋稳定、重力梯度稳定和三轴稳定控制等方式。

自旋稳定方式的卫星要求其构造是轴对称结构,这类卫星的形状一般是圆柱形、球形或椭球形。卫星通过绕对称轴的转动,利用陀螺的定轴性进行稳定控制。图4-1(a)所示为我国的"实践1号"实验卫星,是典型的球形对称结构;图(b)所示为"东方红2号"通信卫星,属于圆柱形结构,并且圆柱的直径大于高度,这是为了使自旋轴与最大转动惯量轴重合,有利于稳定。卫星本体绕圆柱轴线旋转,天线部分则反向等速旋转,构成双自旋稳定结构。

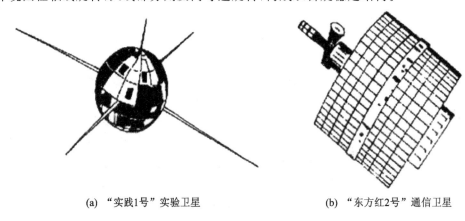

(a) "实践1号"实验卫星　　　　　　(b) "东方红2号"通信卫星

图4-1　具有轴对称结构的自旋稳定卫星

重力梯度稳定方式的卫星有一根顶端装有一定质量的重力杆,利用卫星各部分质量受到的不相等引力产生的重力梯度力矩来稳定卫星的姿态。为了获得足够的控制力矩,重力杆一般大于卫星高度。为使发射时能装入运载火箭整流罩内,重力杆做成可伸缩机构,发射时重力杆收拢在卫星体内,入轨后再伸展到需要的长度。图4-2(a)所示为美国"探险者29号"卫星,图(b)所示为重力梯度稳定卫星构形原理图。

三轴稳定控制对外形的要求比较简单,它是通过姿态敏感器、姿态控制器和姿态控制发动机组成的姿态控制系统控制姿态。另外还有以三轴惯性飞轮为主,姿态控制发动机为辅的三轴姿态控制方式。对于用三轴控制稳定方式的卫星,其结构不一定是对称的。图4-3所示为中国和巴西合作的中巴地球资源卫星,由于其冷却系统要求一面不能朝向太阳,因而设计成单太阳能电池帆板式结构。图4-4所示为日本地球资源卫星。

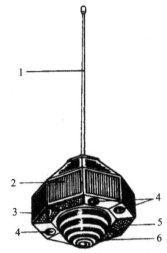
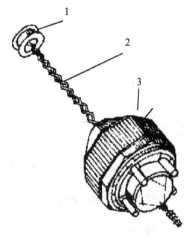

1—可伸展的重力梯度稳定棒;
2—太阳能电池;3—多普勒天线;
4—闪光灯;5—激光反射器;6—螺旋天线

(a) 美国"探险者29号"卫星

1—质量块;2—重力杆;3—卫星本体

(b) 重力梯度稳定卫星构形原理图

图 4-2 重力梯度稳定卫星

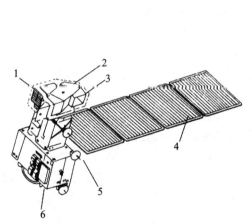
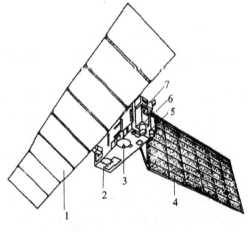

1—制冷器;2—增强型主题测绘仪;3—成像孔;
4—太阳能电池帆板;5—发射机天线(三组);
6—轨道控制推进器

图 4-3 中巴地球资源卫星

1—合成孔径雷达天线;2—S波段天线;
3—观测数据发射机天线;4—太阳能电池帆板;
5—可见光与近红外辐射计;6—短波红外辐射计;
7—观测数据记录仪

图 4-4 日本地球资源卫星

4.2 载人飞船的基本构造

载人飞船又称宇宙飞船,是航天员在外层空间生活、工作及执行预定的航天任务并安全返回地面的航天器。图 4-5 所示为苏联"联盟 19 号"飞船和美国"阿波罗 18 号"飞船进行对接，图 4-6 所示为我国"神舟 1 号"飞船。载人飞船包括卫星式载人飞船和登月飞船。卫星式载人飞船主要进行近地轨道飞行，用于试验各种载人航天技术，如轨道交会和对接、航天员在轨道上出舱进入太空活动，研究失重和空间辐射对人体的影响，进行军事侦察、地球资源勘测和天文观察等。在空间站出现以后，载人飞船成为接送航天员、运送物资的重要交通工具，未来载人飞船还将成为空间站和空间平台的轨道救生船。登月飞船是目前进行登月飞行和将人送上月球进行月球考察的唯一手段。

图 4-5　苏联"联盟 19 号"飞船和美国"阿波罗 18 号"飞船进行对接

图 4-6　"神舟 1 号"飞船

载人飞船比人造地球卫星复杂得多。它的组成除了人造卫星上通用的各种系统，如结构系统、姿轨控制系统、无线电和电源设备等之外，为了保证航天员的安全、正常生活和安全返回地面，还必须包括生命保障与环境控制系统、应急救生系统及返回着陆系统。此外，飞船上通常还需要设置可以由航天员对飞船进行操纵和控制的手动控制装置、显示飞船飞行姿态和运行状态的各种显示仪表，以及供航天员与地面联络的语音通信设备等。

载人飞船按构造形式可分为单舱式、两舱式和三舱式三种。单舱式只有航天员的座舱，是最简单的一种载人飞船。美国最早发射的"水星"号飞船就是单舱式。两舱式除航天员座舱以外，还有一个服务舱，紧接在航天员的座舱后面。美国的第二代载人飞船"双子星座"号为两舱式，苏联首次上天的"东方"号载人飞船也是两舱式。三舱式载人飞船除航天员的座舱和服务舱以外，还有一个轨道舱，是目前最常用的构造形式。苏联的"联盟"号飞船和我国的"神舟"系列飞船就属于三舱式飞船。

返回舱（座舱）是载人飞船的核心舱段，是飞船上升和返回过程中航天员乘坐的舱段，也是整个飞船的控制中心。返回舱不仅和其他舱段一样要承受起飞、上升和轨道运行阶段的各种环境考验，而且要经受再入大气层和返回地面阶段的减速过载和气动加热。

服务舱通常安装推进系统、电源和气源等设备，对飞船起服务保障作用。

轨道舱是航天员在轨道上的工作场所，里面装有各种试验仪器和设备。有的飞船的轨道舱兼有对接舱和气闸舱的功能，对接舱是用来与空间站或其他航天器对接的舱段，对接舱主要有对接锁紧机构。气闸舱是航天员进入空间和返回飞船的必经通道。

载人飞船虽然由多个舱段组成，但真正返回地面的只有返回舱，其余舱段在返回前被抛弃。其原因在于，飞船返回前，必须先减速，脱离运行轨道，减速需要消耗推进剂，返回舱越重，消耗推进剂越多,所以返回舱质量越轻越好。其次,返回舱在再入大气层的过程中,遇到的气动力和气动热比上升段大得多,返回舱必须有先进的防热层和防护结构。所以,有希望重复使用的只有返回舱。目前,国外正在研究可重复使用的载人飞船返回舱。

下面介绍几种典型的载人飞船。

(1) "联盟"号飞船

"联盟"号是苏联/俄罗斯使用时间最长的第三代载人飞船系列,是最主要的天地往返运输系统,可搭载3名航天员,具有轨道机动、交会和对接能力,可为空间站接送航天员,又能在对接后与空间站一起运行。

"联盟"号飞船像一只展翅高飞的大鸟,如图4-7所示。飞船最大直径2.7 m,总长7.5 m,总质量6 800 kg,轨道高度200~230 km。飞船由接近球形的轨道舱、钟形的返回舱和圆柱形的服务舱组成。

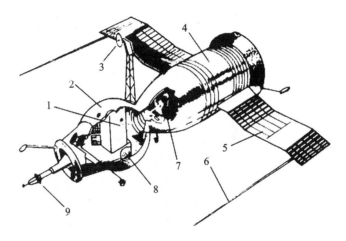

1—仪器舱;2—轨道舱;3—会合雷达;4—服务舱;5—太阳能电池翼;
6—通用天线;7—返回舱;8—出口舱门;9—对接装置

图4-7 "联盟"号飞船

轨道舱分隔成工作区和生活区两部分,是航天员在轨道上工作和生活的场所。轨道舱的前端有一个与"礼炮"号空间站对接用的舱口,可实现牢固又密封的机械连接,航天员通过这个舱口进入"礼炮"号空间站。在"联盟"号单独自主飞行时,对接舱口用以安装探测仪器。出口舱门是航天员起飞前进入和太空出舱活动时的出入口。

返回舱又称指令舱,是飞船起飞上升、轨道转移、对接和返回地球时航天员乘坐的密封舱段。返回舱钟形的小端直接与轨道舱相通,航天员可在两舱之间往来活动。返回舱的侧壁布置有2个舷窗、6台100 N推力的姿态控制发动机。舱内装有控制飞船的主要设备、显示仪器、减震座椅、生命保障系统、回收控制系统、降落伞和着陆反推火箭等。返回舱钟形的大端做成外凸的椭球体外形,再入大气层时大端朝前,以利于迅速减速、减小气动加热、降低过载和提高着陆精度。为防止再入大气层时结构受热损坏,返回舱外表面覆盖一层防热材料。

服务舱又称设备舱,用以安装轨道飞行中所需要的仪器和动力装置。舱外装有天线、太阳能电池阵和热控系统的散热器。服务舱本身又分为前后两段,前段是密封舱,安装有电气控制、姿态控制和稳定系统、通信系统以及推进系统的大部分电子设备;后段为非密封舱,装载供机动飞行和返回地球时用的推进剂、发动机和辅助电源等。"联盟"号飞船在进入返回地球的轨道时抛弃轨道舱和服务舱，返回舱单独再入大气层。航天员可操纵返回舱，改变迎角以获得升力，调节航向减小着陆偏差。

(2)"阿波罗"号飞船

"阿波罗"号飞船是美国研制的第三代载人飞船，是实现人类第一次登上月球伟大工程的飞船。

如图 4-8 所示，"阿波罗"号登月飞船主要由指令舱、服务舱和登月舱三部分组成，此外还有装载登月舱并连接服务舱和末级火箭的过渡段，以及发射段逃逸救生系统，总质量约 49.762 t。

指令舱是航天员在飞行中生活和工作的座舱，也是整个飞船的控制中心。指令舱呈圆锥形，高 3.23 m，最大直径 3.9 m，发射时质量约 5.9 t，生活空间容积约 6 m³。指令舱壳体结构分为 3 层，内层为铝合金蜂窝夹层结构，构成一个密封的航天员舱，内充 34.3 kPa 的纯氧，温度保持在 21～24 ℃；中层为不锈钢蜂窝夹层结构，是外部防热层的支撑结构，同时起隔热作用，其内表面通过隔热毡与铝蜂窝的外表面相连；外层为烧蚀式防热层，由玻璃钢蜂窝充填酚醛环氧树脂加石英纤维和空心酚醛小球制成，通过酚醛黏合剂与不锈钢蜂窝结构连接。指令舱分为前舱、航天员舱和后舱 3 部分。前舱内安置着陆部件、回收设备和姿态控制发动机等；航天员舱即内层密封舱，存有供 3 名航天员生活 14 天的必需品和救生设备；后舱内装有 10 台姿态控制发动机、各种仪器和储箱，以及姿控、制导导航系统，计算机和无线电分系统等。指令舱在完成任务后与服务舱分离，单独再入地球大气层，安全返回地面。

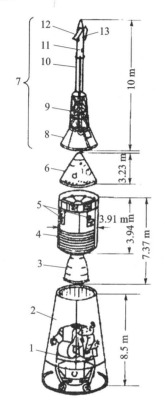

1—登月舱；2—过渡段；
3—服务舱主发动机；4—服务舱；
5—姿控发动机；6—指令舱；
7—发射段逃逸系统；8—防热罩；
9—逃逸塔；10—逃逸发动机；
11—分离发动机；12—空气舱；
13—辅助发动机

图 4-8 "阿波罗"号登月飞船

服务舱呈圆筒形，高 7.37 m，直径 3.91 m，起飞质量约 25 t(其中推进剂约 19 t)。其前端与指令舱对接，后端是推进系统主发动机的喷管，并以喷管前面的后端框与末级火箭的过渡段对接。服务舱壳体为轻合金蜂窝结构，内装主发动机、推进剂储箱、增压系统、姿态控制系统、电源系统和生命保障与环境控制系统等。主发动机推力为 95.6 kN，用于往返时的变轨和轨道修正、转入绕月球轨道时的减速和离开月球返回时的加速。沿服务舱圆筒外周安装有 16 台姿态控制发动机，除了执行姿控任务外，还用于飞船与末级火箭分离、指令舱与登月舱对接并从末级火箭过渡段拉出登月舱、指令舱与服务舱分离等一系列动作。

登月舱由下降级和上升级两部分组成，总长 6.79 m，4 条着陆腿延伸时直径为 9.45 m，质量为 4.1 t(若含推进剂则为 14.7 t)，可乘载 2 名航天员在月球上着陆并返回绕月球轨道。下降级质量为 2.0 t(若含推进剂则为 10.2 t)，由着陆发动机、4 个仪器舱和 4 条着陆腿组成。着陆发动机为推力可调的摇摆发动机,推力范围为 4.67～46.7 kN,发动机摆动范围 6°。着陆腿末端底盘上装有触地传感器。仪器舱内装有着陆交会雷达和 4 组银锌电池。上升级是登月舱的主体,航天员完成月面活动任务后,将下降级留在月面,驾驶上升级返回绕月轨道与指令舱会合。上升级质量为 2.1 t(若含推进剂则为 4.5 t),由航天员座舱、返回发动机、推进剂储箱、仪器舱和控制系统组成。航天员座舱可容纳 2 名航天员,装有导航、控制、通信、生命保障和电源设备等。返回发动机推力为 15.6 kN,可重复起动 35 次。姿态控制系统包括 16 台姿控发动机,安装在上升级外侧四周。另外还设有舱门和登月小梯等。

"阿波罗"飞船顶端装有发射段的逃逸救生系统,在发射前 30 min 至发射后飞行 3 min 内发生紧急意外情况时,逃逸发动机点火,使指令舱和服务舱分离,将指令舱带离危险区,然后启动分离发动机抛弃逃逸系统,打开降落伞,使乘载航天员的指令舱安全返回地面。无紧急情况出现,则在 70～80 km 高度上抛掉发射段逃逸系统。

(3)"神舟"号飞船

"神舟"号飞船(见图 4-9)是中国自行研制,达到或优于国际第三代载人飞船技术的飞船。"神舟"号飞船采用三舱一段,即由返回舱、轨道舱、推进舱和附加段构成,由 13 个分系统组成,"神舟"号飞船全长 9.2 m,最大直径 2.8 m,质量 7 790 kg,轨道高度 343 km。

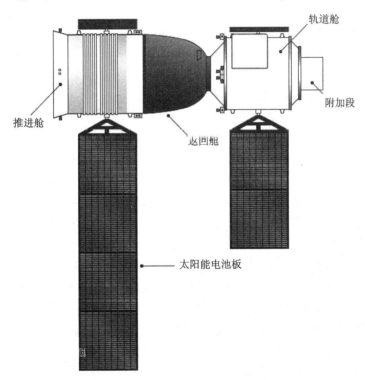

图 4-9 "神舟"号飞船

"神舟"号飞船的轨道舱是一个圆柱体,总长度为 2.8 m,最大直径 2.25 m,一端与返回舱相通,另一端与空间对接机构连接。轨道舱被称为"多功能厅",因为几名航天员除了升空和返回时要进入返回舱以外,其他时间都在轨道舱里。轨道舱集工作、吃饭、睡觉和盥洗等诸多功能于一体。

为了使轨道舱在独自飞行的阶段可以获得电力,轨道舱的两侧安装了太阳电池翼,每块太阳电池翼除去三角部分面积为 2.0 m×3.4 m,轨道舱自由飞行时,可以由它提供 0.5 kW 以上的电力。轨道舱尾部有 4 组小的推进发动机,每组 4 个,为飞船提供辅助推力和轨道舱分离后继续保持轨道运动的能力;轨道舱一侧靠近返回舱部分有一个圆形的舱门,为航天员进出轨道舱提供了通道,不过,该舱门的最大直径仅 65 cm,只有身体灵巧、受过专门训练的人才能进出。舱门的上面有轨道舱的观察窗。

轨道舱是飞船进入轨道后航天员工作、生活的场所。舱内除备有食物、饮用水和大小便收集器等生活装置外,还有空间应用和科学试验用的仪器设备。

返回舱返回后,轨道舱相当于一颗对地观察卫星或太空实验室,可继续留在轨道上工作半年左右。

作为航天员的"太空卧室",轨道舱的环境很舒适,舱内温度一般在 17～25 ℃ 范围内。

返回舱又称座舱,长 2.0 m,直径 2.40 m(不包括防热层),是航天员的"驾驶室",也是航天员往返太空时乘坐的舱段,为密闭结构,前端有舱门。

"神舟"飞船的返回舱呈钟形,有舱门与轨道舱相通。返回舱是飞船的指挥控制中心,内设可供 3 名航天员斜躺的座椅,供航天员在起飞、上升和返回阶段乘坐。座椅前下方是仪表板、手控操纵手柄和光学瞄准镜等,显示飞船上各系统机器设备的状况。航天员通过这些仪表进行监视,并在必要时控制飞船上系统机器设备的工作。轨道舱和返回舱均是密闭的舱段,内有环境控制和生命保障系统,确保舱内充满一个大气压力的氧氮混合气体,并将温度和湿度调节到人体合适的范围,确保航天员在整个飞行任务过程中的生命安全。

另外,舱内还安装了供着陆用的主、备两副降落伞。"神舟"号飞船的返回舱侧壁上开设了两个圆形窗口,一个用于航天员观测窗外的情景,另一个供航天员操作光学瞄准镜观测地面驾驶飞船。返回舱的底座是金属架层密封结构,上面安装了返回舱的仪器设备。该底座质量小,且十分坚固,在返回舱返回地面进入大气层时,保护返回舱不被炙热的大气烧毁。

推进舱又叫仪器舱或设备舱。推进舱长 3.05 m,直径 2.5 m,底部直径 2.8 m。安装推进系统、电源、轨道制动,并为航天员提供氧气和水。它呈圆柱形,内部装载推进系统的发动机和推进剂,为飞船提供调整姿态和轨道以及制动减速所需要的动力,还有电源、环境控制和通信等系统的部分设备。两侧各有一对太阳电池翼,除去三角部分,太阳电池翼的面积为 2.0 m×7.5 m。与前面轨道舱的电池翼加起来,产生的电力将 3 倍于"联盟"号,平均 1.5 kW 以上,差不多相当于富康 AX 新浪潮汽车的电源所提供功率。这几块电池翼除了所提供的电力较大之外,它还可以绕连接点转动,这样不管飞船怎样运动,它始终可以保持最佳方向获得最大电力,免去了"翘向太阳"所要进行的大量机动,这样可以在保证太阳电池阵对日定向的同时进行飞船对地的不间断观测。

设备舱的尾部是飞船的推进系统。主推进系统由 4 个大型主发动机组成,它们在推进舱的底部正中。在推进舱侧裙内四周又分别布置了 4 对纠正姿态用的小推进器,说它们小是和主推进器比,与其他辅助推进器比它们可不小。另外推进舱侧裙外还有辅助用的小型推进器。

附加段也叫过渡段,是为将来与另一艘飞船或空间站交会对接做准备用的。在载人飞行及交会对接前,它也可以安装各种仪器,用于空间探测。

4.3 航天飞机的基本构造

航天飞机是一种垂直起飞、水平降落的载人航天器,以火箭发动机为动力发射到太空,能在轨道上运行,且可以往返于地球表面和近地轨道之间,可部分重复使用。它由外储箱、固体火箭助推器和轨道器三大部分组成,某型航天飞机整体外形结构如图 4-10 所示。轨道器驮在外储箱上,两台固体火箭助推器平行地挂在外储箱的两侧。当航天飞机竖立在发射台上时,整个系统依靠助推器的尾裙支撑。整个系统全长 56.14 m,高 23.34 m,起飞总质量超 2 000 t,海平面的起飞总推力为 31 400 kN。

下面分别对外储箱、固体火箭助推器和轨道器进行介绍。

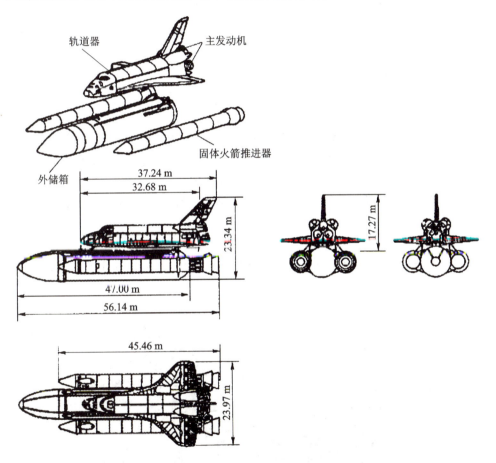

图 4-10 航天飞机整体系统的外形尺寸

外储箱是一个十分庞大的尖头圆柱体,主要由前部液氧箱、后部液氢箱以及连接前后两箱的箱间段组成。外储箱负责为航天飞机的 3 台主发动机提供燃料,同时又是结构设计连接轨道器和固体火箭助推器的支撑结构。外储箱全长 47 m,直径 8.38 m,结构质量 35.5 t,加注推进剂后的总质量为 755.99 t,占整个航天飞机质量的 37%。外储箱由铝合金制造。箱间段上装有两个固体助推器的前部紧固装置和轨道器的前部紧固装置,箱间段内装有液体输送管道和电缆管道。液氧箱位于外储箱上部,内装 617.73 t 液氧,另有 3% 容积加注增压氦气。液氧箱头部为尖顶型硬壳式结构,用以减小空气阻力和气动加热。箱内装有防涡流装置和防液体晃动的隔板。液氢箱比液氧箱要大得多,内装 102.73 t 的液氢。此外,外储箱上还有一些管道、阀门、支撑结构和电子设备等。外储箱是航天飞机三大模块中唯一不能重复使用的部分,在航天飞机进入地球轨道之前主发动机熄火,它与轨道器分离,进入大气层烧毁。

固体火箭助推器中装有助推燃料,平行安装在外储箱的两侧,轨道器的下方,为航天飞机垂直起飞和飞出大气层进入轨道提供额外推力。每个助推器长 45.46 m,直径 3.66 m,净质量 87.7 t,固体装药 503.2 t,燃烧时间 124 s,起飞推力 11 817 kN,比冲 2 913 N·s/kg。它由固体火箭发动机、推力矢量控制、分离、回收、安全自爆、故障检测等系统以及头锥、前段、尾裙、支撑等结构组成。两枚助推器在发射时与轨道器的 3 台主发动机同时点火,当航天飞机上升到 50 km 高空时,停止工作并与轨道器分离,前锥段里降落伞系统启动,使其降落在海洋上,可回收重复使用 20 次。

轨道器即航天飞机本身,它是整个系统的核心部分。轨道器是整个系统中唯一可以载人的、真正在地球轨道上飞行的部件,它很像一架大型的三角翼飞机。它的功能是为执行任务的航天员和应用系统进行科学试验的专家提供生活和工作的场所,轨道器的货舱内装载有效载荷。它全长 37.24 m,起落架放下时高 17.27 m,三角形后掠机翼的最大翼展 23.97 m,乘员舱容积 71.54 m^3,不带有效载荷时质量 68 t,飞行结束后,携带有效载荷着陆的轨道器质量可达 87 t。它所经历的飞行过程及其环境比现代飞机要恶劣得多,既要有适于在大气层中作高超声速、超声速、亚声速和水平着陆的气动外形,又要有承受再入大气层时高温气动加热的防热系统。因此,它是整个航天飞机系统中,设计最困难、结构最复杂、遇到的问题最多的部分。

轨道器由前、中、尾三段机身组成,如图 4-11 所示。前段结构可分为头锥和乘员舱两部分。头锥处于航天飞机的最前端,具有良好的气动外形和防热系统。前段的核心部分是处于正常气压下的乘员舱。乘员舱又可分为三层:最上层是驾驶台,有 4 个座位,中层是生活舱,下层是仪器设备舱。乘员舱为航天员提供宽敞的空间,航天员在舱内可穿普通地面服装工作和生活。一般情况下舱内可容纳 4~7 人,紧急情况下也可容纳 10 人。

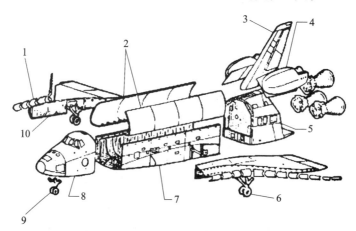

1—前缘;2—货舱门;3—垂尾;4—轨道机动系统;5—后段机身;6—主着陆架;
7—中段机身;8—前端机身;9—前着陆架;10—机翼

图 4-11 轨道器结构示意图

航天飞机的中段主要是有效载荷舱。这是一个长 18 m,直径 4.5 m,容积 300 m³ 的大型货舱,一次可携带质量超 29 t 的有效载荷,舱内可以装载各种卫星、空间实验室、大型天文望远镜和各种深空探测器等。货舱本身不密封,可以将 29.55 t 的有效载荷送入倾角 28.5°的低轨道,将 18.05 t 的有效载荷送入极轨道,可以携带 14.55 t 的有效载荷返回地球。为了在轨道上施放所携带的有效载荷或回收轨道上运行的有效载荷,舱内设有 1 个或 2 个自动操作的遥控机械手和电视装置。机械手是一根很细的长杆,在地面上它几乎不能承受自身的重量,但是在失重条件下的宇宙空间,却可以迅速而灵活地装卸超 10 t 的有效载荷。航天飞机中段机身除了提供货舱结构之外,也是前、后段机身的承载结构。

航天飞机的后段比较复杂,主要装有 3 台主发动机,尾段还装有 2 台轨道机动发动机和反作用控制系统。在主发动机熄火后,轨道机动发动机为航天飞机提供进入轨道、进行变轨机动和对接机动飞行以及返回时脱离轨道所需要的推力。反作用控制系统用来保持航天飞机的飞行稳定和姿态变换。除了动力装置系统之外,尾段还有升降副翼、襟翼、垂直尾翼、方向舵和减速板等气动控制部件。

图 4-12 所示为美国"奋进"号航天飞机。

图 4-13 所示为苏联"暴风雪"号航天飞机。

图 4-12 美国"奋进"号航天飞机

图 4-13 苏联"暴风雪"号航天飞机

"暴风雪"号航天飞机长 36 m、高 16 m、翼展 24 m、机身直径 5.6 m、起飞质量 105 t。大型货舱长 18.3 m,直径 4.7 m,能将 30 t 的有效载荷送上近地轨道,装载 20 t 货物返回地面。头部 70 m³ 的座舱可乘 10 人,设计飞行寿命为 100 次。其外形和尺寸等都与美国航天飞机轨道器相仿,有效载荷和起飞质量也很接近。

与美国的航天飞机不同之处首先是"暴风雪"号上没有主发动机,主发动机在"能源"号运载火箭上。这样可大幅减小航天飞机的入轨质量,同时腾出位置安装机动飞行发动机和减速制动伞。"能源"号火箭的中间是芯级,四周捆绑 4 个助推器为第一级,每个助推器上各有 1 台四燃烧室的液体火箭发动机,推进剂为液氧-煤油。助推器长 39 m,直径 4 m,推力约 7 260 kN。芯级为第二级,直径 8 m,长约 60 m,装有 4 台单燃烧室火箭发动机,推进剂为液氧-液氢,单台真空推力为 2 109 kN。起飞时助推器和芯级几乎同时点火,总推力为 34 845 kN。"能源"号火箭的 4 个助推器可重复使用,芯级为一次使用。芯级脱落后,"暴风雪"号借助 2 台机动飞行发动机进入高度 250 km 的圆轨道。

其次，"暴风雪"号着陆时，可依靠尾部的小型机动发动机作有动力的机动飞行，安全准确地降落在狭长的跑道上，而且万一着陆姿态不佳，可以重新拉起，进行第二次着陆，从而提高了可靠性。而美国航天飞机靠无动力滑翔着陆，只能一次成功。

再次，"暴风雪"号能像飞机那样借助副翼、操纵舵和空气制动器来控制大气层内的飞行，在降落滑跑过程中利用制动伞减速，从而缩短滑跑的距离。

最后，"暴风雪"号可以完全依靠地面控制中心遥控机上计算机系统在无人驾驶的条件下自动返航并准确着陆，难度比依靠有人驾驶的美国航天飞机大得多。

美国有世界上最先进的航天飞机技术，可是在数十年的运用中发现，以现在美国的航天飞机技术仍然没有办法满足现有的航天飞机在实际运行期间安全、费用、重复性、可靠性的要求，航天飞机技术依然没有达到当初美国设想的那样能让航天飞机达到足够可靠和费用低廉，反而由于结构复杂造成成本高，风险大。因此，美国决定让航天飞机退役。随着2011年7月21日美国"亚特兰蒂斯"号航天飞机于美国东部时间21日晨5时57分(北京时间21日17时57分)在佛罗里达州肯尼迪航天中心安全着陆，美国30年航天飞机时代宣告终结。

4.4 空天飞机的组成和飞行方式

空天飞机是既能航空又能航天的新型飞行器。它像普通飞机一样起飞，以高超声速在大气层内飞行，在30~100 km高空的飞行速度为12~25倍声速，并直接加速进入地球轨道，成为航天飞行器，返回大气层后，像飞机一样在机场着陆。在此之前，航空和航天是两个不同的技术领域，由飞机和航天飞行器分别在大气层内、外活动，航空运输系统是重复使用的，航天运载系统一般是不能重复使用的。而空天飞机能够达到完全重复使用和大幅度降低航天运输费用的目的。

空天飞机安装了空气涡轮发动机、冲压发动机和火箭发动机三类发动机。空气涡轮喷气发动机可以使空天飞机水平起飞。当速度超过2 400 km/h时就使用冲压发动机，它使空天飞机在离地面60 km的大气层内以每小时近3万千米的速度飞行。如果再用火箭发动机加速，空天飞机就冲出大气层，像航天飞机一样，直接进入太空

当空天飞机以6倍于声速以上的速度在大气层中飞行时，空气阻力将急剧上升，所以其外形必须高度流线化。亚声速飞机常采用的翼吊式发动机已不能使用，需要将发动机与机身合并，以构成高度流线化的整体外形，即让前机身容纳发动机吸入空气的进气道，让后机身容纳发动机排气的喷管。这就叫作发动机与机身一体化。

在一体化设计中，最复杂的是要使进气道与排气喷管的几何形状，能随飞行速度的变化而变化，以便调节进气量，使发动机在低速时能产生额定推力，而在高速时又可降低耗油量，还要保证进气道有足够的刚度和耐高温性能，以使它在返回再入大气层的过程中，能经受住高速气流和气动力热的作用，这样才不致发生明显变形，才可多次重复使用。

空天飞机需要多次出入大气层，每次都会由于与空气的剧烈摩擦而产生大量气动加热，特别是以高超声速返回再入大气层时，气动加热会使其表面达到极高的温度。机头处温度约为1 800 ℃，机翼和尾翼前缘温度约为1 460 ℃，机身下表面约为980 ℃，机身上表面约为760 ℃。因此，必须有一个质量轻、性能好、能重复使用的防热系统。

空天飞机的结构材料要求很高。在飞行时,它头部和机翼前缘的表面温度可达 2 760 ℃。这样,像航天飞机上的防热瓦块式"外衣",就不再适用了。科学家们研制了一种新型复合材料来代替,并且在一些特殊部位采用新型冷却装置,避免了高温的伤害。

空天飞机在起飞上升阶段要经受发动机的冲击力、振动、空气动力等的作用,在返回再入阶段要经受颤振、起落架摆振等的作用。在这种情况下,防热系统既要保持良好的气动外形,又要能长期重复使用,维护方便,其技术难度是相当大的。

目前的航天飞机,由于受气动加热的时间短,表面覆盖氧化硅防热瓦即可达到满意的防热效果,但对空天飞机则远远不够。如果单靠增加防热层厚度来解决问题,则将使质量大大增加,而且防热层还不能被烧坏,否则会影响重复使用。一个较简单的解决办法是,在机头、机翼前缘等局部高温区使用传热效率特别高的吸热管来吸热,以便把热量转移到温度较低的部位。更好的办法是采用主动式冷却防热系统,也就是把机体结构与防热系统一体化,即把机体结构设计成夹层式或管道式,让推进剂在夹层内或管道内流动,使它吸走空气对结构外表面摩擦所生成的热量。

为了满足空天飞机的防热要求,目前正在研究用快速固化粉末冶金工艺制造纯度很高、质量很轻的耐高温合金。美国已研制出高速固化钛硼合金,它在高温下的强度可达到目前使用的钛合金在室温下的强度,这种合金适宜用来制造机身内层结构骨架。

机头与机翼等温度最高的部位,要求采用碳复合材料,这种复合材料表面有碳化硅涂层,质量轻,耐高温性能好。此外,还需要研究金属基复合材料,例如碳化硅纤维增强的钛复合材料等。这种材料应该兼有碳化硅的耐高温性能,又具有钛合金的高强度特性。

空天飞机的最大优点是运输费用只有航天飞机的十分之一,并且不需要规模庞大、设备复杂的航天发射场,仅需要一个机场就可以了。空天飞机完成一次飞行后,经过一星期的维护就能再次起飞。人们可以像坐飞机一样进行宇宙旅行。即使不上太空,乘坐它去大洋彼岸去看望朋友也很方便,并且还可以改装为空天战斗机、空天轰炸机及空天运输机等类型的飞机。空天飞机的突防力强,可以轻易突破敌人的防御系统并且进入敌人,摧毁敌人的装备设施。

空天飞机与航天飞机一样,同样也是有缺点的。虽然现在设想中的空天飞机似乎很完美,但是结果与航天飞机还是一样缺点多多。现在空天飞机研发门槛高,研制周期较长,成本及造价高,研制风险大,技术难度高,不适合刚起步的航天国家研发。

20 世纪 60 年代初,就有人对空天飞机作过一些探索性试验,当时它被称为"跨大气层飞行器"。由于当时的技术、经济条件相差太远,且应用需求不明确,因而中途夭折;80 年代中期,在美国的"阿尔法"号永久性空间站计划的刺激下,一些国家对发展载人航天事业的热情高涨,积极参加"阿尔法"号空间站的建造。当时人们估计,空间站建成后,为了开发和利用太空资源,向空间站运送人员、物资和器材等任务每年将达到数千次之多。这些任务如果用一次性运载火箭、载人飞船或航天飞机来完成,那么一年的运输费用将达到上百亿美元。为了寻求一种经济的天地往返运输系统,英、德、美等国纷纷推出了可重复使用的天地往返运输系统方案。

1982 年 10 月,英国提出了一种名叫"霍托尔"(或译"霍托克",意为"水平起落航空航天飞机")的单级水平起降空天飞机,其特点是采用一种全新的空气液化循环发动机,它的机身长 62 m,翼展 19.7 m,翼面积 173 m^2,机身最大直径 5.7 m,有效载荷 7~11 t,起飞质量 230 t,着陆质量 47 t,起飞速度 145 m/s,着陆速度 77 m/s,起降跑道长度为 3 000 m。"霍托尔"的最大特点是采用了吸气式的液氢-空气涡轮喷气冲压和氢氧火箭复合式发动机。吸气式发动机模式工作到马赫数为5，高度为26 km时转变为火箭发动机工作模式，能够充分利用大气中的氧，大大提高了推力/质量比；同时采用了新的结构和防热材料，大大减小起飞质量；又由于水平起降，地面操作和设施较简单，完全重复使用，返场维修时间短，因此其近地轨道的发射费用很低。20世纪90年代，他们又提出了一个技术风险小、开发费用低的新方案。

图 4-14　德国"桑格尔"空天飞机

1986年6月，德国提出两级水平起降空天飞机"桑格尔"，如图4-14所示。第一级采用吸气式的液氢涡轮-冲压喷气发动机，实际上相当于一架超声速运输机，第二级采用一台真空推力为700 kN的高压补燃氢氧火箭发动机的有翼飞行器，两级都能分别水平着陆。两级起飞的总质量为382 t。一级总长92 m，翼展46 m，翼面积880 m²，质量295 t（其中推进剂150 t）。二级质量为87 t（其中推进剂65 t），有效载荷2～4 t。"桑格尔"一级从普通机场水平起飞，先按涡轮喷气发动机工况工作，爬升到高度20 km，速度为2.8马赫后，转换为冲压发动机工况工作，继续爬升到高度25 km，速度为4马赫时转为水平等速飞行。继续飞行到预定地点，加速爬升到高度35 km，速度为7马赫时与二级分离，一级自行返回机场，二级火箭发动机点火继续加速爬升，直到进入预定轨道。二级完成飞行任务后，像上述美国航天飞机那样再入滑翔返回和水平着陆。如此一来，"桑格尔"可以完全回收重复使用，设计要求的重复使用次数为50～100次。

1986年，美国提出研制代号为"X-30"的完全重复使用的单级水平起降的"国家航空航天飞机"，其特点是采用组合式超声速燃烧冲压喷气发动机，如图4-15所示。试验机"X-30"总长为35～45 m，全部装备质量为90 t，乘员2名，运载能力为1 114 kg，装有8～12台发动机，巡航高度约40 km，速度为1.8～3.6 km/s。

2013年，英国研制的航空航天飞机——空天飞机"云霄塔"实现了重大突破，成功测试了"云霄塔"空天飞机的发动机，如图4-16所示。"云霄塔"在大气层内飞行时，其上的发动机能将氢与空气混合燃烧；出了大气层以后，可将氢与液氧混合燃烧。所以，"云霄塔"被认为是承

图 4-15　美国"X-30"空天飞机

图 4-16　英国"云霄塔"空天飞机

载实现人类太空旅行梦想的航天器。"云霄塔"比美国航天飞机大许多,长 90 m,翼展 25.4 m,理论起飞质量约 345 t,是世界上首个采用混合动力发动机的天地运输器,这种混合发动机在技术上已取得突破。由于能重复使用,其每次飞行的费用约 630 万英镑(合 945 万美元),而目前运载火箭每次发射费用为 5 000 万美元左右,航天飞机每次发射费用为 4 亿～5 亿美元。"云霄塔"在降落后两天内可以实现再次起飞,每架可以完成大约 200 次飞行任务。其发射成本低的优势将使未来的太空旅行更经济、更便捷。据称,"云霄塔"不仅能取代航天飞机,而且有望将太空旅行提升到新的高度。"云霄塔"可以 29 km/s 的速度飞行,速度是声速的 5 倍,4 个小时内就可以抵达世界的任何角落。

4.5 空间站功用和组成

空间站又称航天站、太空站、轨道站,是一种在近地轨道长时间运行,可供多名航天员巡访、长期工作和生活的载人航天器。在空间站运行期间,航天员的替换和物资设备的补充可以由载人飞船或航天飞机运送,物资设备也可以由无人航天器运送。

4.5.1 空间站的功能和运作原理

空间站的用途主要有以下几个方面:
- 对地观测;
- 科学研究;
- 天文观测;
- 微重力材料加工及制药;
- 新技术试验;
- 在轨服务;
- 作为飞往月球和其他行星的中转站。

要想实现上述功能,空间站必须具有以下功能及系统:
- 生命保障功能。包括空气的控制、供给及循环系统,水循环系统,温度控制系统,食品供应系统,废物处理系统以及防火系统。
- 推进系统。空间站在距地面 362～475 km 处运行,虽然在这个高度上地球的大气已经十分稀薄,但也足够拖拽空间站以降低它的速度,速度一低,高度也就随之降低。所以空间站需要周期性地推动以保持合适的运行高度,每一次推动需要消耗两个火箭发动机的燃料。
- 通信及跟踪系统。空间站每天都必须与地面指挥中心交流,航天员太空行走的时候也必须与其他人员联系。空间站有两个体系帮助他们与地面联系,其一为 S 波段,进行声音、指令、自动测量记录及数据的传输,其二为 Ku 波段(高频波段),进行视频及双向数据传输。空间站使用内部音频系统来完成空间站内部及空间站与太空行走人员的交流。
- 导航系统。空间站使用全球卫星定位系统、回旋仪等来确定自己所处的位置及高度,并帮助它正确地运行在既定轨道上。

- 电力系统。8个巨大的天线阵为空间站提供足够的电能,天线阵长为33 m,面积达2 508 m²,每一个天线阵上有两层太阳能电池,分别在一个可伸缩的望远镜桅杆的两侧,桅杆有一个万向轮,它可以使太阳电池始终朝向太阳光。
- 计算机系统。空间站上至少有100台计算机,它们将完成维持空间站的正常运转,实验数据的采集及处理,保障警报系统的控制等工作。
- 再补给系统。补给船及航天飞机将会为空间站提供新的食物、水、药品、氧气、氮气、燃料等,并把空间站上的废物运回地球。
- 紧急逃生通道。为了保证空间站上发生意想不到的事故后所有航天员能够安全、迅速地撤离,在空间站的后面都拖挂着一个飞船,以保证航天员能紧急撤离,同时它还将为空间站每6个月输送一名航天员。美国航空航天局设计并建造了一艘供紧急时刻使用的载人返回式X-38飞船,它能同时承载7名航天员。

4.5.2 空间站的组成结构

空间站的基本组成与载人飞船类似,包括有效载荷、结构系统、环境控制和生命保障系统、电源系统、数据管理系统、热控制系统、站内和站外活动系统、对接和停泊系统、姿态控制系统、轨道保持系统、推进系统等。

空间站的结构形式大致可以分为两类:一类称为单舱式,另一类称为多舱式。

单舱式空间站,目前已发射的有苏联的"礼炮1号"~"礼炮7号"和美国的"天空实验室"。这种只有1个舱段的空间站只需运载火箭运送1次就能完成。其优点是所用硬件少、成本低、技术简单,不需要航天员出舱,因而早期的空间站都采用这种设计方法。但它也有致命的缺点,那就是容积小、太死板、工效低,影响了许多科学实验活动的进行,并且很难实现长期载人航天。

多舱式空间站,目前已发射的有苏联/俄罗斯的"和平号"和多国研制的"国际空间站"。这种空间站是由陆续发射的多个舱段在轨道上组装而成。其优点是航天员的生活和工作空间大、灵活性强、运行时间长;缺点是技术复杂,投资和风险大。

下面介绍两种典型的空间站结构。

1. "和平"号空间站

苏联"和平"号空间站于1986年2月20日开始在太空建造,苏联解体后由俄罗斯接管。它采用积木式或叫舱体式构型,运行了15年,所以也叫长久性空间站,如图4-17所示。"和平"号最大特点是率先升空的核心舱不仅能用于航天员生活居住,控制整个空间站正常运行,其上还有6个对接口,先后像搭积木一样对接了5个专用实验舱(量子1号舱、量子2号舱、晶体舱、光谱舱和自然舱)及"联盟"系列载人飞船、"进步"系列货运飞船,形成庞大的空间复合体,总质量达100 t以上。其中的"晶体"舱还对接过美国航天飞机,使其总质量达200 t以上。

"和平"号是世界第一个多舱式空间站,大大扩展了航天员的活动空间,具有功能强、寿命长、使用范围广、工作效率高等一系列优点,但也存在一些先天不足,例如,供电严重不足是"和平"号不能充分取得应用效益的重要原因;天地往返运输能力低是"和平"号存在的另一个致命弱点;其姿控系统设计也有问题。

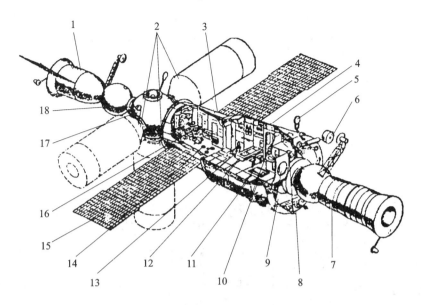

1—"联盟"号载人飞船；2—专用设备舱；3—"和平"号主站；4—轨道舱；5—交会对接天线；
6—卫星通信天线；7—"进步"号货运飞船；8—洗脸装置；9—工作间舱口；10—个人睡房；
11—跑道练习台；12—工作站；13—自行车训练台；14—观察窗口；15—太阳能电池阵列板；
16—中央控制台；17—对接舱；18—侧向对接操作器接口

图 4-17 "和平"号空间站

"和平"空间站由数个舱段连接组成，包括生活舱、轨道舱、服务舱、对接舱、气闸舱、专用设备舱和太阳能电池阵列板等。

生活舱：用于航天员食、住和休息娱乐，一般设有卧室、餐厅、卫生间等。航天员可以洗澡，沿"微型跑道"跑步，骑"自行车记功器"锻炼身体，以及散步、看电视，与地面通过可视电话聊天、联络等。

轨道舱：用作航天员的工作场所，包括实验室、加工室、航天站控制室和修理间。舱内形成了和地球常规环境、压力、温度、湿度等地面自然条件相似的人造环境条件。

服务舱：用于装备动力系统，即作为机动转移、调姿、加速、减速、侧滑等动力装置，气源和电源灯能源保障设施，供全站使用。

对接舱：用于停靠飞船、航天飞机和各种航天器，一般有多个对接口。

气闸舱：用作密压舱段与真空空间之间的隔离段，为航天员进出站内外提供必经的过渡通道，设有两道舱门，分别与密压舱和外壳舱相连，一般航天员要在气闸舱内吸纯氧至少 3.5 h 才能出站活动，这叫"吸氧排氮"。

专用设备舱：用于特定任务而设置的可安装专用仪器设备的舱段，如空间探测器、天文望远镜、各种测试仪、电视摄像机以及遥控侦察照相机等。

太阳能电池阵列板：用于提供整个空间站的电源。

2. 国际空间站

第四代空间站由 16 个国家联合建造，所以称为国际空间站，如图 4-18 所示。它采用桁架挂舱式构型，即以长达几十米或上百米的组装式或展开式桁架为基础结构，然后将多个舱段和设备安装在桁架上。国际空间站共有13个增压舱,其中6个用于科学实验,3个供航天员居住,1个为多功能货舱,3个为对接用的节点舱,容积约 1 000 m³,质量约 400 t,是开发太空的理想平台。生活舱和轨道舱等位于桁架中部,而太阳能电池阵和大抛物面天线等安装在桁架两端。其中的桁架就像"空中楼阁"的大梁一样是"主心骨"。这些舱体和其他设备由航天飞机和一次性运载火箭分多次运往轨道,然后由站上的遥控机械臂系统和航天员舱外活动进行组装,逐步建成了这座规模庞大、多功能的永久性空间站。在空间站运行期间,航天员的替换和物质补给由宇宙飞船提供。由于这种空间站有望运行20年以上,所以也叫永久性空间站。

(a) 2000年9月的国际空间站

(b) 组装成功后国际空间站的图景

图 4-18 国际空间站

这种空间站的缺点是规模大、费用高、技术复杂,尤其是需要航天员多次出舱完成组装工作,风险较大。

4.6 空间探测器结构

空间探测器是对太阳、月球、行星等天体,以及行星际环境进行系统考察的一种空间飞行器。空间探测器包括月球探测器、行星和行星际探测器。空间探测器是在人造卫星技术基础上发展起来的,具有人造卫星结构的基本特征,由于任务、运行环境不同,所以与人造地球卫星相比,有其自身的特点:如姿态稳定方式的选取,姿态控制方式的选取,电源形式的选取,由于距离地球越来越远,通信系统需要有一个大的高增益定向天线等。这些系统的选取要求又决定了探测器的结构形式。

下面通过两个实例来介绍空间探测器的构造特征。

1. "徘徊者"号月球探测器

"徘徊者"号探测器是美国发射成功的第1种月球探测器,如图4-19所示。从1961年8月至1965年3月,美国先后发射9个,耗资2亿美元。"徘徊者"号的质量约为 360 kg,是一个直径 1.5 m、高 3.2 m 的锥顶圆柱体,两侧各安装一块长 4.5 m 的太阳能电池帆板,头部装有测量冲击力的地震计,尾部装有一台电视摄像机。

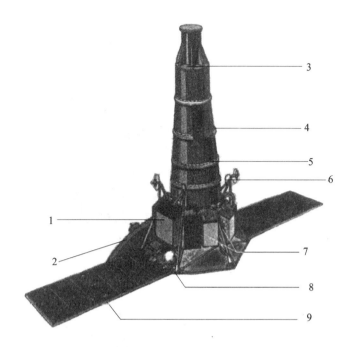

1—姿控系统电子设备；2—定向天线；3—圆辐射天线；4—照相机窗口；5—图片传输系统；
6—太阳能电池帆板制动装置；7—蓄电池；8—压缩气体容器；9—太阳能电池帆板

图 4-19 "徘徊者"号月球探测器

2. "旅行者2号"深空探测器

"旅行者2号"是美国在1977年发射的飞往木星、土星、天王星和海王星的深空探测器，总质量为 2 100 kg。其中，探测器部分质量为 825 kg（含科学考察仪器 115 kg），推进舱（包括固体火箭发动机）质量为 1 200 kg。

图 4-20 是"旅行者2号"结构简图。一个直径 3.66 m 的巨大抛物面天线顶在探测器头上，下面是个十面环形主体骨架，高 0.47 m，直径 1.78 m。环舱里面固定着球形推进剂储箱，它的四周安装着各种电子设备。环舱外壁是控制温度的百叶箱，它为电子设备舱提供温度和湿度恒定的工作环境。环舱外面安装着 16 个以肼为燃料的小发动机。它们能产生为实现三轴稳定所需的动力，用于保持探测器的飞行姿态。此外，它们还能提供一定的速度增量，使探测器改变航行轨道。

探测器有两个外伸支臂。长支臂长 13 m，从其中央到左端安装着磁强计。短臂长 2.3 m，臂端由一个电机驱动。在可绕两轴转动的扫描平台上安装着探测器的主要科学探测仪器：电视摄像机、红外辐射探测仪、光偏振计、紫外分光计和等离子体探测器等。扫描平台由计算机控制，任务是使平台上各种仪器都能准确地对准目标。此外，探测器还有两根长度为 10 m 的鞭状天线和一组放射性同位素温差电池。

"旅行者2号"有先进的通信分系统、计算机指令分系统和能源分系统。其中，通信分系统由发射机、接收机、程序可控飞行数据系统、数据存储及高、低增益天线组成，它担负着探测器与地球站通信联络的重任。

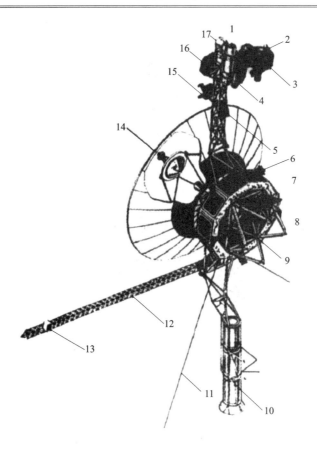

1—窄角电视摄像机;2—紫外分光计;3—红外干涉仪、分光计和辐射计;4—光偏振计;
5—低能带电粒子检测器;6—肼喷管(6个);7—电子设备舱;8—科学仪器,校准板和并联辐射器;
9—推进燃料(肼)箱;10—放射性同位素热电发电机(3个);11—行星际射电天文和等离子体波天线;
12—可伸展臂;13—磁强计(4个);14—高增益定向天线;15—宇宙射线检测器;
16—等离子体探测器;17—广角电视摄像机

图 4-20 "旅行者 2 号"结构简图

思 考 题

1. 卫星一般由哪些部分组成？各有什么用途？
2. 卫星的结构材料有哪些？各有什么优缺点？
3. 卫星的姿态控制主要包括哪三种方式？分别具有什么特点？
4. 载人飞船的构造通常由几部分组成？各部分的主要功用是什么？
5. 美国航天飞机由哪几部分组成？各部分的主要功用是什么？
6. 美国为什么让航天飞机全部退役？
7. 简述空天飞机的优点和缺点。
8. 空间站的主要用途有哪些？
9. 空间站必须具有哪些功能及系统？
10. 舱段式空间站各个舱段的用途是什么？

第 5 章 航天飞行器动力

为飞行器提供动力,推动飞行器前进的装置称为动力系统或动力装置,简称发动机。发动机的性能对飞行器性能起着至关重要的作用,人们常把它比喻为飞行器的"心脏"。自从飞机问世以来,先后有活塞式发动机、涡轮喷气发动机,而航天器的主要动力装置是火箭发动机。

火箭推进系统可以由单台或多台火箭发动机构成。目前,广泛应用的火箭发动机几乎全部采用化学推进剂作为能源。推进剂在发动机燃烧室中燃烧生成高温燃气,通过喷管膨胀高速喷出,产生反作用力,为飞行器提供飞行所需的主动力和各种辅助动力。

火箭发动机主要特点如下:

(1) 火箭发动机的工作过程不需要大气中的氧气,因此可以在距离地面任意高度工作。由于外界大气的压力随高度的增加而减小,火箭发动机的推力也随飞行高度的增加而增大,到大气层外推力达到最大。火箭发动机是目前航天飞行唯一的动力装置。

(2) 火箭发动机的推力是依靠自身携带的推进剂在燃烧室燃烧喷射出的高速燃气流产生的,因此,它的推力大小不受飞行速度的影响。

(3) 火箭发动机在高温、高压和高飞行速度的恶劣条件下工作,要求特殊的材料和结构形式来保证其可靠地工作。因此,和其他类型的发动机相比,火箭发动机的体积小、质量也轻。

(4) 火箭发动机的推进剂包括燃烧剂和氧化剂,相对于其他利用空气助燃的发动机(只消耗燃料)来说,其推进剂的消耗量要大得多。因此,采用高能推进剂,减少推进剂消耗,降低结构质量,始终是火箭发动机研制中要解决的重要问题。

按形成喷气流动能的能源不同,火箭发动机可分为化学火箭发动机和非化学火箭发动机两大类。化学火箭发动机可分为固体火箭发动机、液体火箭发动机、固液混合火箭发动机。非化学火箭发动机可分为电火箭发动机、核火箭发动机、太阳能火箭发动机。

图 5-1 所示为美国 RS-68 火箭发动机,图 5-2 所示为欧洲 Viking 5C 火箭发动机。

5.1 化学火箭发动机

化学火箭发动机是目前技术最成熟、应用最广泛的火箭发动机。化学火箭发动机主要由燃烧室和喷管组成,化学推进剂既是能源也只工作介质,它在燃烧室内将化学能转化为热能,生成高温燃气经喷管膨胀加速,将热能转化为气流动能,以高速(1 500~5 000 m/s)从喷管排出,产生推力。

化学火箭发动机按推进剂的物态分为固体火箭发动机、液体火箭发动机和固液混合火箭发动机。固体火箭发动机的推进剂采用分子中含有燃料和氧化剂的有机物胶状固溶体(双基推进剂)或几种推进剂组元的混合物(复合推进剂),直接装在燃烧室内,结构简单、使用方便、能长期储存处于待发射状态,适用于各种战略和战术导弹。液体火箭发动机使用常温液态的可储存推进剂和低温下呈液态的低温推进剂,具有适应性强、能多次启动等特点,能满足不同运载火箭和航天器的要求。固液混合火箭发动机是介于固体和液体火箭发动机之间的一种推

图 5-1 美国 RS-68 火箭发动机

图 5-2 欧洲 Viking 5C 火箭发动机

进系统,从性能上说,固液混合火箭发动机的比推力高于固体火箭发动机,低于高能液体发动机,与可储存的液体发动机相当。从系统和结构来说,这种火箭发动机的优点是简单紧凑,缺点是燃烧效率低,推进剂混合比不易控制,调节推力时能量损失较大。

5.1.1 固体火箭发动机

1. 固体火箭发动机的构造和原理

固体火箭发动机为使用固体推进剂的化学火箭发动机。固体推进剂有聚氨酯、聚丁二烯、端羟基聚丁二烯、硝酸酯增塑聚醚等。

固体火箭发动机由药柱、燃烧室、喷管组件和点火装置等组成。图 5-3 为固体火箭发动机结构示意图。

药柱是由推进剂与少量添加剂制成的中空圆柱体(中空部分为燃烧面,其横截面形状有圆形、星形等)。药柱一般采取浇铸的办法充填到燃烧室内成型,其几何形状由专门的模具保证,称为贴壁浇铸式;也可以预先制成药柱,然后充填装配到燃烧室内,称为自由装填式。药柱燃烧完毕,发动机便停止工作。

燃烧室壳体是储存药柱并供其燃烧的组件,通常燃烧室还是火箭箭体结构的组成部分。发动机工作时,燃烧室须承受 2 500～3 500 ℃的高温和 102～214 MPa 的高压力,而且一般不采取冷却措施,所以须用高强度合金钢、钛合金或复合材料制造,金属壳体通常为整体焊接或旋压成型,复合材料壳体则为整体缠绕或编织成型。壳体内壁敷设具有良好抗烧蚀和隔热性能的绝热层,对于贴壁浇铸式药柱的燃烧室,往往在绝热层内壁还喷涂一层衬层,以增强绝热层与药柱间的黏接力。

点火装置用于点燃药柱,通常由电发火管和火药盒(装黑火药或烟火剂)组成。通电后由

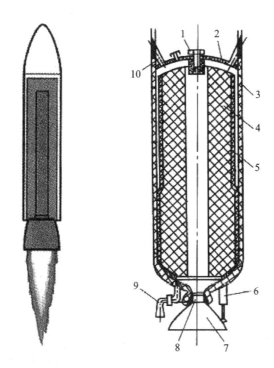

1—点火装置；2—前盖；3—燃烧室壳体；4—药柱；5—药柱包层；6—喷管摆动机构；
7—喷管；8—喷管喉部；9—侧面喷管；10—推力终止装置

图 5-3　固体火箭发动机结构示意图

电热丝点燃黑火药，再由黑火药点燃药柱。点火装置一般置于燃烧室头部，也有置于药柱中间或末端的。大型固体火箭发动机的点火装置本身就是一个小型固体发动机，称为点火发动机。

喷管除使燃气膨胀加速产生推力外，为了控制推力方向，常与推力向量控制系统(燃气舵、致偏环和摆动喷管及其伺服控制机构)组成喷管组件。由于固体火箭发动机不采取冷却措施，故为了承受高温高速气流的冲刷，喷管喉衬和入口段采用整体的碳-碳复合材料，出口锥段采用碳纤维或高硅氧纤维编织或缠绕成型的复合材料。为充分利用空间，缩短长度，大多数固体发动机采用潜入式喷管，即喷管的一部分伸入燃烧室内。

火箭发动机喷管属于收敛-扩散型喷管(拉瓦尔- DeLaval 喷管)，由入口段(收敛段)、喉部(喉衬)、出口锥(扩散段或扩张段)构成，它的作用是将燃烧产物的热能转换为高速射流的动能从而产生推力。扩张比，也就是喉部和喷口的面积比，直接影响到发动机的性能，设计良好的喷管对于发动机的性能有很大影响。此外，和液体发动机采用冷却喷管不同，固体发动机采用烧蚀喷管，喷管内壁涂有烧蚀材料，通过材料的烧蚀蒸发吸收热量，防止喷管过热烧毁。一般来说，发动机喷管扩张段都采用钟形喷管。

固体推进剂进入燃烧以后，一般不容易自动熄火。为了满足制导精度的要求，固体发动机必须有实现推力终止的装置，一般在燃烧室前端设置一些特制的窗口或反向喷管，并带有一套能同步打开的机构。当火箭按规定完成主动段飞行，达到规定速度时，控制系统发出指令，立即打开窗口，突然降压，使装药熄灭。反向喷管打开瞬间，还会产生反向推力，使发动机推力迅速平衡消失。

固体火箭发动机与液体火箭发动机相比较,具有结构简单,推进剂密度大,推进剂可以储存在燃烧室中常备待用和操纵方便可靠等优点。缺点是比冲小(也叫比推力,是发动机推力与每秒消耗推进剂质量的比值,单位为秒)。固体火箭发动机比冲为250~300 s,工作时间短,加速度大,导致推力不易控制,重复启动困难。

固体火箭发动机主要用作火箭弹、导弹和探空火箭的发动机,以及航天器发射和飞机起飞的助推发动机。

固体火箭发动机的固体推进剂配方及成型工艺、喷管设计及采用材料与制造工艺、壳体材料及制造工艺是最为关键的环节,直接影响固体发动机的性能。固体发动机的性能主要看推力和比冲两方面,对于有特殊要求的(如弹道导弹或是反导拦截弹用发动机)发动机,还会追求速燃性能。

固体发动机壳体使用的材料经过了从高强度金属(超高强度钢、钛合金等)到先进复合材料,再到高性能碳纤维的演进。不过对于航天发射来说,固体火箭发动机并不过于追求壳体的质量减小,所以很多固体火箭仍然在使用高强度钢作为壳体,如图5-4所示的印度GSLV火箭(对地静止卫星运载火箭)使用的S-125助推器,使用M250型高强度钢。轻质高强度碳复合材料,主要用于弹道导弹,尤其是第三级发动机。

图5-4 印度GSLV火箭

2. 固体推进剂

固体火箭发动机所使用的固体推进剂由氧化剂、燃料和其他添加剂混合组成。氧化剂和燃料是基本成分。添加剂含量虽少,但种类繁多,功能各异,有调节燃速的催化剂和降速剂,改善燃烧性能的燃烧稳定剂,改善储存性能的防老化剂,改善力学性能的增塑剂,以及改善工艺性能的稀释剂、润滑剂、固化剂和固化阻止剂等。对固体推进剂的基本要求如下：
- 密度比冲高。
- 燃烧性能良好。
- 力学性能和工艺性能优良。
- 化学稳定性良好，生产、使用安全，能长期储存。
- 原料来源丰富，生产成本低廉。

固体推进剂按能量可以分为低能、中能、高能推进剂，比冲大于 2 450 N/s/kg(250 s)为高能，比冲为 2 255 N/s/kg(230 s)～2 450 N/s/kg 为中能，比冲小于 2 255 N/s/kg 为低能；按特征信号分为有烟推进剂、微烟推进剂、无烟推进剂。一般地，无烟推进剂相对于有烟推进剂，会有不小的比冲损失。按材料配方组合可以分为单基推进剂、双基推进剂和复合推进剂。单基推进剂由单一化合物组成，如火棉，比冲太低已经不适用。双基推进剂由火棉或硝化甘油和一些添加剂组成，比冲仍然不足，应用不多。复合推进剂是单独的燃烧剂和氧化剂材料组合而成，以液态高分子聚合物黏合剂作为燃料，添加结晶状的氧化剂固体填料和其他添加剂，融合凝固成多相物体。为提高能量和密度，还可加入一些粉末状轻金属材料作为可燃剂，如铝粉。复合推进剂通常以黏合剂燃料的化学名称来命名，如 HTPB（端羟基聚丁二烯），氧化剂主要采用高氯酸盐，如高氯酸铵。复合推进剂一般都浇筑而成，是固体推进剂的绝对主流。此外，还有改性双基推进剂，包括复合改性双基推进剂（CMDB）和交联改性双基推进剂（简称XLDB）两类。在双基推进剂的基础上大幅降低基本组分火棉和硝化甘油的比例，加入高能量固体组分，如氧化剂高氯酸盐和燃料铝粉等，则为复合改性双基推进剂，再加入高分子化合物作为交联剂，就成了交联改性双基推进剂。交联改性双基推进剂中的 NEPE（硝酸酯增塑聚醚）是实用的比冲最高的固体推进剂。

5.1.2 液体火箭发动机

1. 液体火箭发动机的构造和原理

液体火箭发动机是指液体推进剂的化学火箭发动机。常用的液体氧化剂有液态氧、四氧化二氮等，燃烧剂有液氢、偏二甲肼、煤油等。氧化剂和燃烧剂必须储存在不同的储箱中。

液体火箭发动机一般由推进剂储存箱、推进剂流量控制系统、推力室和冷却系统等构成，如图 5-5 所示。

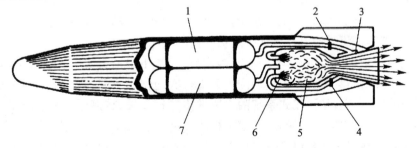

1—燃烧室储存箱；2—燃烧剂流量控制器；3—喷管；4—氧化剂流量控制器；
5—燃烧室；6—喷注器；7—氧化剂储存箱

图 5-5 液体火箭发动机的构成

推力室是将液体推进剂的化学能转变成推力的重要组件。它由推进剂喷注器、燃烧室、喷管等组成。推进剂通过喷注器注入燃烧室,经雾化、蒸发、混合和燃烧等过程生成燃烧产物,以高速($2\,500\sim5\,000$ m/s)从喷管中冲出而产生推力。燃烧室内压力可达 200 个大气压(约 200 MPa)、温度 $3\,000\sim4\,000$ ℃,故需要冷却。

燃烧室通常为球形、椭球形或圆筒形,前端与喷注器、后端与喷管焊接成一体。燃烧室内外壁构成不同形式的冷却夹套,推进剂中的一种组元(一般是燃烧剂)在进入喷注器之前先作为冷却剂从冷却夹套通过,带走高温燃气传给内壁的热量,然后再进入喷注器。这种冷却方式冷却剂吸收的热量没有被浪费,而是增加了推进剂本身的能量,所以称为再生式冷却。常见的冷却夹套形式有波纹板式和管束式。波纹板式冷却夹套的燃烧室在内外壁之间夹一层波纹板,波纹板和内外壁钎焊成一体,冷却剂从波纹板和内外壁间的纵向通道流过。管束式冷却夹套的燃烧室由多根弯成类似推力室母线形状的薄管钎焊组成,外壁加箍以增加承载能力,每根管子构成一个冷却通道。前者结构简单,整体性好;后者质量轻,但工艺复杂。

再生式冷却是液体火箭发动机壳壁的主要冷却方式,但当热量很大、壳壁的某些部位仅用再生式冷却不能满足要求时,可以在内壁喷入冷却用的推进剂,使壁面形成冷却液膜以降低壁面温度,这被称为薄膜冷却方式。另外,对于小推力的姿态控制发动机,通常也不采用再生式冷却,而是采用高熔点的铌、钼合金旋压成型,内壁喷涂耐高温的防热涂层,同时采用薄膜冷却方式。

喷管为收缩-扩张的拉瓦尔喷管,和燃烧室组成整体式结构,并与燃烧室一起采用一体式的再生式冷却。从工艺上考虑,拉瓦尔喷管的收缩段和燃烧室组合在一起形成平滑过渡。在拉瓦尔喷管的临界截面和扩散段,气流膨胀加速形成超声速喷流。为减少流动损失,临界截面附近也应平滑过渡。

对于使用非自燃推进剂的发动机,推力室还设有点火装置。一般采用电火花塞、火药点火器或用自燃燃料作为点火能源。

推进剂供应系统是液体火箭发动机中将推进剂由储箱输送到燃烧室的所有装置的总称。常用的推进剂供应系统有挤压式和泵压式两种。

挤压式供应系统利用高压气体的压力,将推进剂由储箱经过管路、阀门、喷注器送入燃烧室。图 5-6(a)为挤压式供应系统的工作原理简图,主要由高压气瓶和减压器等组成。高压气瓶内填充高压氮气、高压氦气等,压力一般在 30 MPa 左右。经减压器将压力降低到 $3.5\sim5.5$ MPa 后分别进入燃料剂储箱和氧化剂储箱,燃烧剂和氧化剂在气体的挤压下分别由各自的管路经主活门和喷注器进入燃烧室。在失重条件下工作的发动机,储箱内的推进剂通常装在弹性囊内,通过气体挤压弹性囊以保证推进剂的连续供应。

挤压式供应系统结构简单可靠,容易实现多次启动,常用于推力不大、工作时间较短的战术导弹以及可靠性要求高又需要多次启动的航天飞行器;但高压气瓶质量较大,同时储箱内压力高,结构质量相对也较大,是挤压式系统的主要缺点。近年来,高强度轻合金以及轻型复合材料高压容器的出现,缓和了这一矛盾,扩大了挤压式供应系统的应用范围。

泵压式供应系统利用涡轮泵将推进剂输送到发动机燃烧室,大推力、工作时间较长的运载火箭多采用这种供应方式。图 5-6(b)为泵压式供应系统的工作原理简图,该供应系统主要由涡轮泵、燃气发生器、火药启动器等组成。涡轮泵是涡轮和泵的组合装置,还包括轴承、齿轮箱和密封件等。涡轮由燃气发生器生成的燃气驱动,通过齿轮箱减速带动氧化剂泵和燃烧剂

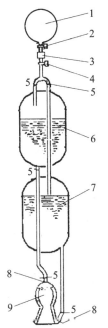

1—高压气瓶；2—高压爆破活门；3—减压器；
4—低压爆破活门；5—隔膜；6—燃烧剂储箱；
7—氧化剂储箱；8—流量控制板；9—燃烧室

(a) 挤压式供应系统

1—燃烧剂储箱；2—氧化剂储箱；3—增压活门；
4—涡轮；5—齿轮箱；6—氧化剂泵；7—燃烧剂泵；
8—主活门；9—推力室；10—燃气发生器；
11—蒸发器；12—火药启动器

(b) 泵压式供应系统

图 5-6 液体火箭发动机的两类供应系统

泵工作。氧化剂和燃烧剂经过各自的泵增压后，由各自的管路通过主活门和喷注器进入燃烧室。

燃气发生器的结构与发动机的燃烧室相似，可以直接从氧化剂泵和燃烧剂泵的出口处抽取一定比例的推进剂在发生器内燃烧产生驱动涡轮的燃气。涡轮启动前是不能给燃气发生器提供推进剂的，还需要靠火药启动器来启动。火药启动器是使用固体推进剂的燃气发生器，点火器将固体推进剂点燃生成燃气驱动涡轮，工作时间很短，仅用于发动机的启动。

为了避免在泵的入口处出现气穴，推进剂储箱在工作时需要保持一定的压力。可以用高压气瓶作为增压气源，也可以从燃气发生器中抽取一部分燃气降温后作为增压气源。对采用低温推进剂的发动机，还可以将低沸点的推进剂从泵后分流小部分经蒸发器气化供储箱增压。

泵压式供应系统对推进剂储箱压力要求不高，一般仅为 0.3~0.5 MPa，因而结构总质量相对较小，容易达到长时间工作的设计要求。缺点是系统结构比较复杂，实现多次启动比较困难。因此，适合于推力大、工作时间长的短推进系统。

发动机控制系统的功用是对发动机的工作程序、工作参数和安全进行调节和控制。

工作程序包括发动机启动、工作、关机三个阶段。对工作程序的控制通常由飞行器的控制系统按预置好的程序向发动机液路和气路上的阀门发出打开或关闭的指令来实现。阀门按动力源的不同有电爆阀门、气动阀门、液压阀门和电磁阀门等。

发动机的启动阶段一般在点火前就已进入程序，如储箱的增压、低温发动机的吹除、预冷等。启动指令发出后，为使启动平稳过渡到主级工作阶段的过程中不出现过大的压力峰，并可保证燃烧稳定和启动加速性等要求，必须准确地控制推进剂两种组元进入推力室和燃气发生器的顺序和时间。对非自燃的推进剂还要控制点火的顺序和时间。对大推力发动机，为避免推力增加过快引起过大的冲击和振动，常采取分级启动，即推进剂阀门先打开一部分，启动正常后再全部打开。多机并联的发动机则采取依次对称启动的程序。

发动机启动后进入主级工作阶段，主要要求准确控制预定的工作时间和保证工作参数的稳定性。

最后是关机阶段。关机指令发出后，发动机推力并不立即消失，还存在后效冲量。后效冲量及其偏差会影响入轨精度，所以通常采取分级关机的程序，即先将推力逐渐降低，然后再完全关机。这样做不仅可以减小后效冲量及其偏差，还有助于减小关机过程对管路的冲击。在关闭输送系统阀门的程序中，通常先关氧化剂阀门，后关燃烧剂阀门，以防止推力室和燃气发生器中出现富氧燃烧而造成损坏。

发动机工作参数的控制主要是推力控制和推进剂混合比控制。采用挤压式供应系统的发动机可通过调节储箱的压力来控制推力。泵压式供应系统则通过控制涡轮的功率来控制推力。

推进剂混合比控制对保证发动机正常工作、推进剂的充分利用和推力稳定具有重要的作用。混合比控制一般由装在推进剂主管路上经过校准的孔板来实现。这种方法结构简单可靠，得到广泛的应用。对于小推力的发动机还可以采用混合比调节器。此外，还广泛应用推进剂利用系统，即由储箱内的液位传感器、箭上计算机和阀门组成闭环控制系统，随时测量氧化剂和燃烧剂的实际消耗量，由计算机算出实际混合比和预定设计值的偏差，发出相应的修正控制信号来改变阀门的开启度，随时调整组元的流量和混合比。

为了防止由于飞行器或发动机工作不正常而造成地面设备损坏或人员伤亡，发动机上通常装有备份装置、紧急关机指令装置和自毁装置。

液体火箭发动机的优点是比冲高（250～500 s），推力范围大（单台推力为 $1 \sim 7 \times 10^6$ kN）、能反复启动、能控制推力大小、工作时间较长等。液体火箭发动机主要用作航天器发射、姿态修正与控制、轨道转移等。

液体火箭发动机是航天发射的主流，构造上比固体发动机复杂得多。图 5-7 所示的美国"战神"火箭的 J-2X 发动机就具备 2 个火药点火器实现 2 次启动功能。我国的 YF-73（见图 5-8）和 YF-75 也都安装了 2 个火药点火器，具备了 2 次启动能力。燃烧室是液体燃料和氧化剂燃烧膨胀的地方，为了获得更高的比冲，一般具有很高的压力，即使是普通的发动机，通常也有数十个大气压之高的压力。图 5-9 所示苏联的 RD-180 火箭发动机，燃烧室压力更是高达 250 多个大气压。高压下的燃烧比之常压下更为复杂，同时随着燃烧室体积的增加，燃烧不稳定情况越来越严重，解决起来也更加麻烦，根本没有可靠的数学模型分析燃烧稳定性问题，主要靠大量的发动机燃烧试验来解决。图 5-10 所示的美国"土星 5 号"火箭的 F-1 火箭发动机进行了高达 20 万秒的地面试车台燃烧测试；图 5-11 所示的苏联"能源"号火箭的 RD-170 火箭发动机，也进行了 10 多万秒的地面试车台燃烧测试，在反复的燃烧测试中不断优化发动机各项参数，缓解不稳定燃烧现象。不过，室压低、推力较小的发动机，不稳定燃烧现象很不明显。不稳定燃烧是制约液体发动机推力增加的主要问题之一。液体火箭发动机燃烧室使用液体燃料或氧化剂冷却，在它们进入燃烧室前，先流过燃烧室壁降温。液体发动机的喷管同样是拉瓦尔喷管，扩张段一般都是钟形，不过采用冷却式喷管，由液体燃料或氧化剂降温。

图 5-7 J-2X 火箭发动机

图 5-8 YF-73 火箭发动机

图 5-9 RD-180 火箭发动机

图 5-10 F-1 火箭发动机

液体发动机燃料输送分为 4 种方式：挤压循环、燃气发生器循环、分级燃烧循环、膨胀循环。

挤压循环利用高压气体经减压器减压后进入氧化剂、燃烧剂储箱，将其分别挤压到燃烧室中，受制于储箱的材料，不可能做到多大压强，因此只用在小型低性能的发动机上。

燃气发生器循环中，一部分燃料和氧化剂流过一个燃气发生器，燃烧后推动燃料泵和氧化剂泵运转，燃料泵和氧化剂泵则把燃料压倒燃烧室中，预燃的废气直接排放。初始燃料和氧化剂的流动，有的是通过储箱的挤压，有的是依靠自然的重力引导。

分级燃烧循环又称补燃方式，同样是燃料和氧化剂在预燃器中燃烧，推动燃料泵和氧化剂泵。不同的是，预燃器中的燃气不是直接排放，而是压入燃烧室，避免了燃料和氧化剂的浪费，可以做到更大的比冲。追求高比冲发动机一般都会采用分级燃烧的循环方式，一般燃烧室压力要比燃气发生器循环高得多，又称高压补燃方式。

膨胀循环是燃料或是氧化剂流过燃烧室壁和喷管壁，在那里冷却燃烧室和喷管的同时，自身升温而具有更大压力，推动燃料泵和氧化剂泵运转。显然燃气发生器和分级燃烧的循环同样会流经这些高温部位，但是却加以预燃器高压燃气的驱动，可以做到大得多的推力。膨胀燃烧循环的发动机一般具有很高的比冲，在其他条件相同时，具有最高比冲，不过推力很难做大。图 5-12 所示为美国的 RL10-B-2 火箭发动机，具有已用液体发动机中最高的比冲 465.5 s，但推力只有约 110 018.72 kN。

图 5-11　RD-170 火箭发动机　　　　图 5-12　RL10-B-2 火箭发动机

2. 液体推进剂

说到液体发动机，循环方式、燃烧室室压和喷管设计固然影响比冲，但是最影响发动机比冲的却是液体推进剂。选择推进剂应从性能、价格、储存、运输、使用等多种因素进行考虑。理想的推进剂应当具有以下特点：

- 能量特性高，即比冲和密度比冲高。密度比冲是推进剂密度与其比冲的乘积，表示单位容积推进剂在单位时间内所产生的推力。这项指标直接影响飞行器的尺寸和起飞质量。
- 使用性能好，包括推进剂的物理、化学稳定性，冷凝点和饱和蒸气压，对外界环境要求，储存运输要求,机械敏感度,热稳定性,材料相容性和毒性等。
- 经济性好,包括原材料来源、价格和生产使用全过程的成本等。
- 从推力室的再生冷却需要考虑,推进剂中应有一种组元具有较好的冷却能力,即分解温度高、比热和导热率高。
- 黏度低,表面张力小,以利于供应系统和喷嘴的设计。
- 燃烧性好,燃烧稳定,容易点燃。

液体推进剂一般分为单组元和双组元两类。按储存条件又可分为可储存推进剂和低温推进剂。

液体单组元推进剂在常温下是稳定的,在加压、加热或在催化剂作用下能急剧分解放热,产生大量高温气体。单组元推进剂比冲低,一般仅用于小推力姿态控制发动机或作为涡轮泵的辅助能源。

双组元推进剂由分开储存的液体氧化剂和液体燃料组成。现代液体火箭发动机普遍采用双组元推进剂。双组元推进剂又有自燃和非自燃两种。自燃推进剂的氧化剂和燃烧剂一接触立即自动燃烧,不需要外加点火能源,如四氧化二氮-偏二甲肼推进剂。

某些推进剂在大气压力下具有很低的沸点,称为低温推进剂。常用的有液氧-液氢推进剂等。低温推进剂性能高,但使用和储运时须采取绝热等措施。

与低温推进剂相反,某些液体推进剂在相当宽的温度范围内可长期储存在封闭容器中,称为可储存推进剂,如硝酸、煤油等。这种特性使得它们在武器和空间飞行器上得到广泛应用。

早期的肼类燃料,配合四氧化二氮,真空中最多也只有 300 s 左右的比冲,而且肼类都有剧毒,四氧化二氮腐蚀性也很强,已经逐渐被淘汰。我国的"长征 5 号"等新一代火箭也将在未来几年内淘汰现有肼类燃料。比冲更高一些的是煤油燃料。与肼相比,煤油比冲高得不多,只有 20 s 左右,主要的特色是廉价,同时无毒,很适合液体发动机使用。当前商业火箭公司的发动机,都选液氧煤油发动机就是看中这点。比冲更高些的是甲烷发动机,甲烷是烃类燃料中比冲最高的,比煤油高出不多,同样是 20 s 左右,需要低温存储,体积比煤油大得多,最主要的费用也要高不少,因此少有问津;不过冷战后,各航天国家开始了对甲烷发动机的预研工作。比冲最高的燃料组合是液氢液氧组合,液氢燃料不要说比煤油,就是比肼类都要贵太多,而且储存体积巨大,不过液氢液氧的比冲比液氧煤油高得太多,在真空,普遍可以达到 420 s 以上。对照齐奥尔科夫斯基公式,这意味着可以用少得多的燃料将载荷送入轨道。不过由于液氢昂贵,早期主要是在火箭的上面级(第一级以上称上面级)使用液氢燃料。随着技术的进步,液氢价格降低,新一代火箭第一级也普遍采用液氢燃料,如日本的 H-2A,欧洲的"阿里安 5 号"等,我国的"长征 5 号"火箭第一级也采用液氢燃料。美国更是出现了助推器也采用液氢燃料的大型火箭"德尔塔 4 号"火箭,其性能十分优越。

5.1.3 固液混合火箭发动机

固液混合火箭发动机是采用液体氧化剂和固体燃料的混合火箭发动机,主要由液体氧化剂供给系统和发动机主体系统组成,如图 5-13 所示。挤压式氧化剂供给系统由高压气瓶、压力调节器、推进剂储箱和流量调节阀组成,发动机主体系统由液体氧化剂喷注器平板、固体推进剂药柱、发动机壳体和喷管组件等组成。

发动机启动时,高压气瓶中的高压气通过减压器降至所需的压力后进入氧化剂箱,受挤压

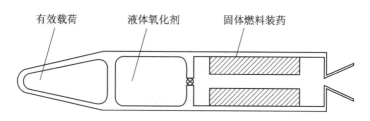

图 5-13　固液混合火箭发动机结构示意图

的液体氧化剂进入燃烧室,经喷注器雾化喷射到固体药柱的内侧燃烧面上,点燃固体药柱燃烧生成高温高压气体,通过喷管膨胀加速以超声速流喷出产生推力。

固液组合推进剂一般采用固体燃烧剂和液体氧化剂组合。这是因为液体氧化剂的密度比液体燃烧剂大,用液体氧化剂与固体燃烧剂的组合有利于提高平均密度比冲,而且固体氧化剂都是粉末状,要单独制成具有一定形状和机械强度的药柱比较困难。固体燃烧剂一般都选用含有少量氧化剂的贫氧燃烧剂,而避免使用纯燃烧剂,这样有利于工艺成型并有利于点火和燃烧。

固液组合推进剂的燃烧过程与固体推进剂药柱的燃烧过程不同。固体药柱内同时包含氧化剂和燃烧剂,燃烧过程在固态间开始进行,燃烧反应在贴近药柱表面的气体层内就完成了;而在固液混合火箭发动机内,固体组元只有燃烧剂(或含少量氧化剂),基本没有固相反应,燃烧过程首先由燃烧区放出的热量使固体药柱表面加温气化,然后与液体组元的蒸气混合才进入燃烧反应。一般固体药柱的气化速度不高,为满足一定的流量要求,设计上要求药柱的气化面积(相当于固体发动机的燃烧面)要大,而药柱的厚度不一定很大。为了使气化表面的气体组元与液体组元蒸气混合均匀和燃烧完全,通常在燃烧室内装扰流器。

固液混合火箭发动机的主要性能优于固体火箭发动机和液体火箭发动机,其特点如下:
- 综合性能好,其比冲比固体发动机高(接近液体火箭发动机),平均密度比冲比液体发动机高。
- 结构相对简单,虽然比固体发动机多一个液体输送系统,但可以利用液体组元冷却喷管和燃烧室,而总体结构比液体发动机简单。
- 可以方便实现多次启动、关机和推力调节。

固液混合火箭发动机可用于运载火箭主推进、助推级、上面级、亚轨道飞行器、先进轨道转移系统的动力装置,应用前景十分广泛。但其固体燃料燃速较低、装填密度低、燃烧效率低、氧燃比会发生变化,这就需要在设计固液混合火箭发动机时采用必要措施来提高发动机性能。

固液混合火箭发动机已有 70 多年的历史了。20 世纪 30 年代就有了试验性的研究。进入 20 世纪 80 年代中期,一方面由于商业竞争的日趋激烈,低成本火箭的发展显得格外的重要;另一方面,1986 年 1 月 28 日"挑战者"号和 1986 年 4 月 18 日"大力神 3 号"运载火箭的固体助推器出现故障引起爆炸,这也引起了美国国家航空航天局的注意,之后试图用固液推进剂来代替单一的固体推进剂,从而使固液混合发动机的研究日益增强。

我国固液混合火箭发动机的研究起步较晚,于 20 世纪 50 年代末首先由中科院大连化物所起步对混合发动机进行研究,到 60 年代末转到航天四院继续开展研制工作。后来,中科院力学所、国防科技大学也进行了相关研究。当前开展固液混合火箭发动机研究的单位有中国航天科技集团、中国航天科工集团、北京航空航天大学、国防科技大学等有关单位。

5.2 非化学火箭发动机

除了前面介绍的化学火箭发动机外,还有不依靠化学反应产生的能源工作的发动机,称为非化学火箭发动机。它们的推进系统的工质和能源往往是分开的独立系统,例如电火箭发动机,其能源是电,作为推进工质的气体依靠电能获得动能而加速。近年来,由于航天器姿态控制、轨道保持和星际航行等要求高比冲、长时间工作的推进系统,而常规化学火箭发动机的发展已趋于极限,因而非化学火箭发动机受到普遍的重视。

目前,非化学火箭发动机有电火箭发动机、核火箭发动机、太阳能火箭发动机三大类。

5.2.1 电火箭发动机

电火箭发动机是利用电能加速工质,形成高速射流而产生推力的火箭发动机。与化学火箭发动机不同,这种发动机的能源和工质是分开的。电能由飞行器提供,一般由太阳能、核能、化学能经转换装置得到。工质有氢、氮、氩、汞、氨等气体。

电火箭发动机由电源、电源交换器、电源调节器、工质供应系统和电推力器组成。电源和电源交换器供给电能;电源调节器的功用是按预定程序启动发动机,并不断调整电推力器的各种参数,使发动机始终处于规定的工作状态;工质供应系统则是储存工质和输送工质;电推力器的作用是将电能转换成工质的动能,使其产生高速喷气流而产生推力。

按加速工质的方式不同,电火箭发动机有电热火箭发动机、静电火箭发动机和电磁火箭发动机三种类型。

1. 电热火箭发动机

如图 5-14 所示,电热火箭发动机利用电能加热(电阻加热或电弧加热)工质(氢、胺、肼等),使其气化,经喷管膨胀加速后,由喷口排出而产生推力。

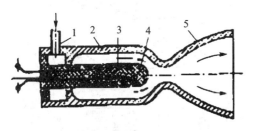

1—工质入口;2—加热室;3—加热元件;
4—加热元件支架;5—喷管

(a) 电阻加热方式

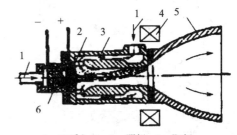

1—工质入口;2—阴极;3—阳极;
4—磁绕组;5—喷管;6—螺纹衬套

(b) 电弧加热方式

图 5-14 电热火箭发动机示意图

电阻加热方式的电热火箭发动机,受金属电热丝熔点的限制(如钨的熔点为 3 650 K),工质温度一般低于 3 000 K,所以比冲不可能提高,一般在 3 000 m/s 左右。电弧加热方式不受电热丝熔点的影响,工质温度可高达 5 000~10 000 K,比冲可达 6 000~16 000 m/s,但热损失大,效率只有 40% 左右。电热火箭发动机的推力一般为 0.01~0.1 N。

2. 静电火箭发动机

静电火箭发动机的工质(汞、铯、氢等)从储箱输入电离室被电离成离子,然后在电极的静电场作用下加速成高速离子流而产生推力,如图5-15所示。

发动机工质的中性粒子从储箱输出后进入电离室被分解为正、负离子,带正电的离子在聚焦电极和加速电极静电场的作用下被加速成离子射束。在出口处离子射束与中和器发射的电子耦合成中性的高速射流,喷射而产生推力。

静电火箭发动机在理论上没有受热问题,比冲可高达85 000~200 000 m/s,效率也比较高。但在空间条件下,要保证出口离子束的稳定和中和,建立能可靠提供数万伏电压的电源,还存在许多技术上的困难。

3. 电磁火箭发动机

电磁火箭发动机是利用电磁场加速被电离工质(氢、氦、氩、锂蒸气等)在高温条件下电离成具有导电性的中性等离子体,载流等离子体在磁场的作用下产生洛伦兹力,使等离子体加速喷出产生推力。

电磁火箭发动机有自身感应磁场和外加磁场2种构造形式,二者工作原理相同,仅构造和性能有所差异。图5-16为自身磁场式电磁发动机原理示意图。电流从环形阳极流向中心圆柱形阴极,工质从燃烧室后部进入,随机被电离加速。等离子体内轴向电流分量 J_z 感应产生自身磁场 B_θ; B_θ 和径向电流分量 J_r 互相作用,产生轴向的洛伦兹力 f_z 使等离子体加速产生推力。目前,电磁火箭发动机的比冲可达50 000~250 000 m/s,推力5 MN左右,效率25%左右。

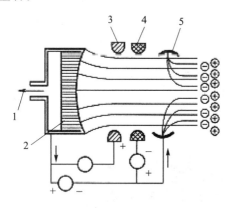

1—工质;2—电离室;3—聚焦电极;
4—加速电极;5—中和器

图5-15 静电发动机原理图

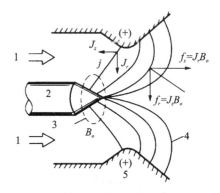

1—工质;2—阴极;3—磁场;
4—电流流线;5—阳极

图5-16 自身磁场式电磁发动机

电火箭发动机克服了目前化学火箭发动机的能量限制,为星际探测和长寿命卫星提供了新的推进手段。但它的结构比化学火箭复杂,可靠性差,应用还不是很广泛,仅适用于航天器的姿态控制、位置保持。随着科学技术的不断发展,特别是超大规模集成电路的使用,将会大大简化发动机电源,提高整个发动机系统的可靠性。此外,太阳能电池转换效率的不断提高,也将为电火箭提供足够的能源,电火箭发动机有望广泛地使用在卫星和空间站上。

5.2.2 核火箭发动机

核火箭发动机又称原子能火箭发动机。它利用核能加热工质,得到高速射流产生推力。根据核能释放方式的不同,可分为裂变型、聚变型和放射性同位素衰变型等。

图 5-17 为固体堆芯式裂变型核火箭发动机的原理图,是最早出现的核火箭发动机。其主要部件包括含铀 235 或铀 239 的浓缩物制成的裂变反应堆,带有反射器的推力室承力壳体,带液氢工质冷却套的喷管,承担液氢输送任务的涡轮泵,以及控制核能释放和工质流量的控制系统等。火箭运行时,液氢流过多孔反应堆,吸收裂变产生的热能,然后经喷管加速排出。由于受到固体核燃料释热元件熔点以及壳体等结构强度的限制,固体堆芯式裂变型核火箭发动机的比冲不是很高(10 000 m/s 左右)。此外,还有气体堆芯式裂变型核火箭发动机,其比冲可达 50 000~100 000 m/s,但还有许多技术上的问题未能解决。

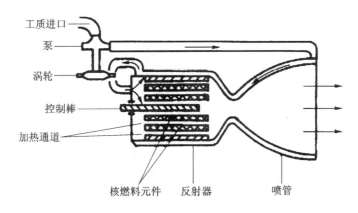

图 5-17 固体堆芯式裂变型核火箭发动机原理图

聚变型核火箭发动机是利用核聚变产生的高能工作的大推力、高推重比的未来先进发动机,将用于单级入轨的大型运载系统,目前都还处于探索研究阶段。

衰变型核火箭发动机是将放射性同位素衰变产生的射线转变成热能,比冲为 2 000~8 000 m/s,适于长时间、低推力(小于 1 N)工作。

美国国家航空航天局表示,火星和更远的太空旅行只能通过使用核火箭技术实现。这种太空船的速度远超传统飞船,缩短了任务的时间,从而减少了航天员暴露在辐射环境的时间。美国航空航天局认为,目前运行在低地球轨道的航天员患致命癌症的风险增加了 3%,这是可以接受的职业限制。"好奇号"火星车的辐射评估探测器数据表明,为期 36 周的火星之旅,日均辐射为 1.8 mSv。航天员乘坐传统飞船往返火星受到的总辐射剂量为 660 mSv,太接近美国航空航天局的职业限制,使任务不可行。一种有效降低航天员太空辐射风险的方法是使用更快的飞船,缩减他们的任务时间。核火箭发动机是一种解决方案。通过反应堆加热氢到很高的温度,通过喷嘴产生推力。美国国家航空航天局认为,核火箭发动机推力是传统化学火箭的两倍以上。美国国家航空航天局已报告成功测试了核能系统的动力转换和散热系统,该系统有望在 2020 年部署在月球。

5.2.3 太阳能火箭发动机

太阳能火箭发动机是利用太阳能加热推进剂,经喷管气动力加速喷射产生推力的,目前还处于实验室研究阶段。设想的太阳能火箭发动机由电推进剂储箱与管理系统、太阳能聚集器、蓄热器与推力室、电源变换器与控制系统组成,如图 5-18 所示。推进剂用液氢。太阳能聚集器由两个充氮气展开的柔性抛物面镀膜聚光镜组成,一个镀透明薄膜,作聚光透镜,另一个镀铝膜,作聚光反射镜,都将太阳光汇聚到蓄热器上。蓄热器由薄壁热交换器、气体膨胀室和喷管组成,并与推力室相连。储箱中的液氢经热交换器气化后进入气体膨胀室,再从喷管高速喷出。这种发动机直接利用太阳辐射能,与电火箭发动机相比,能源利用效率很高。推力可以做到 10 N 数量级,比冲为 9 000~10 000 N·s/kg。它与化学火箭发动机相比具有比冲高、推进剂消耗量小、无污染、经济性能好等优点,同时又比电推进系统产生的推力大,也没有核火箭发动机的核污染问题,适用于大中型航天器的轨道运输和星际航行。

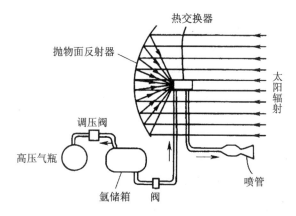

图 5-18 太阳能火箭发动机示意图

思 考 题

1. 火箭发动机的主要特点是什么?
2. 化学火箭发动机按推进剂的物态分为哪三种?各有什么特点?
3. 固体推进剂的基本要求是什么?
4. 液体火箭发动机常用的推进剂有哪些?
5. 试述液体火箭发动机的构造和工作原理。
6. 液体推进剂应具有什么特点?
7. 固体火箭发动机、液体火箭发动机、固液混合火箭发动机各有什么优点?各应用于什么场合?
8. 非化学火箭发动机有哪些?各有什么特点?

第6章 载人航天系统

载人航天是人类驾驶和乘坐载人航天器在太空中从事各种探测、研究、试验、生产和军事应用的往返飞行活动,目的是突破地球大气的屏障和克服地心引力,把人类的活动范围从陆地、海洋和大气层扩展到太空,更广泛和更深入地认识整个宇宙,并充分利用太空和载人航天器的特殊环境进行各种研究和试验活动,开发太空极其丰富的资源。实现载人航天必须有大推力的运载火箭,能够把比较重的载人航天器送上近地轨道;必须有很好的卫星安全返回技术,确保航天员安全返回地面。载人航天器还必须具有良好的环境控制和生命保障系统技术,确保航天员的生命安全。

中国载人航天工程由发射场、运载火箭、航天员、载人飞船、测控通信、空间实验室、空间应用和着陆场八大系统组成,具有一定的代表性。本章将以中国载人航天工程为例,兼顾世界上其他载人航天工程,简要介绍各个系统的主要作用。

6.1 发射场系统

6.1.1 航天发射场概况

航天器发射场是发射航天器的特定区域。场区内有整套试验设施,用以装配、储存、检测和发射航天器,并测量飞行轨道、发送控制指令、接收和处理遥测信息。发射场通常建在人烟稀少、地势平坦、视野开阔、气候和气象条件适宜的地方,并且应考虑所发射方向的主动段航区上没有大城市及重要工程。发射地球静止轨道卫星或小倾角轨道航天器的发射场,宜选择在地球赤道附近或低纬度地区,以减少入轨所需要的推进能量。

图6-1、图6-2所示分别为中国酒泉卫星发射中心发射场和美国肯尼迪航天中心发射场。

6.1.2 航天发射场的组成

航天发射场通常由测试区、发射区、发射指挥控制中心、综合测量设施、勤务保障设施和管理服务部门组成。

1. 测试区

测试区是航天器发射场内进行技术准备的专用区域,设有运载火箭和航天器装配、检测和试验用的整套设施和设备,如图6-3所示。

测试区的组成与运载火箭和航天器的类型、装配方式和发射准备方式有关,主要设施通常有运载火箭装配测试厂房、航天器装配测试厂房、固体火箭装配厂房、供气站、充电站、火工品库、地面设备库以及各种实验室。此外,还会有电力站、通信、给排水、行政办公等设施。

图 6-1 中国酒泉卫星发射中心发射场

图 6-2 美国肯尼迪航天中心发射场

图 6-3 测试区

2. 发射区

发射区是航天器发射场内具有发射设施和发射功能的专门区域。发射区用于进行运载火箭和航天器的发射前准备和发射,一般包括发射装置、发射控制室、加注、供气、供电、通信、消防、瞄准、电视、照相等系统和废液处理设施、避雷装置等。

一个航天器发射场可有一个或几个发射区。发射区的规模取决于发射工位的数目和设施的类型。

图 6-4 所示为我国酒泉卫星发射中心的发射区。

3. 发射指挥控制中心

发射指挥控制中心是对航天器发射试验实施指挥、监控和管理的机构,又称发射控制中心,一般由发射控制室、指挥控制室、安全控制室、计算中心和设备保障室组成。

发射指挥控制中心(见图 6-5)通常建在发射方向的侧方或后方,距发射台数百米至数千米远的地方,有集中和分散两种设置方式,后者是将发射指挥控制中心的各个室设置在相互联

图 6-4 酒泉卫星发射区

图 6-5 发射指挥控制中心

系的两个或两个以上的地点。建筑形式有地下式、半地下式和地面建筑式三种。距发射台较近的发射指挥控制中心,都是具有良好防护能力的圆拱形钢筋混凝土地下建筑物,能承受运载火箭失事爆炸时所产生的冲击波,并有良好的通风设施、应急设施和安全通道。

4. 发射场的其他区域与设备

某些航天器发射场还包括助推火箭或运载火箭的第一级工作完成后的坠落区和再入航天器(如航天飞机的轨道器)或回收舱的着陆(溅落)区。航天器发射场的全部设备分为专用技术设备和通用技术设备。专用技术设备包括运输设备、起重装卸设备、装配对接设备、地面供电设备、地面检测和发射用电气设备、自动控制设备、推进剂储存和加注设备、废气和废液处理设备、发射勤务设备、遥控和监控设备、测量和数据处理设备。通用技术设备有动力、通信、气象、计量、给排水、供气、消防、修理等设备。固体火箭的航天器发射场设有专门的固体火箭装配厂房及其辅助设施。航天飞机发射场还设有轨道器返回着陆设施(如跑道和其他着陆设施),设有轨道器检修、装卸载荷、有毒燃料处理等设施和设备,以便修整后重复使用。

6.1.3 世界重要航天发射场

1. 美国卡纳维拉尔角发射场

卡纳维拉尔角发射场(以下简称"卡角发射场",如图6-6所示)设在美国东海岸佛罗里达州的卡纳维拉尔角。卡纳维拉尔角一带偏僻,人烟稀少,便于保安,自然条件好。该地平均气温为22.5 ℃,8月份最热,全年大部分月份湿度大,平均降雨量为1 041.4 mm,最高海拔高度为3.048 m。

图6-6 美国卡纳维拉尔角发射场

卡角发射场包含肯尼迪航天中心。该中心由美国国家航空航天局(NASA)管辖。这里是美国本土最接近赤道的地区,向东发射火箭,可利用地球自转附加速度,有助于卫星入轨。又在美国的边缘,面临浩瀚的海洋,其东南方向有巴哈马群岛和西印度群岛,适宜于建一系列监控站,是各种航天器理想的发射场所。从美国第一颗人造卫星到举世瞩目的航天飞机,都是从这里启程飞向太空的。卡角发射场囊括了美国所有向地球同步轨道发射的任务,还发射了"阿波罗"飞船、"天空实验室"及各种行星际探测器,是美国航天发射的重要基地。

2. 哈萨克斯坦拜科努尔发射场

哈萨克斯坦拜科努尔发射场(见图6-7)是苏联/俄罗斯最大的航天器和导弹发射试验基地,位于哈萨克斯坦境内的丘拉塔姆地区。发射场东西长约80 km,南北约30 km,向东北方向发射时,可把航天器送入倾角为52°~65°的轨道。为跟踪观测航天器和导弹飞行情况,在沿西伯利亚直到太平洋的一万多千米长度的航线上设有许多测控站。它建于1955年,1957年

10月4日从这里发射了世界上第一颗人造地球卫星"人造卫星1号",开辟了人类航天的新纪元。1961年4月12日,世界上第一艘载人宇宙飞船"东方"号从这里起航,把航天员尤里·加加林送入地球轨道,使他成为人类第一名飞进太空的使者。1967年以后,"联盟"号飞船、"宇宙"号卫星和"礼炮"号空间站也是从拜科努尔发射场发射的。

图6-7 哈萨克斯坦拜科努尔发射场

3. 欧洲库鲁发射场

库鲁发射场(也称圭亚那航天中心)位于南美洲北部法属圭亚那中部的库鲁地区。该地区靠近赤道,占地大约90 600 km^2。在此选场的主要原因是:纬度低,从发射点到入轨点的航程大大缩短,三子级不必二次启动。由于纬度低,故相同发射方位角的轨道倾角小,远地点变轨所需的能量小,增加了同步轨道的有效载荷。此地人口稀少,在90 600 km^{2}的土地上只有5万居民,向北和向东的海面上有一个很宽的发射弧度(其方位角从$-10.5°$向北直到$+93.5°$),空中及海上交通都很方便。另外,库鲁地区虽然靠近赤道,但气候比较温和,年平均气温27 ℃,年平均降雨量3 000~4 000 mm,全年分旱季、雨季,风力不大,处于飓风区之外。航天中心主要由发射场、技术中心、地面测量、气象站、发电厂、液氧工厂以及生活区组成。

库鲁发射场是目前法国唯一的航天发射场,也是欧洲空间局(ESA)开展航天活动的主要场所。库鲁发射场1966年动工兴建,1971年建成,1979年12月"阿丽亚娜"运载火箭在这里首次发射成功。目前,航天中心建有"阿丽亚娜"第一、第二、第三发射场。

图6-8所示为法属圭亚那库鲁发射场。

4. 种子岛发射场

种子岛发射场(见图6-9)位于日本本土最南部种子岛的南端,1974年建成。它在竹崎和大崎有两个发射场地,占地6.8 km^2,拥有发射塔、控制中心、静态点火试车台和火箭与卫星装配车间等技术设施,是日本最大的航天发射场。

日本大多数实验卫星和应用卫星都在这里发射,而相邻的鹿儿岛航天中心主要是发射科学探测卫星。

图 6-8 法属圭亚那库鲁发射场

图 6-9 日本种子岛发射场

6.1.4 我国的航天发射场

1. 酒泉卫星发射中心

酒泉卫星发射中心又称"东风航天城",是中国科学卫星、技术试验卫星和运载火箭的发射试验基地之一,是中国创建最早的综合型导弹、卫星发射中心,也是中国目前唯一的载人航天发射场。

酒泉卫星发射中心始建于1958年,位于内蒙古西部阿拉善盟的额济纳旗西南,其中基地的核心区东风航天城位于内蒙古自治区阿拉善盟额济纳旗境内的巴音宝格德山下,最早的地址在宝日乌拉,1958年为了国防建设,额济纳蒙古牧民约1 386人、500多户,迁往额济纳古日乃和马鬃山地区,为国防建设做出了重大贡献。该地区属内陆及沙漠性气候,地势平坦,人烟稀少,全年少雨,白天时间长,每年约有300天可以进行发射试验。

几十年来,酒泉卫星发射中心创造了中国航天发射史上多项第一。1960年11月5日,这里成功地发射了中国制造的第一枚地地导弹;1966年10月27日,中国第一次导弹核武器试验也在这里试验成功。自1970年4月24日,"长征1号"运载火箭成功发射中国第一颗人造地球卫星"东方红1号"以来,酒泉卫星发射中心用"长征1号""长征2号丙"及"长征2号丁"火箭已成功发射了20多颗科学实验卫星。1975年11月26日,中国第一颗返回式卫星在这里发射成功。1987年8月,酒泉卫星发射中心为法国马特拉公司提供了发射搭载服务,使中国的航天技术从此开始走向世界。1980年5月18日,中国第一枚远程运载火箭也在这里发射成功。1992年10月,酒泉卫星发射中心首次为国际用户执行了发射任务,即利用"长征2号丙"火箭发射中国返回式卫星时搭载发射瑞典空间公司的弗利亚卫星进入预定轨道,获得成功。1999年11月20日,"神舟1号"号试验飞船从这里发射升空,拉开了中国载人航天工程的序幕。此后"神舟"系列飞船、"天宫1号"相继从这里成功发射。其中"神舟10号"载人飞船于2013年6月11日成功发射。

图6-10所示为酒泉卫星发射中心概貌。

图6-10 酒泉卫星发射中心概貌

2. 西昌卫星发射中心

西昌卫星发射中心始建于1970年,1982年交付使用。它是主要承担地球同步轨道卫星的发射任务的航天发射基地,担负通信、广播、气象卫星等试验发射和应用发射任务。西昌卫星发射中心是中国目前对外开放的规模最大、设备技术最先进、承揽卫星发射任务最多、具备发射多型号卫星能力的新型航天器发射中心。发射中心拥有测试发射、指挥控制、跟踪测量、通信、气象、技术勤务保障等系统。发射场区的两个发射工位及技术测试中心、指挥控制中心等配套设施,能担负和完成多种型号的国内外卫星发射服务。在中国目前的四大卫星发射中心中,功能比较齐全,设备比较完善,既能发射采用低温推进剂的"长征3号"系列运载火箭,又能发射运载能力较大的捆绑火箭。

从地理位置上来看,西昌优越条件颇多:海拔高,纬度低;地形隐蔽,地质结构坚实;水源丰富稳定;交通和通信条件理想。

西昌卫星发射中心是中国对外开放最早、承担卫星发射最多、自动化程度较高、综合发射能力较强的航天发射场,自1984年1月发射中国第一颗通信卫星以来,"嫦娥1号""嫦娥2号""嫦娥3号"等多颗国内卫星以及一些国外卫星都从这里发射。

图6-11所示为西昌卫星发射中心概貌。

图6-11 西昌卫星发射中心概貌

3. 太原卫星发射中心

太原卫星发射中心位于山西省太原市西北的高原地区,地处温带,海拔1 500 m左右,是中国试验卫星、应用卫星和运载火箭发射试验基地之一。发射中心拥有火箭和卫星测试厂房、设备处理间、发射操作设施、飞行跟踪及安全控制设施。太原卫星发射中心具备了多射向、多轨道、远射程和高精度测量的能力,担负太阳同步轨道气象、资源、通信等多种型号的中、低轨道卫星和运载火箭的发射任务。发射中心始建于1967年。这里冬长无夏,春秋相连,无霜期只有90天,全年平均气温5 ℃。中心先后成功地发射了我国第一颗太阳同步轨道气象卫星"风云1号",第一颗中巴"资源1号"卫星,第一颗海洋资源勘察卫星等。图6-12所示为太原卫星发射中心概貌。

4. 文昌卫星发射中心

文昌卫星发射中心(见图6-13)位于海南省文昌市附近,前身为中国发射亚轨道火箭的测试基地。建设工程于2009年9月14日正式开工。该发射中心计划发射"长征5号""长征7号"系列火箭等。

海南岛是中国陆地纬度最低、距离赤道最近的地区。火箭发射场距离赤道越近、纬度越低,发射卫星时就可以尽可能利用地球自转的离心力,因而所需要的能耗较低,使用同样燃料可以达到的速度也更大。在海南发射地球同步卫星比在西昌发射火箭的运载能力可提高10%~15%,卫星寿命可延长2年以上。同时,发射基地选在海南,火箭可以通过水路运输,火

第 6 章 载人航天系统

图 6-12 太原发射中心

图 6-13 文昌卫星发射中心——航空航天港

箭的大小就不受铁轨的限制("长征 2 号"运载火箭系列由于受到铁路运输的限制,其组件的最大直径只能限制在 3.5 m)。另外,从海南岛发射的火箭,其发射方向 1 000 km 范围内是茫茫大海,因此坠落的残骸不易造成意外。

文星卫星发射中心是世界上少数几个靠近赤道的火箭发射试验基地之一,它的建成对中国发展空间科学和航天技术具有重要意义。

6.2 运载火箭系统

运载火箭是第二次世界大战后在导弹的基础上发展起来的。第一枚成功发射卫星的运载火箭是苏联用洲际导弹改装的"卫星"号运载火箭。到 20 世纪 80 年代,苏联、美国、法国、日本、中国、英国、印度和欧洲空间局已研制成功 20 多种大、中、小运载能力的火箭。最小的仅重 10.2 t,推力 125 kN(约 12.7 tonf),只能将 1.48 kg 的人造卫星送入近地轨道;最大的重 2 900 t,推力 33 350 kN(3 400 tonf),能将 120 t 的载荷送入近地轨道。

运载火箭主要的组成部分有结构系统、动力装置系统和控制系统。这三大系统称为运载火箭的主系统。主系统工作的可靠与否,将直接影响运载火箭飞行的成败。此外,运载火箭上还有一些不直接影响飞行成败并由箭上设备与地面设备共同组成的系统,如遥测系统、外弹道测量系统、安全系统和瞄准系统等。

下面介绍运载火箭各部分的主要功能。

箭体是运载火箭的基体,用来维持火箭的外形,承受火箭在地面运输、发射操作和在飞行中作用在火箭上的各种载荷,安装连接火箭各系统的所有仪器、设备,把箭上所有系统、组件连接组合成一个整体。

控制系统是用来控制运载火箭沿预定轨道正常可靠飞行的部分。控制系统由制导和导航系统、姿态控制系统、电源供配电和时序控制系统三大部分组成。制导和导航系统的功用是控制运载火箭按预定的轨道运动,把有效载荷送到预定的空间位置并使之准确进入轨道。姿态控制系统(又称姿态稳定系统)的功用是纠正运载火箭飞行中的俯仰、偏航、滚动误差,使之保持正确的飞行姿态。电源供配电和时序控制系统则按预定飞行时序实施供配电控制。

遥测系统的功用是把运载火箭飞行中各系统的工作参数及环境参数测量下来,通过运载火箭上的无线电发射机将这些参数送回地面,由地面接收机接收;亦可将测量所得的参数记录在运载火箭上的磁记录器上,在地面回收磁记录器。这些测量参数既可用来预报航天器入轨时的轨道参数,又可用来鉴定和改进运载火箭的性能。一旦运载火箭在飞行中出现故障,这些参数就是故障分析的依据。

外弹道测量系统的功用是利用地面的光学和无线电设备与装在运载火箭上的对应装置一起对飞行中的运载火箭进行跟踪,并测量其飞行参数,用来预报航天器入轨时的轨道参数,也可用来作为鉴定制导系统的精度和故障分析依据。

安全系统的功用是当运载火箭在飞行中一旦出现故障不能继续飞行时,将其在空中炸毁,避免运载火箭坠落时给地面造成灾难性的危害。安全系统包括运载火箭上的自毁系统和地面的无线电安全系统两部分。箭上的自毁系统由测量装置、计算机和爆炸装置组成。当运载火箭的飞行姿态,飞行速度超出允许的范围,计算机发出引爆爆炸装置的指令,使运载火箭在空中自毁。无线电安全系统则是由地面雷达测量运载火箭的飞行轨道,当运载火箭的飞行超出预先规定的安全范围时,由地面发出引爆箭上爆炸装置的指令,由箭上的接收机接收后将火箭在空中炸毁。

瞄准系统的功用是给运载火箭在发射前进行初始方位定向。瞄准系统由地面瞄准设备和运载火箭上的瞄准设备共同组成。

我国研制的"长征2号"(LM-2或CZ-2)是一种两级运载火箭。为满足"神舟"号飞船的发射要求,保证航天员的安全,我国在"长征2号E"的基础上改进了可靠性并增设了故障检测系统和逃逸救生系统,从而发展出了"长征2号F"(LM-F或CZ-2F)运载火箭(又称"长征2号F基本型")(见图6-14),专门用来发射"神舟"号载人飞船。"神舟7号"发射任务完成后,"长征2号F基本型"不再执行任务,后续任务由"长征2号F改进型"执行。"长征2号F改"即"长征2号F改进型"(CZ-2F/G)运载火箭,是在"长征2号F基本型"的基础上,将助推器推进剂储箱顶部椭球顶改为锥形顶,提升推进剂储存量。运载火箭有箭体结构、控制系统、动力装置、故障检测处理系统、逃逸系统、遥测系统、外测安全系统、推进剂利用系统、附加系统、地面设备等10个分系统,为兼顾卫星的发射,保留了有效载荷调姿定向系统的接口和安装位置。故障检测处理系统和逃逸系统是为确保航天员的安全而增加的,其作用是在飞船入轨前,监测运载火箭状态,若发生重大故障,可使载有航天员的飞船安全地脱离危险区。

图6-14 "长征2号F"运载火箭

6.3 航天员系统

航天员系统的主要任务是选拔、训练航天员,并在训练和载人飞行任务实施过程中,对航天员实施医学监督和医学保障。

6.3.1 航天员的选拔与训练

载人航天是一项艰巨的事业,这是因为太空环境十分恶劣,人在航天过程中要经受巨大的加速度、噪声、振动、失重、宇宙射线等不良因素的影响,而且航天员在这样的环境中还要完成复杂的驾驶、操纵、实验和观测任务,甚至还可能遇到一些意想不到的情况,需要正确、及时、果断地处理。

正因如此,对航天员的选拔和训练都很严格,既要有强壮的身体,能耐受各种恶劣的环境,又要有良好的心理素质,以掌握复杂的操作技能和应付意外情况,还要有献身精神,以适应航天探险活动等。

1. 中国航天员的选拔标准

中国第一代航天员全部选自空军战斗机飞行员。高速喷气式战斗机速度快,操作复杂,对人的协调性和反应能力要求高。战斗机的超声速飞行、高空飞行和各种高难度的战斗特技,要求飞行员能够习惯高低气压迅速变化带来的不适,在承受七八倍体重的过载情况下,仍能对飞机上数百个复杂仪表电门进行正确操作处理。这些都与航天员的要求有相同之处。我国航天员的选拔大概是 100 名参选的飞行员中,才能挑选出 1 名。这个比例与美国和俄罗斯的挑选概率基本一致。中国航天员的年龄在 25~35 岁,标准身高为 1.60~1.72 m,体重在 55~70 kg,都是歼击机飞行员,大专以上学历,累计飞行时间在 600 h 以上。这是这一年龄段中国人的普通体型。这个标准,一方面是为了拓宽选拔面,另一方面则是考虑到飞船的空间极为有限,身材小一点,就能为飞船腾出更多空间。在飞船上,每增加 1g 的有效载荷就必须付出很多的推力,其代价十分昂贵。

之所以如此高标准地选拔,是因为航天员面对着非常严酷的太空飞行环境。在飞船上升阶段,航天员要承受火箭加速带来的噪声、振动和超重的考验,有时候会有超过航天员体重 5 倍的过载;而在轨道飞行阶段,航天员又将面临失重、宇宙辐射的考验;在返回阶段,航天员将再次经受超重和高热的考验。因为在飞船重返大气层时,返回舱与大气摩擦会产生几千摄氏度的高温,尽管返回舱采用了高效防热材料,但舱内仍会有一定程度上的温度上升。而着陆的刹那,航天员还要经受着陆冲击的考验。

中国航天员的选拔过程中,首先是临床医学检查。与普通人的体检不同,航天员的体检要求住院进行,大概要用 1 个月时间。在此期间,医院将使用一切现代化手段对航天员进行逐项检查,并对潜在疾病进行排除,比如遗传性疾病。此外,对航天员的配偶也要进行详细的检查。

其次是持续 20 多天的与航天有关的特殊生理功能检查。这一阶段,参选者要在离心机上经受 8 倍于体重的超重考验,在飞速旋转并不断变换方向的转椅上考核前庭功能,在低压舱接受缺氧耐力检查,还有下体负压测试等。

心理素质是航天员选拔中的又一重点。在航天员选拔中,参选者要在不同场景模拟情况下显示其掌握复杂操作技能和迅速发现、准确判断并从容处理意外情况的能力。同时,还要接受心理专家精心设计的心理问卷测试。看起来很庞大的国际空间站,其面积远远小于一套普通的两室一厅房子;而载人飞船内的空间更只相当于一个普通的卫生间大小。要在其中长期独立地生活、工作,完成科学试验任务,面对太空中那些难以预测的风险,航天员必须拥有超乎寻常的心理素质。

2. 航天员的训练

一名航天员的训练一般需要 3 年左右的时间。训练分 4 个阶段进行,有基础理论训练阶段、航天专业技术训练阶段、飞行程序与任务模拟训练阶段以及大型联合演练阶段。

① 航天基础理论知识及相关基础课程。在这一阶段,航天员要学习飞行动力学、空气动

力学、地球物理学、气象学、天文学和宇宙航行学,以及火箭和飞船的设计原理、结构、导航控制、通信、设备检测、航天医学知识等等。学习的要求远比一所大学要高得多,也严格得多。

② 专业技术知识和单项操作技能训练是航天员训练中最繁重也是最关键的时期。在此阶段,一是学习载人飞船总体和各分系统的工程技术知识,主要了解系统的组成、技术指标、技术流程、工作原理、可能发生的故障和对故障的处理方法;二是进行相关分系统船载设备的单项操作技能训练,主要包括环境控制与生命保障分系统、制导导航和控制分系统、仪表照明分系统、飞船上的乘员分系统。

此外,在这一阶段还要进行航天员的野外生存和救生训练。图 6-15 所示为逃逸塔,图 6-16 所示为航天员安全逃逸训练。

③ 飞行程序和任务训练是不可或缺的阶段。首先要学习各种飞行文件,包括飞行程序、任务内容和技术要求等;然后是利用各种模拟器,主要是飞行模拟器进行飞行训练。在训练过程中,教练员还常常为航天员设置各种突发性故障,以考验和提高他们对故障的发现、判断和排除能力。

图 6-15　逃逸塔

图 6-16　航天员安全逃逸训练

另外,在这三个训练阶段还穿插着进行体质训练、心理训练和航天环境适应性训练。所谓航天环境适应性训练,主要是着陆冲击塔(见图 6-17)、利用离心机、低压舱、电动转椅(见图 6-18)和秋千等环境模拟设备,根据飞行过程中可能出现的极端环境进行训练,这些极端环境有加速度、低压和缺氧等。

④ 大型联合演练。参加大型联合演练是航天员执行载人飞行任务的前提,也是对航天员训练成果的综合检验。让航天员与地面支持人员都能真实体验飞行实施过程,加强配合协调。我国和美俄两国都非常重视这项演练,在执行任务前要反复演练,包括航天员、航天器、火箭、发射场,指挥控制中心的合练和航天员与着陆场系统回收营救人员之间的合练,就像一场正式演出前的彩排。

图 6-17 着陆冲击塔

图 6-18 电动转椅

一提起航天员,人们一般都会想到火箭腾空而起的发射场景,是非常壮观的画面,也是让国人为之骄傲与欢呼的瞬间。但是背后的付出、承载的压力和面临的危险是我们无法想象的。

刘洋是中国空军运输机飞行员,也是我国首位女航天员。她是在 2009 年 5 月参加了第二批航天员的选拔。刘洋说:"我渴望飞得更高。"2010 年 5 月,她正式加入中国人民解放军航天员大队。通往太空的天梯,从来没有捷径。从到北京航天城再到入选"神舟 9 号"任务飞行乘组的两年时间里,刘洋的时间表上只有学习和训练。没有休息日,没有睡过一天懒觉,也从没有在晚上 12 点前关掉过书桌上的台灯。转椅训练,优秀标准是持续 12 分钟。第一次做到 5 分钟时,突如其来的眩晕感瞬间让她脸色苍白,浑身冒汗。训练结束,她整整一天吃不下饭,边哭边想:"5 分钟训练都这样了,12 分钟的考验还能坚持下来吗?"之后,她每天都会在学习之余坚持练习,最终以优秀的成绩通过了转椅项目的考核。2012 年 3 月,刘洋成功入选"神舟 9 号"飞行乘组。成百上千次地重复同样的操作,模拟同样的程序,默画出无数张座舱、仪表图、线路图……那段日子,刘洋更加忙碌了,闭上眼睛都知道按钮的位置、形状、颜色,并能准确无误地操作。2012 年 6 月 16 日,刘洋踏上飞往太空的征程,浩瀚宇宙终于有了中国女性的身影。10 年后,刘洋乘坐"神舟 14 号"载人飞船再叩苍穹。刘洋对学习和训练的坚持,让她一直保持状态,两度飞天。

6.3.2 航天员的医学监督与医学保障

航天员医学监督与医学保障(简称医监医保),是研究如何应用预防医学、临床医学、心理医学和航空航天医学的基本原理、技术方法和研究成果,预防和消除不良因素对航天员健康的影响,全面实施不间断医学保障,以维护航天员身心健康,使之能适应于航天特殊环境因素的训练和空间飞行,顺利完成载人航天任务。

1. 任 务

建立各类航天员的医学选拔方法和标准,对入选的预备航天员进行医学选拔,训练期间及航天前、中、后实施航天员医学监督与医学保障;实施定期的医学检查与鉴定;实施航天过程中的医学救援等。

2. 训练期医监医保

① 日常医监医保。作为基础性工作,主要包括卫生防疫、营养卫生的监督、体质训练的监督、监督作息制度、航天员疗养和防病治病等内容。

② 专项训练的医监医保。大型专项训练,因航天员心理、生理负荷及风险性加大,要求医监医保工作更加周密细致,以保障航天员身心健康和安全。

③ 航天环境适应性训练的医监医保。航天环境适应性训练特殊环境因素负荷较大,必须进行现场医学监督与医学保障,采取必要的监督保障措施。

④ 航天员医学检查与鉴定。组织医学鉴定机构,制定医学检查评定方法和医学鉴定标准,实施基础训练阶段、专业技术训练阶段、飞行任务训练阶段的医学检查与鉴定。

3. 任务期医监医保

① 发射场航天员医监医保工作。
- 实施乘员组进场途中医学监督,确保航天员健康到达发射场;
- 严密实施航天员乘组在发射场的演练、维持性训练和日常生活工作全过程的医监医保,确保航天员保持良好的体质和工作能力;
- 实施发射前的医学检查和鉴定;
- 实施严格的消毒、隔离、检疫制度,预防传染病。

② 飞行中航天员医监医保工作。

航天员医监的目的是评价和保障乘员身体健康状态。
- 监视航天员的心电、血压、呼吸和体温4大生理指标、心理变化和主观感觉,判断和预测心理、生理和疾病的倾向,做出健康状况的结论和处理意见;
- 通讯时段内,通过与乘组通话、舱载电视图像系统了解和观察航天员主观、客观反应,并提供心理支持措施;
- 监测飞船舱内微环境参数,观察其对航天员身体健康的影响;
- 监督航天员作息制度,了解其饮食、睡眠、工作情况,评价其工作效率;
- 必要时指导航天员用药治疗航天疾病;
- 若因医学原因,出现危及航天员生命安全或不能继续飞行时,医监人员则根据中止飞行指标及实际情况,提出中止飞行或提前返回的建议。

4. 返回后的航天员医监医保

该阶段分为着陆现场和将航天员转运到北京航天城后两部分医学保障工作。

① 着陆场医监医保任务。
- 在主着陆场设置远程监控医监台,通过超短波设备实时接收、处理和监视返回段航天员的关键生理遥测信息;
- 对正常返回的航天员实施现场医学监督和医学检查、生理数据采集、短时间再适应,并负责陪护航天员返回北京,在返回途中实施全过程的医学监督和医学保障;
- 对非正常返回的航天员实施着陆现场、后送后支医院途中、后支医院的医疗救治。

② 北京航天城医监医保。

航天员飞行后恢复措施分为两阶段实施,主要在北京航天城医监医保。第一阶段是隔离期恢复阶段,即飞行后在航天员公寓进行恢复,缓解再适应表现,提高心血管系统和支持运动器官功能,提高立位耐力,消除飞行后疲劳。第二个阶段是健康疗养阶段,即进行医学疗养,不仅使航天员完全恢复健康,而且使机体获得更高的功能储备。

6.3.3 舱内航天服与舱外航天服的研制

航天员穿的是世界上最贵的衣服,航天服是航天员必备的个人防护救生装备。航天服有舱内航天服和舱外航天服。舱内航天服是航天飞行中飞船出现压力应急时,航天员不出舱,在舱内穿着的航天服。舱外航天服可以看作最小的载人航天器,是航天员走出航天器到舱外作业时必须穿戴的防护装备。除了具有舱内航天服所有的功能外,舱外航天服还有液冷降温结构,可供航天员出舱活动或登月考察,是保障航天员的生命活动和工作能力的个人密闭装备,可防护空间的真空、高低温、太阳辐射和微流星等环境因素对人体的危害。在空间的真空环境中,人体血液中含有的氮气会变成气体,使体积膨胀。如果人不穿加压气密的航天服,就会因体内外的压差悬殊而危及生命。

我国研制的航天服属于软式结构、低压力的航天服。服装具有压力显示和压力自动安全装置,在加压条件下,航天员可用手操纵控制。舱内航天服用于飞船座舱发生泄漏,压力突然降低的情况,航天员及时穿上它,接通舱内与之配套的供氧系统,服装内就会立即充压供氧,并能提供一定的温度保障和通信功能,保证航天员在飞船发生故障时能够安全返回。航天员在正常航行时一般是在飞船上升和下降时穿上航天服,防止在发射或返回阶段发生故障。关于舱内航天服的结构形状,考虑到飞船返回着陆采用座舱软着陆模式,因此舱内航天服采用头与躯干肢体服装连为一体的"软式"类型结构和开放式通风供氧方式,它由压力服装、头盔与手套、应急供氧和通风管路等组成。图 6-19 为我国舱内航天服示意图。

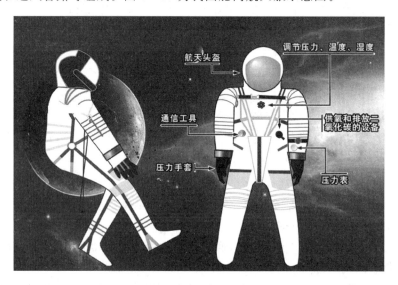

图 6-19 中国舱内航天服示意图

"飞天"是中国研制的第一代舱外航天服,质量 120 kg,造价约 3 000 万元人民币,可靠系数 0.997,可以支持 4 h 的舱外活动,整体设计和各部件的设计、组装都是中国人自己完成的。就完成目前任务的能力而言,接近国际水平。

这套舱外航天服通体纯白,从上到下依次是头盔、上肢、躯干、下肢、压力手套、靴子。从内到外分为6层：由特殊防静电处理过的棉布织成的舒适层、橡胶质地的备份气密层、复合关节结构组成的主气密层、涤纶面料的限制层、通过热反射来实现隔热的隔热层、最外面的外防护层。服装的四肢装有调节带，通过调节上臂、小臂和下肢的长度，身高 1.60～1.80 m 的人都能穿上这套衣服。

壁厚仅 1.5 mm 的铝合金躯干外壳上密集地安装着各种仪器：电控台、气液控制台、气液组合插座、应急供氧管、电脐带等。仅是十几厘米见方的电控台中，就有照明、数码管控、机械式压力表等 9 个开关，气液控制台里的阀门更是达 20 多个。

这套舱外服有很多独有的特点。在关节上，科研人员巧妙地利用了仿生结构，使关节活动更自如。电控系统上，中国舱外服全部采用数字信号处理，显示屏则采用了国际最先进的 OLED 技术，使显示器更大、更薄、更省电、更能耐受高低温，显示色彩更艳丽，以方便航天员查看。舱外服就单个设备而言，功能不一定强大，但在系统的集成上具有优势。图 6-20 为我国自主研制的"飞天"舱外航天服示意图。

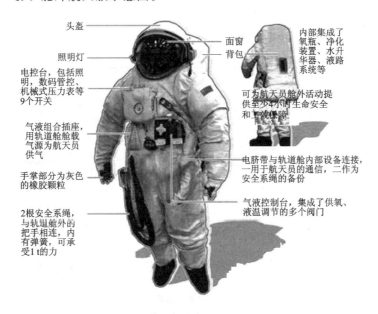

图 6-20　我国自主研制的"飞天"舱外航天服示意图

在航天服的研制过程中还发生了很多感人的故事。为了研制我国自己的舱外航天服，女设计师张万欣先后 7 次赴俄罗斯参加学习培训，不仅刻苦钻研技术原理，还主动参加操作训练。由于身材瘦小，她穿上充气加压后的舱外服后关节活动非常吃力，每次训练结束后都浑身湿透，累得瘫倒在地，半天也站不起来。俄罗斯专家十分惊讶地问："她不会就是你们中国选出来的女航天员吧？"科研人员把一天当作两天用，硬是靠着"特别能吃苦、特别能战斗、特别能攻关、特别能奉献"的载人航天精神，只用了 4 年时间，就完成了 8 年才能干成的事。翟志刚完成出舱活动后自豪地说："穿着自主研制的舱外航天服漫步太空，感觉真棒！"

6.4　载人飞船系统

载人飞船系统由结构与机构、环境控制与生命保障、热控制、制导导航与控制、推进、测控与通信、数据管理、电源、返回着陆、逃逸救生、仪表与照明、有效载荷、乘员共 13 个分系统组成。这些分系统是飞船上为完成某一特定功能的仪器、设备或部件的组合。它们涉及物理（机、电、光、热）、化学、生物、天文、医学和环境等数十个学科领域。

6.4.1 结构与机构分系统

结构与机构分系统是飞船的主体，由本体结构、防热结构和机构 3 部分组成。本体结构为飞船乘员和仪器设备提供支撑和空间；防热结构用以在飞船再入返回过程中，隔离气动热环境，保护飞船乘员和仪器设备；机构用来完成各种展开、分离、解锁、弹抛和对接等动作。

6.4.2 环境控制和生命保障分系统

环境控制和生命保障分系统用于为飞船乘员创造合适的舱内环境，保证舱内适宜的温度、湿度和通风条件，清除舱内有害气体，收集/处理废物，提供乘员用水和氧气等。换句话说，就是为生活和工作在座舱内的航天员创造一个接近地面大气的生存环境；提供航天员生命活动所必需的物质条件、生活设施和安全保障条件。该分系统如图 6-21 所示。

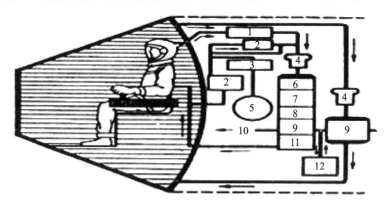

1—悬浮材料过滤器；2—调节装置；3—减压阀；4—风扇；5—氧气容器；
6—有害气体吸收器；7—二氧化碳吸收器；8—过滤器；9—热交换器；
10—蒸汽出口；11—水分离器；12—冷却箱

图 6-21 载人航天器环境控制和生命保障分系统

载人航天器环境控制和生命保障分系统具有 4 大功能：

第一是控制座舱的大气环境。飞船自身携带有氧瓶和氮瓶，通过压力调节系统为座舱补充氧气和氮气，控制座舱内的大气成分和大气压力；净化设备不停地将航天员呼出的二氧化碳等废气进行过滤和净化；通过空调-冷凝干燥器调节座舱内的空气温度和湿度；座舱内布置的各种风扇连续运行，促使舱内大气流动，使得舱内的温度、湿度和气体成分均匀。所有这些措施可使座舱内的大气环境与地面大气环境基本相同，从而保证航天员在良好的环境条件下生活和工作。

第二是保障航天员生命活动条件。它为航天员提供正常生命活动的物质条件保障，也就是说为航天员提供在微重力条件下能够正常生活的饮水储存和供给、就餐服务、大小便和个人卫生保障以及废物收集处理等功能。其每种功能都必须研制一套特制的设备并通过特定的程序来实现。以吃饭为例，航天员在就餐时，需先按动供水器上的供水按钮对食品袋进行复水，此时航天员要摇动供水器上的增压手柄,将空气压入饮水箱的气腔,饮水箱中的水在气压下从饮水嘴进入食品袋或供航天员直接饮用,然后用食品加热装置加热食品。就餐过程中还要启动食品残渣收集器,以防止残渣飘浮在空中,被航天员吸入呼吸道而影响其生命安全。

第三是检测烟火与灭火。在整个飞行过程中通过烟火探测器采集座舱内的烟火信号,检测座舱内的火情,提供火情警报,一旦发现火情就在仪表板上显示和报警,并传送到地面的控制中心,航天员根据报警信号或地面控制中心的指令,操作灭火器扑灭火灾。

第四是具有压力应急情况下的生命保障功能。它是指在飞船座舱出现压力迅速下降的应急情况下,利用压力应急功能设备给航天员紧急供氧,为航天员提供最基本的生存条件,使航天员能够坚持到返回着陆。

6.4.3 热控制分系统

热控制分系统用于保证飞船各舱仪器设备、结构以及乘员所需要的环境温度条件,合理调配飞船各部分之间热量的传输,并将废热排放到宇宙空间。它通常采用流体对流换热方式,其热传输回路可以采用泵驱动液体回路、热管辐射器式和毛细抽吸回路等。

对飞船进行热控制就是为飞船上的设备和航天员创造良好的温度环境,以保证飞船舱内外约 600 台设备工作在良好的温度范围内;保证航天员生活舱内的空气温度和湿度在适宜的范围内。其主要功能是收集和传输分散在超 9 m 长的飞船内部各个部位的设备和空气中共 1 000 W 的热量,在合理调配和充分利用之后排散到外部空间,并对整个过程进行控制,保证其温度控制精度。

6.4.4 制导导航与控制分系统

飞船的制导导航与控制分系统简称 GNC 分系统。它承担着飞船从起飞到返回的全部运动控制任务,任务是稳定和控制飞船在轨道运行段和再入返回段的姿态,控制飞船轨道,进行机动交会飞行以及完成返回再入轨道控制等。它由自动控制系统和人控系统两部分组成。自动控制系统包括导航和姿态测量部件、计算机和执行部件;人控系统包括显示器、手控器以及与自动控制系统共用的控制计算机和执行部件等。

6.4.5 推进分系统

推进分系统用于为姿态稳定、姿态控制、变轨机动、轨道交会对接以及飞船脱轨返回提供所需要的冲量。它通常由多种不同推力的发动机、气瓶、推进剂储箱、阀门、管道、过滤器和测量传感器等组成。

"神舟"号上装有 52 台发动机,它们与燃料供应设备合在一起称为推进系统。在运载火箭把飞船送入太空后,飞船就得依靠自己的推进系统完成飞行任务。飞船上的全部发动机,按照飞行任务要求分布在飞船的 3 个舱里,组成了 3 个用途不同的独立的推进系统。

第 1 个推进系统是在推进舱内,共有 28 台发动机。这是"神舟"号飞船的主推进系统,从飞船进入太空到飞船离开飞行轨道返回的这段时间内使用,其中 4 台推力大一点的发动机用于改变飞行轨道形状和轨道的升高或降低,推力小的发动机用来控制飞船的飞行姿态。当"神舟"号飞船在太空中围绕地球飞行时,由于航天员活动的影响,以及要求始终像飞机那样纵轴线平行于地球表面飞行,所以必须对飞船的飞行姿态进行控制,否则会出现整个飞船翻滚。飞船没有飞机那样依靠空气动力控制飞行姿态的空气舵,其飞行姿态的控制也使用发动机来完成。同时,由于在太空仍然存在很小的阻力,而且根据飞行任务的要求和为使返回舱能够在要求的着陆场着陆,"神舟"号飞船的飞行轨道需要通过发动机进行一次由椭圆形变成圆形的改变和几次升高轨道的修正;飞船在最后完成飞行任务要返回地面时,也需通过发动机向飞行相反的方向喷气,把飞行的速度降下来,这些任务都使用推力大一点的发动机来完成。

"神舟"号飞船上的第 2 个推进系统在返回舱内,共有 8 台发动机。返回舱在返回飞行过程中要通过大气层,这时候的飞行姿态会变得不稳定起来,为防止出现乱翻滚,需要进行飞行姿态控制;同时通过控制飞船返回舱的滚动,可以使返回舱比较精确地降落在要求的地方,这两项任务都由返回舱推进系统的发动机来完成。

第 3 个推进系统在轨道舱上,共有 16 台发动机。在"神舟"号飞船返回地球减速前,轨道舱先脱离,它将留在太空中继续飞行半年,进行许多空间科学试验。为此,轨道舱的推进系统也要工作半年之久,为轨道舱的飞行姿态控制和飞行轨道的升高提供推力。

6.4.6　测控与通信分系统

测控与通信分系统负责完成飞船轨道的跟踪测量、飞船数据和图像的传输、话音通信和乘员电视监视等。它可由飞船上的 S 频段收发机、短波双向通信机、全球定位系统(GPS)接收机等组成。当要求长期不间断测控与通信时,就需要借助跟踪与数据中继卫星。

载人飞船是我国首次采用统一 S 频段测控体制的航天器,它把原来卫星中分散在不同频段的轨道测量、跟踪、遥测和遥控等功能统一调制在同一个无线电频段上。除完成卫星的传统功能外,载人飞船的测控与通信还具有两个与人有关的特有功能。

1. 图像和话音通信功能

载人飞船有两台摄像机:一台是固定位置的摄像机,无人飞行时对准仪表板,有人飞行时对准航天员座椅;另一台是航天员手持摄像机,可以拍摄其他地方的图像。

话音通信是地面指挥员与航天员之间进行通话的唯一手段,航天员可以通过话音向地面报告飞船状态和航天员身体状况;在飞船进入紧急状态时,航天员可以接受地面的话音指令进行各项操作。

2. 标位功能

为了能够更加顺利地找到返回的飞船和航天员,在飞船返回舱上设置了 3 种无线电信标,只要其中一种信标发挥作用,就能顺利找到航天员。

在这 3 种无线电信标中,一种是着陆搜寻示位标,用来引导直升机上的定向仪,在飞船脱离"黑障"区后就开始发送信号;一种是短波信标,用于发送固定频率的信号并传送 GPS 信息,引导地面搜寻车辆,其既可指定方向,也能指定具体经纬度;还有一种是国际救援示位标,定时向国际救援卫星发送脉冲信号,指示飞船的当地经纬度,再由卫星组织向我国交通运输部通报发出信号的位置。为了保证快速找到飞船,还给航天员配备了 1 台手持的国际救援信标机,当返回舱落在搜寻区之外时,航天员可以通过它向外发送所在位置的信息。

另外,因为飞船的外形限制和防热要求,飞船的天线也不得不因地制宜地设计成各种形状,有的像船上的补丁,有的像门把手,有的像炮管,甚至利用降落伞的伞绳、返回舱的舱门充当天线,它们在不同的飞行阶段起不同的作用,形成了飞船上一道独特的风景线。

6.4.7 数据管理分系统

数据管理分系统用于随时采集飞船的工程参数和运行参数,对采集的数据进行处理,建立相应的文件并进行必要的分发。该分系统接收地面测控中心的命令或乘员的控制命令,指挥各分系统工作,完成飞行使命。它由硬件和软件两部分组成,其中硬件包括计算机和远置单元等,其重要成员就是飞船的"黑匣子"。当然,"黑匣子"的外观并不是黑色的,而是橘红色的,这主要是为了便于工作人员辨认寻找。

飞船的"黑匣子"安装在飞船的返回舱内,用于记录飞船的飞行数据。飞船在每个阶段工作的重要数据,例如飞船内的大气压力、温度和姿态,船上的发动机是否工作,工作了多长时间,船上电源供电状况,电压和电流大小,各种主要仪器设备的工作状态等,都要及时存进"黑匣子"。存入"黑匣子"内的飞行数据是飞行任务结束后技术人员分析判断飞船在各个阶段工作是否正常的重要依据之一。为了很好地保护"黑匣子"内部的数据,技术人员对"黑匣子"进行了特殊设计。它不怕撞击,不怕高温,而且万一掉入海里,也能防止海水浸蚀。

6.4.8 电源分系统

电源分系统的功能就是为保障飞船上所有用电设备的正常工作而提供电能,基本任务是产生电力,并把电力传送、分配到各用户,确保飞船各个飞行阶段对电力的需求。飞船的电源可以采用化学蓄电池、太阳能电池和燃料电池等。

"神舟"号载人飞船上配置有主电源、应急电源、返回电源、火工品电源和留轨电源 5 种电源和 3 舱口配电器及电缆网,它们分别安装在推进舱、返回舱和轨道舱内,具有并网或独立供电功能,以满足飞船在各个飞行阶段的用电需求。

6.4.9 返回着陆分系统

返回着陆分系统的基本任务是利用展开式阻力装置来减速和稳定飞船返回舱,最后通过着陆缓冲等手段保证乘员安全着陆。载人飞船通常利用降落伞作为减速稳定装置,用气囊、缓冲杆和着陆火箭减缓着陆冲击。

飞船返回时,先使飞船脱离原来的飞行轨道,沿一条下降的轨道进入地球大气层,然后通过与空气摩擦减速,安全降落到地面上。"神舟"号飞船的返回可分为制动减速阶段、自由滑行阶段、再入大气层阶段和回收着陆阶段。

6.4.10 逃逸救生分系统

逃逸救生分系统负责飞船在发射台上待发期间和发射阶段运载火箭或飞船出现危险故障而又不能排除情况下的逃生。它一般有逃逸塔救生方式和弹射座椅救生方式两种。前者不仅可用于发射台救生和低空救生,还可用于高空救生,不过航天员不能快速离开飞船,只能经过一定的飞行后才能离开飞船;后者只能用于发射台救生和低空救生,不能用于高空救生,但它可在飞船出现危险故障,需要航天员及时离开飞船的场合使用。

"神舟"号采用更为安全的逃逸塔救生方式。不过逃逸塔只能保证火箭发射初始阶段的逃生,载人飞船需要具备"全程逃逸"的能力。目前,SpaceX 公司研制的载人"龙"飞船集成有 8

个推力强大的"超级天龙座"火箭,火箭两两分组,安装在飞船的侧壁,作为逃生使用,每个发动机的推力可达 71 kN。此外,还装有 16 个推力相对较小的"天龙座"发动机喷口,用于姿态控制和轨道机动。载人"龙"飞船相当于把逃逸塔集成在船身上,能够保证飞船在飞行的任何阶段一旦出问题,都具备逃生能力。

飞船在发射过程中,受到震动、过载和噪声等恶劣环境的影响,运载火箭发生故障的可能性较高,并且故障后果对航天员的生命威胁很大,因此载人飞船必须设立特殊的应急救生系统。它的任务如下:从航天员进舱,经发射进入轨道、在轨飞行、返回着陆,至航天员出舱,一旦发生危及航天员安全的险情,就要按预定的救生程序和措施,对航天员实施救生,以保障航天员的生命安全。

6.4.11 仪表与照明分系统

仪表用于显示飞船各分系统的工作参数、乘员生理数据和有效载荷的工作状态。此外,仪表还显示各种指令、飞行计划以及乘员执行命令的结果。乘员也能通过仪表板上的按钮进行操作。它可以由多功能显示器、数码显示器、报警指示器和控制键盘等组成。

照明设备为乘员提供工作和生活场所的照明,可采用荧光灯或白炽灯等。仪表板照明应亮度可调,并采用白色、绿色、黄色和红色等不同颜色,以区别显示参数的性质和重要程度。

飞船上的仪表是航天员了解飞船飞行和飞船上设备状态的"眼睛",是重要的人机界面。飞船上所有要让航天员了解的状态和参数等,由数据管理分系统采集并通过数据总线传至仪表分系统,仪表计算机对接收的数据做解算处理后,分发到不同的显示设备上。飞船上主要的显示设备是 2 台多功能显示器,它们承担着全部显示任务。为了适应空间环境,飞船上使用了液晶显示器,这种液晶显示器在我国航天器上是第一次使用。在显示器上,航天员可以按照不同的时序看到以数值、文字、图标、图形、曲线和指示灯等方式显示的飞船飞行数据、船上各系统工作状态和在飞行中航天员所有要了解的其他信息。

6.4.12 有效载荷分系统

有效载荷分系统是指安装在飞船上进行科学实验、技术试验或进行天体和地球观测的设备。由于载人飞船的容积限制和电源功率的限制,故载人飞船的有效载荷不宜太大,通常仅用于短期试验目的。

飞船飞行时存在的微重力、高能辐射和节律变化等特殊条件,对于各种生物的生命过程和生命现象均可能引起不同层次上的多种变化。另外,微重力环境中的生物加工、材料制造也会与地面有所不同,因为在微重力环境下重力沉降现象消失了。为了观察这些变化,在"神舟"号飞船上安装过许多实验设备,其中有多工位晶体生长炉、空间晶体生长装置、空间蛋白质结晶装置、空间生物细胞反应器、空间细胞融合装置、空间连续自由流电泳仪和通用生物培养箱。

6.4.13 乘员分系统

乘员分系统为飞船提供合格的乘员、航天服和航天食品,提供乘员的医学监督和医学保障设备以及乘员生活用品和个人救生装备。它负责对飞行中乘员的身体状态进行监测,保证乘员的身体健康。

该分系统由航天员、航天食品、航天服、医监医保设备、个人救生装置、缓冲减振坐垫和空间医学试验 7 个部分组成。"神舟"号载人飞船可承载 3 名航天员,左为有效载荷专家,中间为指令长兼驾驶员,右为副驾驶员兼随船工程师。

航天食品分为食谱食品、储备食品、压力应急食品和救生食品。食谱食品是按照为航天员特别制定的航天食谱和航天饮食制度搭配成的,供航天员在飞船正常的轨道飞行期间食用。它存放在乘员用品柜内,分餐包装,就餐时放入加热装置内加热后即可食用。储备食品是当飞船发生故障需要延长飞行时间时所食用的食品。压力应急食品是在航天员座舱出现失压等压力应急故障时,航天员穿着航天服进行应急飞行期间所食用的食品。救生食品是航天员返回着陆后或溅落到水上等待救援期间所食用的食品,分别存放在每个航天员的救生包内。

航天服包括舱内压力服(含小便收集袋)以及抗浸防寒服、内衣、睡袋、工作服和头戴耳机送话器等。舱内压力服是航天员在飞船飞行条件较恶劣的发射段、返回着陆段和应急飞行阶段的穿着,为航天员提供合适的生存环境,保障航天员的生命安全。工作服在轨道飞行期间工作时使用;睡袋用于睡眠;耳机送话器用于航天员穿着航天服时的通话;抗浸防寒服用于飞船溅落在水上时的防水保暖。

医学监督和医学保障设备主要是对飞行中的航天员进行生理信息监视,包括心跳、呼吸、体温和血压,并可通过通话和电视监视航天员的工作、生活和健康状态。此外,它还为航天员提供医保用品和医保药具,包括保健用品、急救用品、锻炼用具,以及工作学习用品等。

个人救生装置是在返回救生时使用,也称作个人救生包,包内有个人呼救电台、烟火管、信号弹、闪光灯、海水染色剂、反光镜、指南针、救生筏、手枪、自卫刀、驱鲨剂、防风打火机、急救包、食品和饮用水等。

飞船在飞行过程中还要进行多项空间医学试验,以获取极具价值的实验数据,为今后的载人飞行提供依据,包括空间运动病症状和前庭功能测试、心血管功能测试、空间脑功能测试、肌肉失重效应检测、舱内辐射环境监测和辐射剂量的测定等。

6.5 测控通信系统

航天测控通信系统一般由航天控制中心、分布在世界各地的若干航天测控站(包括海上测量船)以及空中空间测控平台(如测量飞机、跟踪与数据中继卫星等)组成。图 6-22 所示为我国 4 船 9 站搭建载人航天测控通信系统。

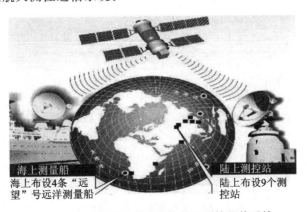

图 6-22 4 船 9 站搭建载人航天测控通信系统

6.5.1　航天控制中心

航天控制中心是航天器飞行的指挥控制机构,其主要任务如下:实时指挥和控制分布在全球各地的航天测控站收集、处理和发送各种测量数据,监视航天器的轨道、姿态以及设备的工作状态,实时向它们发送控制指令,确定航天器的飞行轨道参数,发布其轨道预报等。

航天控制中心由数据处理系统、软件系统、通信系统、指挥监控系统和时间统一系统组成。数据处理系统包含多台大型高速计算机和软件系统,实时处理或事后处理由各测控站汇集来的数据;软件系统包括管理程序、信息和数据处理程序等,控制中心通过计算机软件实施对整个测控系统和航天器的控制和管理;通信系统包括地面通信和空间(卫星)通信系统,由各种通信设备和数传设备组成,负责控制中心与各测控站、发射场、回收区之间的通信联络和数据传输;指挥监控系统由各种监控台、屏幕显示等设备组成,直观地显示各测控站的设备工作状态、航天器运行情况,使指挥控制人员随时掌握航天器的运行状态,并实时下达指挥命令和发出控制指令;时间统一系统由高精度时钟、标准时频信号源及相应的接口设备组成,为控制中心和各测控站提供标准时间和频率。

6.5.2　航天测控站

航天测控站(以下简称测控站)包括固定站和活动站两种类型。根据测控区域的要求,测控站分布的范围很广,其布站可在本国境内,也可在全球任何适当的地点。

测控站的任务是直接对航天器进行跟踪测量、遥测、遥控和通信等,它将接收到的测量、遥测信息传送给航天控制中心,根据航天控制中心的指令与航天器通信,并配合控制中心完成对航天器的控制。测控站也可根据规定的程序独立实施对航天器的控制。测控站的设备包括外测系统、遥测系统、遥控系统、通信系统、电视系统、时间统一系统、计算机系统以及辅助设备。外测系统是测控站的主体部分,其任务是对航天器进行跟踪测量,获取航天器的运动参数,确定航天器的轨道和位置。遥测系统的任务是接收从航天器发送的关于航天器上设备工作状态、空间环境参数和航天员的生理信息等。电视系统接收有关载人航天器的动态作业情况,观察航天员在航天器内和舱外的活动。

测控站按其分布,有陆上测控站(见图6-23,为青岛航天测控站测控天线)、海上测量船、空中测量飞机和跟踪与数据中继卫星四大类。

图 6-23　青岛航天测控站测控天线

中国从 1967 年开始建设自己的航天测控网,1970 年正式投入使用。当初的航天测控通信网由西安卫星测控中心和若干个航天测控站、海上测量船以及连接它们的专用通信网组成。当时的航天测控网中固定站有长春、闽西、厦门、渭南、南宁和喀什测控站;机动站有 2 个机动测控站和回收测量站;海上有 3 艘"远望"号测量船。20 世纪 70 年代初,成功地跟踪了中国第一颗人造地球卫星"东方红 1 号";后又对用一枚运载火箭发射的 3 颗卫星同时予以测控管理。1988 年和 1990 年,测控网先后圆满完成了对中国发射的第一颗和第二颗太阳同步轨道"风云 1 号"气象卫星的测控任务。从 1990 年中国发射美国制造的"亚洲 1 号"通信卫星起,中国航天测控网开始对中国承揽的国际商业性发射任务提供测控支持。中国航天测控网在技术上与国际上主要测控网渐趋兼容,可与之联网工作。

随着载人航天工程的启动,航天测控网进入了一个新的发展阶段,扩充改造了设备,更新了软硬件,形成了包括 3 个任务中心、5 个国内固定测控站、4 个国外测控站、2 个机动测控站和分布于 3 大洋的 6 艘"远望"号测量船(见图 6-24,为中国"远望 6 号"航天测量船)、一个对各站(船)进行资源调度的网管中心、一个遍布各站点的通信网和时间统一系统。

图 6-24 中国"远望 6 号"远洋航天测量船

测控系统与通信系统有机结合,在火箭、飞船测控通信系统的配合协调下工作,共同完成对运载火箭和飞船的测控通信任务。

前面主要介绍到的航天测控系统都是设置在陆地或海洋上对航天器进行跟踪、测量、控制和建立通信联系,统称为地基测控系统。这种系统对航天器的测控和通信的覆盖面应当越宽越好,尤其对载人航天,为了确保航天员的安全,最好能在全航区内保持对飞船的测控和通信联络。但实际上除了在起飞的上升段对火箭能做到百分之百的跟踪、测控外,入轨以后地面能够对飞船测控、保持与飞船联系的时间是很短的,其轨道覆盖率较小。我国"神舟 5 号"载人航天任务中,启用了在国内的 6 个测控站,设在国外的 3 个测控站,派出 4 艘测量船在 3 大洋上实施测控,其覆盖率也只有 13%。也就是说,在大部分时间内,飞船是处于地面无法测控和联络的状态下。

使覆盖区域加大的有效办法是增加测控站,但这实际上是不经济的。因此,各航天大国都利用地球同步卫星作为数据中转站,建立中继卫星系统。中继卫星系统是为中、低轨道的航天器与航天器之间、航天器与地面站之间提供数据中继、连续跟踪与轨迹测控服务的系统。其"天基"设计思想,从根本上解决了测控、通信的高覆盖率问题,同时还解决了高速数传和多目标测控通信等技术难题,并具有很高的经济效益。中继卫星系统使航天测控通信技术发生了革命性的变化,目前还在继续发展,不断地拓宽自己的应用领域。

用于转发地球站对中低轨道航天器的跟踪测控信号和中继航天器发回地面的信息的是地球静止通信卫星。高频段电波的直线传播特性和地球曲率的影响,使地面测控站跟踪中、低轨道航天器的轨道弧段和通信时间受到限制。跟踪与数据中继卫星的作用,相当于把地面的测控站升高到了地球静止卫星轨道高度,可居高临下地观测到在近地空间内运行的大部分航天器。由适当配置的两颗卫星和一座地球站组网,可取代分布在世界各地的许多测控站,实现对中、低轨道航天器85%~100%的轨道覆盖。

美国于1983年4月4日发射了第一颗跟踪与数据中继卫星TDRS-1,开创了天基测控新时代。我国于2008年4月25日成功发射首颗数据中继卫星"天链1号"01星;2011年发射了"天链1号"02星,2012年又成功发射了"天链1号"03星,实现了"天链1号"卫星全球组网运行,标志着中国第一代中继卫星系统正式建成,如图6-25所示。

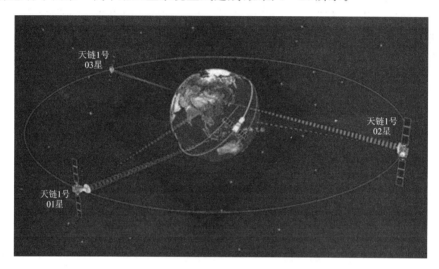

图6-25 我国第一代中继卫星系统示意图

6.6 空间实验室系统

6.6.1 基本认识

空间实验室是设立在太空的用于开展各类空间科学实验的实验室。苏联、美国和欧洲航天局已于20世纪七八十年代率先研制成功空间实验室。中国首个空间实验室的主体"天宫1号"如图6-26所示,已于2011年9月29日在酒泉卫星发射中心发射升空。

1. 空间实验室简介

空间实验室是设立在太空的用于开展各类空间科学实验的实验室。空间实验室的建设过程是先发射无人空间实验室,而后再用运载火箭将载人飞船送入太空,与停留在轨道上的实验室交会对接,航天员从飞船的附加段进入空间实验室,开展工作。航天员的生活必需品和工作所需的材料、设备均由飞船运送,载人飞船停靠在实验室外边,作为应急救生飞船。如果实验室发生故障,可随时载航天员返回地面,航天员工作完成后,乘飞船返回。图6-27

图 6-26 "天宫 1 号"示意图

图 6-27 "天宫 1 号"与"神舟 10 号"对接示意图

为"天宫 1 号"与"神舟 10 号"对接示意图。

2. 结构与组成

空间实验室一般采用两舱构型,分别为实验舱和资源舱。

实验舱由密封的前锥段、圆柱段和后锥段组成,密封舱可保证舱压、温湿度、气体成分等航天员生存条件,可用于航天员驻留期间在轨工作和生活,密封舱的后锥段安装再生生保等设备。实验舱前端安装一个对接机构,以及交会对接测量和通信设备,用于支持与飞船实现交会对接。

资源舱为轨道机动提供动力,为飞行提供能源,一般包括发动机和电源装置等,外部安置太阳翼,用于提供轨道与姿态控制、电力能源供应、热控环控。

3. 关键技术

空间实验室关键要突破飞船空间交会对接技术。空间交会对接技术难度很大,在对接过程中,如果计算不准,就可能发生飞船相撞事故,因此需要进行大量试验才能掌握这一技术。

空间实验室长期在太空运行,暴露在舱外的各种设备、部件容易受到太空环境的损坏,发生老化和故障,因此需要航天员到舱外去维修或更换,进行这一工作,必须对航天员进行在失重环境下穿航天服、打开舱门、在太空环境下使用工具、在太空环境下走路等必要技术的训练。

6.6.2 国际空间实验室/站的发展

从20世纪70年代苏联发射第一个空间实验室"礼炮1号"开始,世界各国选择了不同的发展空间实验室/站的道路。一种是苏联和美国模式,在冷战思维和军备竞赛的历史条件下,它们都选择了独立自主的发展方向,建造了可自主在轨运行的空间实验室;另一种是欧洲和日本模式,在国际合作思想的指导下,建造了空间段形式的空间实验室,由航天飞机搭载或与空间站对接实现在轨运行。

下面分别介绍世界各国空间实验室/站的发展情况。

1. 苏联/俄罗斯

苏联/俄罗斯首先通过载人飞船突破载人飞行技术,然后开展空间站的研制工作。在完成了首次载人航天飞行后,苏联的载人航天飞行计划加快了发展步伐,迅速由单一的短期飞行过渡到航天员长期驻留在轨道上。苏联航天工作者建造了"礼炮"号系列空间实验室,能长期保证乘组的生命活动及工作。"礼炮"计划从1971年到1982年,发射了9艘单模块的空间实验室(后期升级为空间站),用于开展对人长期在轨生活以及其他生物、天文领域进行长期试验研究,验证地面的设计结果。

苏联/俄罗斯空间实验室/站的发展大致可分为三个阶段。

第一阶最为实验型空间实验室,包括"礼炮1号"至"礼炮5号"。其中"礼炮1号"为军民两用,"礼炮2、3、5号"为军用,"礼炮4号"基本为民用。"礼炮1号"于1971年4月19日发射。这个时期的"礼炮"由轨道舱、服务舱和对接舱组成,总长约12.5 m,最大直径4 m,总质量约18~19 t,可居住6名航天员。装有各种试验设备、照相摄影设备和科学实验设备。它只有一个对接口,可与"联盟"号载人飞船对接。

第二阶段为实用性空间站,包括"礼炮6号"和"礼炮7号",与"礼炮1号"至"礼炮5号"根本性的区别是有2个对接口,可以同时与2艘飞船对接。"礼炮6号"的总质量19 824 kg,有效载荷1 500 kg。"礼炮6号"和"礼炮7号"在轨期间各用了12艘货运飞船向2个空间站供应了约5.5 t的货物(含推进剂),从而提高了载人航天器的在轨寿命。"礼炮6号"驻站33人次,驻站时间676天,"礼炮7号"驻站26人次,驻站时间815天。苏联在"礼炮6号"和"礼炮7号"上进行了大量的对地观测、材料加工、生命科学、天文学和地球物理学等方面的研究和实验,并有几十名航天员进入其中,开展了多次舱外活动。图6-28为"礼炮6号""礼炮7号"空间站。

第三阶段为长久性空间站,即"和平"号空间站及其空间复合体。"和平"号空间站于1986年2月20日发射,是世界上第一个采用多模块积木式构形的长久性空间站,如图6-29所示。

需要指出的是,俄罗斯在当今世界载人航天领域取得的技术领先地位,与建造和发射"礼炮"空间站密切相关。通过研制"礼炮"系列,俄罗斯航天工作者获得了大量研制空间站核心舱的经验,迄今最大最著名的"和平"号空间站和国际空间站,其核心舱分别用的就是"礼炮"计划的最后两个产品,如图6-30所示。

图 6-28 "礼炮 6 号"(左)和"礼炮 7 号"空间站(右)

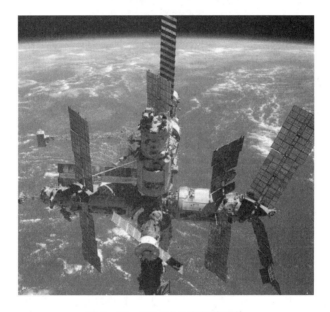

图 6-29 "和平"号空间站照片

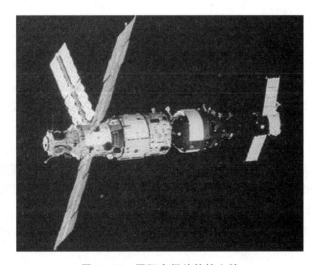

图 6-30 国际空间站的核心舱

2. 美 国

美国发展空间实验室/站与苏联不同,更注重先进性,但欠缺连续性和继承性。

美国首先研制了"天空实验室",如图6-31所示,于1973年5月14日发射。它有两个目的:一是作为未来空间站计划的过渡环节,带有试验性质;二是进行科学实验。

图6-31 美国的"天空实验室"

这个空间站全长36 m,最大直径6.7 m,总质量77.5 t,由轨道舱、过渡舱和对接舱组成,可提供360 m³的工作场所。在1973年5月25日至1974年2月8日先后有3批乘员组进入,共载人飞行171天。在载人飞行期间,航天员进行了270多项生物医学、空间物理、天文观测、资源勘探和工艺技术等试验,并研究了人在空间活动的各种现象。

之后,美国为体现航天技术的先进性和降低发射费用,转向发展航天飞机,并在1984年开始提出建设空间站的构想,并作为人类在月球和火星上建立基地的中转站,但由于其技术跨度太大,技术储备不够而不得不多次调整计划和规模。1993年最终演变为必须大量应用俄罗斯航天技术的有16国参加的国际空间站。

3. 欧 洲

欧洲采用化整为零、分步实施的模式建设空间实验室,但由于其技术发展没有系统性,许多方面依赖美国,因而没有能力独立发展自己的载人航天和空间站技术,只是通过国际合作的方式取得了一部分进展。欧洲建造的空间实验室包括"空间实验室"和"哥伦布实验舱"。

"空间实验室"由压力舱、多个U形台架(相当于非密封舱段和暴露平台)、连接压力舱和航天飞机轨道器的通道三种标准构件组成,采用了模块化设计方案。压力舱又包括核心舱和实验舱。核心舱安装相关生命保障系统和数据处理设备,设有对外观察窗口,实验舱安装各种科学仪器,顶部有气闸舱,用于舱外活动。"空间实验室"飞行时搭载在美国"哥伦比亚"号航天飞机货舱内,入轨后1~4名有效载荷专家由轨道器的乘员舱进入,进行实验。研究的领域包括对地观测、天文观测、生命科学研究、生物医学试验、工业技术研究等。图6-32所示为欧洲的"空间实验室"。

图 6-32 欧洲的"空间实验室"

"哥伦布实验舱"作为"国际空间站"的重要组件,是欧洲航天局参与空间站建设的象征之一,是欧洲载人航天飞行计划的关键,于 2008 年 2 月 7 日由美国航天飞机"亚特兰蒂斯"号搭载升空,并于 11 日与国际空间站对接。图 6-33 为"哥伦布实验舱"剖视图。

图 6-33 "哥伦布实验舱"剖视图

4. 日 本

日本的发展模式与欧盟的模式相近,不具备独立研制和发射载人航天器的能力。"希望"号实验舱是日本建造的第一个空间轨道载人设施。

"希望"号实验舱最多可容纳 4 人,由舱内保管室、舱内实验室、舱外实验平台、舱外集装架、机械臂和通信系统 6 大部分组成。舱内保管室主要作为保管仓库使用,室内有实验设备、维修工具、实验材料以及仪器出现故障时供替换的设备。舱内实验室外径 4.4 m,长 11.2 m,航天员可以身穿普通衣服在实验室内工作。舱外实验平台可利用宇宙微重力、高真空等特殊条件进行地球观测、通信、材料实验等研究。舱外集装架是向舱外实验平台运送以及回收实验设备的过渡平台。航天员可在舱内实验室里利用监视器,通过操纵台控制机械臂工作。

2008 年 3 月 11 日,"希望"号实验舱的舱内保管室随美国"奋进"号航天飞机运送到国际空间站。同年 6 月和 2009 年 3 月,舱内实验室和部分舱外实验平台设备也由航天飞机运抵国际空间站并完成了在轨组装，"希望"号拥有流体物理实验装置、溶液和蛋白质结晶生成装置、细胞培养装置、X射线监视装置等约20种实验设备，科学家可以利用微重力、宇宙辐射、丰富的太阳能等宇宙空间的特殊条件，进行各种科学研究。

6.6.3 中国空间站建设

在我国"神舟"飞船取得一系列成功的基础上，决定建立空间实验室系统，开展空间站实施方案论证。

1. 中国空间实验室基本功能

中国空间站实施方案要求，中国的空间实验室应具备以下三类功能：自主飞行及试验支持功能、交会对接功能、航天员驻留技术支持功能。其中，自主飞行及试验支持功能包括了自主供电、测控通信、热控、环境控制与生命保障、轨道与姿态控制，并具有一定的空间防护能力；交会对接功能包括了轨道相位调整、姿态保持、交会对接、支持组合体管理；航天员驻留技术支持功能包括了工作和生活空间支持、医学和能效学支持、生活保障支持、出舱活动支持等功能。具体任务要求如下：

- 作为交会对接目标，参与交会对接技术试验；
- 为航天员的在轨工作、生活提供必要的条件，并保证航天员安全；
- 为开展空间应用、空间科学实验与技术试验提供基本条件；
- 初步建立能够在轨长期可靠运行的载人空间试验平台，为建造空间站积累经验。

2. 中国空间实验站发展之路

中国首个空间实验室的雏形"天宫1号"已于2011年9月29日成功发射。作为中国建立空间站计划的序幕，"天宫1号"目标飞行器由实验舱和资源舱组成。实验舱是密封舱，支持3名航天员工作和休息；实验舱后锥段与资源舱是非密封环境，安装相关设备，包括太阳翼、发动机等。实验舱前端框安装1个对接机构，完成交会对接任务。2013年6月，"神舟10号"升空后，已完成与"天宫1号"的交会对接，并在"天宫1号"完成了有关科学实验。

2016年9月15日，"天宫2号"空间实验室顺利升空，中国载人航天事业迈入空间应用发展新阶段。"天宫2号"作为真正意义上的空间实验室，与"神舟11号"载人飞船完成交会对接，实现了飞得更高、试验更多、载人飞行时间更长等成果。在轨期间，"天宫2号"搭载机械臂登空、验证了推进剂补加技术、增强载人宜居环境设计，为太空中国"家"的全方位技术升级，也为中国空间站的实际建造，奠定了坚实可靠的基础。2019年，"天宫2号"空间实验室在轨飞行1 036天后，返回地球。

2021年，中国空间站"天和"核心舱启程飞向苍穹，中国空间站在轨组装建造正式拉开大幕。一批批航天员接力登空，在"天和"核心舱中完成了空间站在轨组装建造、维护维修、监控和管理等工作，以及机械臂操作、出舱活动、舱段转移与空间科学实验、技术试验等一系列任务，进一步验证了载人天地往返运输系统的功能性能，全面验证了航天员长期在轨驻留、再生生保等一系列关键技术，在轨验证了航天员与机械臂共同完成出舱活动及舱外操作的能力。

2022年7月24日，搭载"问天"实验舱的"长征五号B"运载火箭，在中国文昌航天发射场点火发射，发射取得圆满成功。次日，"问天"实验舱成功对接于"天和"核心舱前向端口。2022年10月31日，我国迄今为止最重最大的航天器——中国空间站"梦天"实验舱，由"长征

5号B"运载火箭在文昌航天发射场托举升空;随后,"梦天"实验舱精确入轨,发射任务取得圆满成功。同年11月3日,"梦天"实验舱顺利完成转位,"天和"核心舱、"问天"实验舱以及"梦天"实验舱三舱形成了空间站"T"字基本构型组合,这标志着中国向建成空间站的目标迈出了关键一步。中国空间站在轨运营10年以上,可支持3名航天员长期驻留,乘组轮换期间可支持6人驻留,能保障航天员的日常生活起居、就餐、在轨锻炼等一系列活动;舱内、舱外均可支持开展空间应用,支持在轨实施空间天文、空间生命科学与生物技术等多个学科领域的数百项科学研究与应用项目。中国空间站的神圣使命就是成为太空中的中国国家实验室,支持科学家从事前沿科学探索、空间技术研究和空间资源的开发利用。图6-34为中国空间站示意图。

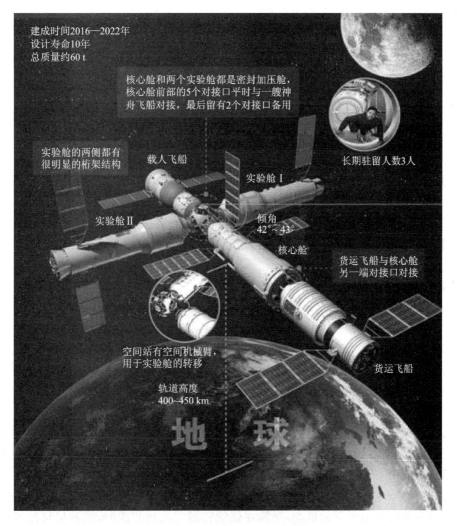

图6-34 中国空间站示意图

着眼于空间站的未来建设,我国将选拔出12~14名预备航天员,包括航天驾驶员7~8名,航天飞行工程师和载荷专家5~6名。未来,他们将作为中国航天队伍的新成员,开启探索浩瀚太空、建设航天强国的新征程。

6.7 空间应用系统

空间应用系统的主要任务是利用载人飞船的空间实验支持能力开展各项科学实验和应用研究。空间应用系统作为载人航天工程重要系统,有着很强的实用性,它与人们的生活、环境息息相关。载人航天工程一期应用系统包括 27 项 254 件装船有效载荷及有效载荷中心和空间环境预报中心。在对地观测、地球环境监测、空间天文、空间环境、空间生命科学、空间材料科学和微重力流体物理实验等多个领域开展了大量的实验和研究工作,取得了丰硕的成果,这是我国在空间科学与应用领域,涉及学科领域最多、规模最大、内容最丰富的研究活动。

空间应用系统主要有空间对地观测和空间科学研究两个方面,其中空间科学研究又包括:

- 空间天文和空间环境研究。在地球大气层圈外的空间每时每刻都在发生着轰轰烈烈的变化,了解和掌握与人类空间活动密切相关的日-地空间环境对人类进行空间活动,预知地球上的自然现象十分重要。
- 空间科学实验研究。空间是一个特殊环境,具有微重力、超高真空、高热和深冷、强辐射等地球环境所不具备的特点。人类基于地面上建立的很多规律、定律和公式在空间特殊环境下会出现新的差异。要开发和利用空间必须重新探索和研究,建立全新的物理、化学及生物学等各个领域的规律和定律。
- 太空产业技术研究。空间的特殊环境是人类生产,特别是要求高洁净、高真空、超微精细、均匀等高精产业技术的理想实验场所,在地面无法获取或者无法认知的机理,在空间可能得到解决,以指导地面工艺、技术改造,提高生产效率和效益。

6.8 着陆场系统

着陆场系统是航天员安全返回地面的最后一个环节,也是最为关键的环节之一。它的主要任务是:飞船在太空飞行后,从返回舱再入大气层开始,利用先进的无线电测量系统,对目标进行捕捉、分析和落点预报,然后迅速逼近返回舱,并对返回舱进行处置,再安全运回基地。

载人航天着陆场的选择应满足以下各方面的技术要求,并相互制约:

- 载人航天着陆场应选择在地势平坦、土质松软的地区,没有高大山脉和大江大河,没有大的城镇、大中型工矿企业和重要军事设施,远离高压电线和铁路干线,地面倾斜度不宜过大,短距离倾斜不应造成返回舱剧烈翻滚,以保证返回舱安全着陆,最终确保航天员生命安全。
- 着陆场必须是飞船运行轨道星下点经过的地区,尽可能选择星下点较多的地区,以便飞船具有较多的可返回机会,飞船在轨运行期间出现故障时,能够尽可能返回着陆场或附近地区,可为航天员救援提供较好的保障条件。
- 着陆场所在地区的地理纬度不能超过飞船运行轨道倾角,最好接近飞船轨道可达最高纬度,以便有较多的轨道圈次经过着陆场。
- 载人飞船的返回方式一般包括升力控制式和弹道式两种,中国的载人飞船正常情况下采用升力控制式返回,异常情况下允许采用弹道式返回。着陆场范围的确定必须确保飞船采用弹道式返回时(着陆精度较差),返回舱不能着陆于本国领土外的区域。

- 中国载人飞船采用了无控能力的环帆伞着陆方式,着陆精度相对可控翼伞着陆方式差一些。因此,在着陆场选择确定多个瞄准着陆点时,要结合返回舱着陆方式的限制,合理划定着陆场的边界。
- 为确保返回舱着陆安全,要求着陆场具有较好的气候条件,雷暴、大风等危险天气的概率较低。另外,考虑到目前科学技术水平,天气预报还存在一定的不确定性,应同时选择两个着陆场,它们的气象条件具有较好的互补性,在任务中,可以起到气象备份的作用。
- 选择确定着陆场时,要尽量保证飞船返回时经过国内的地面航迹尽可能长,以便能够综合利用国内现有测控网资源,完成返回段的跟踪测控,提高测控通信覆盖率,并满足返回舱落点预报的要求。
- 为便于快速搜救航天员,要求着陆场附近具有较好的社会依托条件,交通方便,着陆场附近最好有机场和医院等保障条件。
- 副着陆场尽可能在与主着陆场同一返回圈或相邻的返回圈上选择,飞船返回主着陆场和返回副着陆场时其制动点位置应基本相同,最大限度地综合利用测控资源,实现整体效益最优化。

世界各国的载人航天器着陆方式各有不同,有在陆地、海上、机场降落之分。

俄罗斯的主着陆场设在拜科努尔发射场东北的草原上。选择这个地区主要是因为地域开阔,人烟稀少,自然条件适宜;同时,拜科努尔发射场的测控通信设备可用于飞船返回和回收测控。

美国的主着陆场设在肯尼迪航天中心,位于佛罗里达州卡纳维拉尔角,美国爱德华兹空军基地位于洛杉矶东北部沙漠中,是一个综合性航空基地。由于它位于沙漠中,气候干燥少雨,因此被选作航天飞机着陆的第一后备机场。

中国的主着陆场设在内蒙古中部草原的四子王旗,这里海拔1 000～1 200 m。副场选在酒泉卫星发射中心附近地区。

图6-35、图6-36与图6-37分别为中国着陆场、美国着陆场和拜科努尔着陆场概貌。

图6-35 四子王旗着陆场

图 6-36 美国肯尼迪航天中心主着陆场

图 6-37 拜科努尔着陆场

思 考 题

1. 航天载人系统由哪几个分系统组成？
2. 航天员环境控制系统的任务包括哪些部分？
3. 发射场选址的要求是什么？
4. 航天测控站的任务是什么？
5. 空间实验室由哪些部分组成？
6. 载人航天着陆场的选择应满足哪些方面的技术要求？

第7章 航天技术的应用

航天技术发展一日千里,日新月异。20世纪50年代苏联发射第一颗人造地球卫星之后的最初几年,苏、美两国也只是将发展航天技术作为彰显自己国家实力和科技水平的手段;到60年代中期,世界各国才开始注意发展应用卫星,在航天器上使用各种专门仪器进行遥感、信息传输和搜集各种探测数据的初期试验;70年代以来,开始对空间环境及其高远位置进行各种开发利用试验,突破了通信、导航、气象、资源、科学、军事和星际探测等众多应用领域的关键技术。目前,应用卫星已经进入国际商业化阶段,极大地推动了人类社会政治、军事、经济和文化生活的丰富和发展。航天技术飞速发展并取得一系列的成就,显示出它对促进国民经济发展的重大作用。航天技术不仅为经济建设、科学文化和社会生活等各个领域提供了有力的工具,而且已成为体现一个国家综合国力和科学技术发展水平的重要标志。

7.1 航天技术在科学研究上的应用

航天技术是在许多基础科学的基础上发展起来的一门综合性技术,航天技术的发展反过来又大大促进了基础科学和现代技术的发展,特别是在天文学、空间物理学、地球科学、航天医学和生命科学等方面,取得了惊人的发现和突破性的成果。

7.1.1 天文观测和深空探测

天文学是一门十分古老的科学。在人造卫星上天之前,人们只能在地面上,由天文台利用天文望远镜和射电望远镜观测天体。由于大气层的存在,天体发出的绝大部分光和电磁辐射都被大气遮挡了,只有一小部分能够到达地面,地面观测结果往往很不完整。同时由于大气的折射和色散,天体的位置和颜色失真,故难以了解宇宙的真面貌。地面上观测天体还要受到天气的限制,阴天、雨天以及白天的阳光下观测天体都会有不少困难。

航天技术的发展使天文观测发生了质的飞跃,人造卫星可以将各种观测仪器送到几千千米高度的大气层之外的太空,或者由天文学家乘坐飞船或航天飞机到太空去,在那里没有大气的遮拦,可在全波段范围内对太阳、月球、行星以至整个宇宙进行观测。空间天文观测促进了一门新学科——空间天文学的形成,它的重要价值在于使人类摆脱长期受地球大气束缚的状态,大大扩展了宇宙天体电磁辐射的观测范围,改变了数千年来只在可见光和射电两个狭窄波段上"坐井观天"的局面,为人类进一步探测和了解宇宙提供了有力的手段。

天文卫星就是装载有各种天文观测仪器的人造卫星。现已发射的天文卫星按照观测目标的不同可分为2大类:以观测太阳为主的太阳观测卫星和以探测太阳以外天体为主的非太阳探测天文卫星。世界上第一颗天文卫星是美国在1960年发射的"太阳辐射监测卫星",这一系列的卫星至1976年共发射了10颗。它主要用于探测太阳的紫外辐射和X射线,在周期为11年的整个太阳活动周期内进行连续监测并提供实时观测数据,据此预报太阳的质子和电子事件。美国从1962年开始发射专门观测太阳轨道的太阳观测台系列卫星,至1975年共发射

8颗。它的主要任务是对太阳紫外线、X射线、γ射线、日冕、耀斑等进行综合观测,持续进行了整个太阳活动周期的观测,获得了大量观测数据和谱线强度测量资料。欧洲在1995年发射的太阳和日球观测台,主要任务是观测太阳表面、日冕和太阳风,都取得了大量的新成果。

已发射的非太阳探测天文卫星也不少。这些天文卫星除了可见光观测卫星外,还包括红外天文卫星、紫外天文卫星、X射线和γ射线天文卫星等。这些天文卫星都有专门的用途,探测不同射线特性的天体。如美国1968年和1972年发射的轨道天文台是最早专门用于紫外线观测的天文卫星;1970年发射的小型天文卫星则是专门探测X射线的天文卫星;苏、法、丹麦联合研制的石榴石卫星,主要任务是对γ和X射线源进行观测。从20世纪90年代开始,美国实施"大观测计划",即发射4颗大型天文卫星,以便进行全波段观测。它们是哈勃空间望远镜、康普顿γ射线观测台、钱德拉X射线望远镜和红外空间望远镜等。这些卫星是当代最先进的天文卫星,突破了地球大气层对各种天体辐射的阻挡,获取了来自宇宙空间全波段的电磁辐射,取得了许多重要的成果。例如,通过哈勃望远镜,大大增进了人类对宇宙大小和年龄的了解;证明了某些宇宙星系中央存在超高质量的黑洞;探索到宇宙诞生早期的"原始星系",使天文学家有可能跟踪宇宙发展的历史;清楚地显示了银河系中类星体这种最明亮天体存在的环境;发现木卫二和木卫三的大气中存在氧气;拍摄到第一幅太阳系外的行星图像。康普顿γ射线观测台使宇宙射线的观测范围扩大了300倍,曾观测到银河系中喷射出来的反物质粒子云,在天文学界引起轰动。钱德拉X射线望远镜发现了宇宙中存在大约7 000个X射线源;通过红外天文卫星的探测了解到宇宙中充满尘埃的地方远远比早先知道的多得多。

目前世界上已经发射了许多不同用途的天文卫星。随着航天技术和天文观测的深入发展,更先进的天文卫星会越来越多,从而不断深入地揭示宇宙的真实面目。

作为空间天文学的延伸,深空探测使人类对天体的认识开始从远远的天文观测转向对月球和行星的实地探测。首先是对地球的近邻——月球的探测。自从1959年苏联成功发射"月球1号"探测器(见图7-1),50多年来人类对月球的探测取得了极大的进步。在20世纪60年代到70年代初,苏、美两国向月球发射了大量无人月球探测器。自1959年1月至1976年8月,苏联共发射了24个"月球"号探测器,其中1966年1月发射的"月球9号"首次在月面软着陆成功,从月面发回了一批中等分辨率的全景照片和月面辐射水平的照片;1966年10月发射的"月球12号"在绕月飞行的轨道上成功发回了月球表面的电视图像;1970年11月发射的"月球17号"在月面着陆后,首次采用了一种8个轮子的月球车,在地面遥控下对月面进行考察,在月面上工作了

图7-1 "月球1号"探测器

10.5个月,行驶距离达10.5 km,向地球传回了2万多幅月面照片。

美国在1961—1967年研制了"徘徊者"号、"勘测者"号和月球轨道器3种无人月球探测

器,3种探测器都是为"阿波罗"载人飞船登月做准备的。1966—1968年美国共发射7个"勘测者"号探测器,其中5个在月面软着陆成功。"勘测者"号探测器除了发回大量月面照片外,还能按地面指令挖掘岩样供土壤分析器进行分析。1966—1967年,美国共发射了5个月球轨道器,共拍摄了2 800多幅高清晰度的月球照片,绘制了1∶4 800的月面地形图,选择了8个载人登月的候选着陆区。

1968—1972年,美国共发射了12艘载人的"阿波罗"飞船,其中6次将共12名航天员送上月球,航天员在月面共停留约300 h,从月球带回约382 kg的月球岩石和土壤样品。

20世纪80年代后期开始,许多国家又提出了重返月球的计划。特别是1998年1月美国成功发射了"月球探测者"号探测器,又掀起探测月球的热潮。1998年1月10日,"月球探测者"号抵达月球轨道进行环月飞行,距离月面高度约100 km;3月5日根据"月球探测者"号发回的数据资料分析表明,月球的北极和南极地区存在氢元素,这表明月球两极下面可能存在冰态水,估计总存量多达100亿吨。1999年7月31日,美国国家航空航天局决定让"月球探测者"号撞击月球南极一座环形山内侧的山壁,以便利用撞击产生的高温将游离于月球土壤和岩石中的冰气化,以蒸汽形式挥发出来,从而确定是否存在水源。但遗憾的是,实施撞击后未观测到有水蒸气出现。因此,"月球探测者"号探测月球的水源尚无结果。月球上到底有没有水,仍将是今后发射月球探测器的一个十分诱人的目标。

21世纪将是月球探测的又一个高潮,而建立月球基地、开发与利用包括矿产资源在内的月球资源是未来月球探测的主要目标。2006年12月4日,美国国家航空航天局对外公布"重返月球"计划,其核心目标是在月球上建立永久基地,并以此为跳板,为人类登陆火星甚至探索更遥远的太空做准备。2017年,美国再次公布重返月球计划,并成立了"国家太空委员会"。

2003年9月27日,欧洲成功发射了它的第一颗月球探测器——"智慧1号",标志着欧洲探月活动正式开始。"智慧1号"于2005年3月进入预定的环月轨道,2006年9月3日撞击月球优湖地区,在此期间取得了丰富的科学成果。该探测器采用了太阳能电火箭等多项新技术。

2007年9月14日,日本"月亮女神"探月卫星发射升空,开始为期一年的月球探测活动。

2007年10月24日,中国自行研制的第1个月球探测器——"嫦娥1号"月球探测卫星飞向月球,并于2007年11月20日开始传回所拍摄的月面图像;2010年10月1日,"嫦娥2号"西昌卫星发射中心发射升空,并获得了圆满成功;2013年12月2日,"嫦娥3号"探测器发射成功,首次实现月球软着陆和月面巡视勘察。

在探测月球的同时,人类还发射了一系列行星探测器,飞往火星、金星、水星、木星、土星、天王星和海王星。自1962年11月苏联发射"火星1号"探测器以来,迄今人类已向火星发射了30多个探测器,其中2/3以失败告终,成功抵达火星的探测器则向地球发回了大量的数据和图片,提供了极其重要的信息,使人类对火星的认识得到不断地更新。寻找水和生命是当前火星探测的首要目标。火星上是否有水直接关系到是否存在生命。图7-2所示为"火星3号"探测器。2002年,美国火星"奥德赛"号探测器传回的数据显示,火星表面存在大量的氢元素,科学家推测火星上存在大量的冰冻水,但仍存在争议。2003年6、7月间,欧洲空间局和美国相继发射"火星快车"号和携带"勇气"号与"机遇"号火星车的火星探测"流浪者"号探测器,并于2004年1月间相继抵达火星。据称,正在环火星轨道运行的"火星快车"号探测器发现火星南极存在冰冻水,这些冰冻水部分裸露在火星表面。这是人类首次直接在火星表面发现水。

而"勇气"号和"机遇"号也在火星表面发现了水的痕迹。美国国家航空航天局的"好奇号"火星探测器是一个汽车大小的火星遥控设备(见图7-3),是美国第5个火星着陆探测器,也是第一辆采用核动力驱动的火星车,其使命是探寻火星上的生命元素。2011年11月26日,"好奇"号火星探测器发射成功,顺利进入飞往火星的轨道。2012年8月6日成功降落在火星表面,展开火星探测任务。

图7-2 "火星3号"探测器

图7-3 "好奇"号火星探测器

木星是太阳系8大行星中最大的一颗,拥有为数众多的卫星群,而且是一个内部具有热能,向空间辐射热量的天体。通过对木星的研究,有助于了解太阳和太阳系的演变和起源。1972—1979年间,美国发射的"先驱者10号""先驱者11号""旅行者1号""旅行者2号"两对行星际探测器曾先后掠过木星,对木星进行了详细的考察。然后,又在1989年和1997年先后发射"伽利略"号和"卡西尼"号前往木星等行星作进一步考察。

"先驱者10号"(见图7-4)是第一个访问木星的使者,它穿过危险的小行星带和木星周围的强辐射区,经1年零9个月,行程10亿千米,于1973年12月飞临木星,向地球发回了300多幅木星及其卫星的照片。它发现木星有辽阔的磁场和强大的辐射带,分析了木星大气中的气流,获知木星也有类似土星的光环,首次发现木星主要由液体和气体组成。1974年12月,"先驱者11号"也在距木星4.2万千米的木星北极上空掠过。

"旅行者1号"(见图7-5)于1979年3月抵达距木星27.8万千米的地方,靠近探测了木星的前5颗卫星。发现木星的光环由大量暗黑的碎石块构成,每个石块的大小从数十米到数百米不等,它们绕木星旋转。在木星背阳面发现长达3万千米的北极光。木星的大红斑在不停地运动,还有波动的大气环流。1979年7月"旅行者2号"抵达木星,距离最近时约64万千米,从它发回的照片上发现了木星的第14、15、16颗卫星,证实了木星暗光环的存在和木卫一上爆发的活火山,木卫二、木卫三、木卫四的表面存在水冰等。

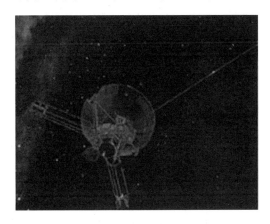

图7-4 美国"先驱者10号"

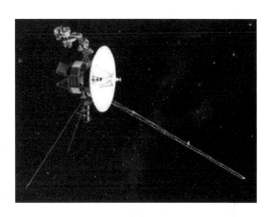

图7-5 美国"旅行者1号"

"伽利略"号探测器(见图7-6)于1995年12月飞抵木星。这次探测发现,木星大气层有强烈的狂风和湍流,风速达530 km/h;大气比预料的干燥,缺少含水量丰富的云;大气层里存在水汽对流现象,使干燥的云层产生雷暴;发现木卫一上至少有8座活火山,记录到一次巨大的火山爆发,最大喷射高度达500 km;发现木卫二上存在冰山,冰层厚约97 km,冰层下可能存在海洋,蕴藏的水量可能是地球总水量的3倍;木卫三存在磁场;木卫四上布满环形山,而且被尘埃覆盖着。

图7-6 "伽利略"号探测器

土星绚丽多姿的光环一直吸引着人们的眼球。土星的质量和体积仅次于木星,分别是地球的 120 倍和 95 倍,保留着大量太阳系形成时的原始物质。探测土星及其卫星,对于了解和认识太阳系的形成和演变同样具有重要的意义。

迄今已有"先驱者 11 号""旅行者 1 号""旅行者 2 号""卡西尼"号探测器飞临土星进行探测活动。1979 年 9 月,"先驱者 11 号"经过 6 年半的太空旅程,成为第一个访问土星的探测器。"先驱者 11 号"发现了两条新的土星光环和土星的第 11 颗卫星,证实了土星的磁场比地球磁场强 600 倍。它两次穿越土星光环平面,借用土星引力拐向土卫六,对这颗可能孕育生命的星球进行了探测。

1980 年 11 月,"旅行者 1 号"从距土星 12 600 km 的地方掠过,共发回了 1 万多幅彩色照片。这次探测证实了土卫十、土卫十一、土卫十二的存在,而且发现了 3 颗新的土星小卫星。当它从距离土卫六不到 5 000 km 的地方飞过时,探测分析了土卫六的大气,发现大气中没有充足的水蒸气,卫星表面也缺乏足够数量的液态水。

1981 年 8 月,"旅行者 2 号"(见图 7-7)飞抵土星,从云顶 10 100 km 高空飞越,传回 18 000 幅土星照片。探测发现,土星表面寒冷多风,北半球高纬度地带有强大而稳定的风暴,甚至比木星上的风暴更猛;土星也有一个大红斑,可能由上升气流重新落入云层引起扰动和旋转形成的;土星光环中不时有闪电穿过,威力超过地球上闪电的几万乃至十几万倍。"旅行者 2 号"还发现了土星 13 颗新卫星,使土星卫星增至 23 颗。

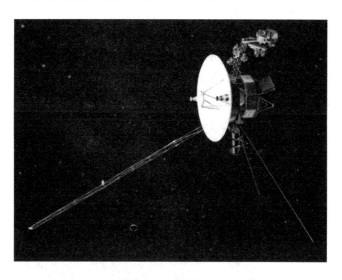

图 7-7 "旅行者 2 号"土星探测器

为进一步探测土星和揭开土卫六生命之谜,1997 年 10 月美国与欧洲空间局等合作发射了"卡西尼"号土星探测器(见图 7-8),于 2004 年 7 月飞抵土星,进入环绕土星运行的轨道进行考察。通过"卡西尼"号为时 6 年的科学考察,又获得关于土星大气、光环、磁场和众多卫星家族大量的数据和照片,与其他手段配合又发现了多颗土星卫星,使土星卫星增至 60 颗。

"旅行者 2 号"探测器在离开土星后,于 1986 年 1 月飞抵天王星,1989 年 8 月飞越海王星,成为首次探测这两颗行星的探测器。

除了对太阳系的行星及其卫星进行探测外,美国、苏联、欧洲和日本都曾发射和利用各种探测器对彗星进行观测。最早用以观测彗星的是美国发射的国际日地"探险者3号"卫星。这颗卫星原来的任务是观测太阳风,在太空运行4年后,借助月球重力场的作用变轨进入一条与贾科比尼-津纳彗星交会的轨道,成为世界上第一个穿越彗尾的探测器,因此后来改名为"国际彗星探险者"。1994年7月苏梅克-利维彗星撞击木星,世界上有许多探测器,如国际紫外线探测器、国际红外线探测器、"克来门汀"号探测器、"哈勃"空间望远镜和"伽利略"号木星探测器等,都参与了该事件的探测活动。世界上规模最大的彗星探测是1986年3月对著名的哈雷彗星回归所进行的探测活动。1984—1986年,全世界先后专门发射了5个哈雷彗星探测器,其中有苏联的"维加1号"和"维加2号"(见图7-9)、欧洲空间局的"乔托"号(见图7-10)、日本的"先驱"号和"彗星"号,以及前面提到的"国际彗星探险者",都取得了很好的探测成果。

图7-8 "卡西尼"号土星探测器

图7-9 "维加"探测器

图7-10 "乔托"号探测器

7.1.2 空间物理探测

宇宙空间发生的各种物理现象,如太阳电磁辐射、粒子辐射、磁暴、宇宙线、地球的高层大气、电离层、地磁场、微流星等,直接影响着人类生存的地球,也影响着人类的航天活动。长期以来,人们不断地利用各种方法对宇宙空间进行研究和探测,但在地面隔着大气层进行观测,"鞭长莫及、隔靴搔痒",总是收效甚微。人造卫星出现以后,为空间物理探测提供了崭新的工具。由于卫星可以发射到不同的高度,可以不受低层大气的影响,直接对空间各种粒子进行定量的研究和探测,进而对物理过程的规律进行分析,因此了解空间物理现象发生和变化的原因,为防护和利用提供准确的资料。

人造卫星出现以后的50多年来,世界各国为空间物理探测共发射了500多颗卫星。它们探测了日地空间环境,测量了地球重力场、磁场的大小和形状;发现了地球上空600～6 000 km之间的两条辐射带以及1 000 km高度由氢和氦组成的地冕;证实了太阳风的存在以及从距地表6 000～10 000 km高度延伸到60 000 km处的磁层的存在;还研究了太阳辐射中各种波长的电磁波、各种成分的带电粒子对日地空间环境的影响,特别是与地球磁场、电离层、臭氧层等相互作用的物理过程,太阳能量变化对地球环境及生物圈的影响,以及辐射环境对微电子器件的影响等。这些探测和研究都取得了丰硕的成果。

7.1.3 空间生命科学研究

空间生命科学是研究空间环境条件下生物生命活动的现象和本质的科学。它的研究对象包括微生物、植物、动物和人类本身,研究范围包括空间环境对生物体影响的空间生物学和空间医学,地球以外天体以至遥远宇宙空间生命现象的地外生物学。这一空间科学领域由空间生物学、空间医药学和地外生命科学等组成一个完整的科学研究体系。目前,空间生命科学研究的重点是空间环境对各种生物细胞和器官的影响,特别是空间辐射和微重力对生物发育、修复、免疫和骨骼等的影响程度,以及防治失重和辐射引起的免疫功能改变、骨质丧失、肌肉松弛、空间运动病和细胞组织再生能力损伤等症状。

苏联是最早开展空间生命科学研究的国家。1958年苏联发射的第二颗人造卫星就载有一条小狗进行生命科学实验。从1966年起又发射了10颗宇宙系列生物卫星,用昆虫、鱼、大白鼠、兔和猴等进行实验。"礼炮"号与"和平"号空间站上天以后,又利用空间站开展数项生命科学实验。如在"和平"号空间站上就开辟了一个温室,航天员栽培了100多种植物,用以研究失重环境对植物生长的影响。大多数植物在太空完成了播种、发芽、生长、开花、结果的全过程,证明太空也适于植物生长。航天员还多次用猴子、家犬、老鼠进行实验,观测失重条件下鹌鹑蛋的发育和孵化、果蝇的产卵和繁殖、蜜蜂筑巢、虹鳟鱼卵孵出鱼苗等。航天员还将生物样品,如装有氨基酸、细菌、蛋白质的容器放置在空间站外5 000 h,研究在紫外线照射条件下生物材料的稳定性和反应。2013年4月19日,俄罗斯航天部门在哈萨克斯坦拜科努尔发射场成功发射了一枚"生物型-1M"生物试验卫星,它携带了45只"基因纯净"的实验鼠,每一只实验鼠都有自己的基因标识,以便进行基因研究。这颗卫星上携带的生物还包括8只蒙古沙鼠及蜥蜴、鱼、微生物、植物,供科学家研究长期失重状态对生物体的影响等。

美国自1967年开始发射生物卫星,航天飞机从1982年开始就搭载植物种子到太空,观察在失重条件下的发芽生长情况;带各种小动物到太空,研究它们在失重条件下的活动反应和发育情况。1984年4月"挑战者"号航天飞机升空,搭载有蔬菜、水果、花卉等120个品种的种子,研究宇宙辐射对植物种子的效应和失重状态对种子萌芽的影响。1992年9月升空的"奋进"号航天飞机搭载有180只大黄蜂、7 600只果蝇和30只受精鸡蛋,进行了19项生物学实验,观察它们在失重环境下的繁殖和行为。1993年10月"哥伦比亚"号航天飞机上天,载有48只老鼠,研究它们从微重力环境返回重力场后的适应过程。1998年4月"哥伦比亚"号航天飞机上天,载有1 500只蟋蟀、233尾鱼、152只老鼠和135只蜗牛,研究了太空环境对动物神经系统的作用,还有11项实验以航天员为对象,研究了太空环境对人类的影响。

我国自1987年开始,利用返回式卫星先后搭载了水稻、小麦等50多种植物300多个品种以及微生物、蚕卵等,开展了空间生命科学研究,并进行了航天育种的实验,取得了显著的成绩。在1990年10月发射的第12颗返回式卫星上,搭载了两只小白鼠以及果蝇、蚕卵等,进行了动物心血管功能、免疫功能和生物遗传方面的实验,取得了宝贵的实验数据。果蝇完成了空间产卵、孵化、生殖生长的全过程,蚕卵也经过了在空间孵化发育的全过程,从而研究了空间环境因素对这些昆虫遗传、生殖和胚胎发育的影响。

7.2 航天技术在军事上的应用

航天技术是国家战略防卫能力的重要支柱和保证,是国防现代化的重要组成部分。火箭和导弹的军事用途是不言而喻的,下面主要介绍各类卫星在军事上的应用。

7.2.1 军用卫星的种类和用途

军用卫星是指用于各种军事目的人造地球卫星。目前,世界军用卫星发射的数量占卫星发射总数的2/3以上,足见军用卫星在现代军事和国防中的重要地位。军用卫星按用途一般可分为侦察卫星、军用通信卫星、军用导航卫星、军用气象卫星、军用测地卫星和拦截卫星等。部分民用卫星也兼有军事用途。

1. 侦察卫星

侦察卫星主要承担战略侦察任务,也可执行战术侦察任务,或为战术侦察情报提供旁证。利用卫星从空间进行侦察具有侦察速度快、侦察范围广,可长期、反复地监视全球,可在短期内或实时提供侦察情报,不受国界和地理条件的限制等优点。

侦察卫星又分为成像侦察卫星、电子侦察卫星、海洋监视卫星、导弹预警卫星和核爆炸监视卫星。它们利用各种不同的遥感器或无线电接收机等侦察设备收集地面、海洋或空中目标的信息,获取军事情报。

照相侦察卫星有光学成像和雷达成像两种,可对地面摄影以获得军事情报。它将目标信息记录在胶片或电磁存储器上,由地面回收胶片或接收无线电传输的图像信息,经加工处理后,判读确定军事目标的性质和地理位置。最先进的光学成像侦察卫星的地面分辨率可达0.1 m。雷达成像卫星的分辨率稍低,但可以全天候、全天时工作,排除恶劣天气造成的障碍。

电子侦察卫星上装有无线电接收机和天线等电子设备,专门用来窃听和截获敌方进行军事活动的各种无线电信号,例如,各种无线电通信的内容,预警雷达、防空雷达和反导雷达发出的电磁波,航天器和导弹试验时发出的遥测信号等。根据截获的信息,可以发现敌方导弹试验的情况,确定雷达和各种通信设备的频率和坐标位置、信号特征和作用距离等性能参数。

海洋监视卫星一般装有合成孔径雷达、无线电接收机和红外监测器等遥感设备,用以监测海情,监视海面舰艇和水下潜艇。海洋占全球表面积的72%,若用船只或飞机进行监视,需要动用成千上万的船只和飞机。利用卫星从空间向下俯视,一目了然,几颗卫星就能往返巡视全球的海面,发现和跟踪海上的军用船只。

导弹预警卫星通常在地球同步轨道或周期为12 h的大椭圆轨道上运行,装有红外探测器,能探测到数千千米以外导弹发动机喷焰的红外辐射,从而发现和跟踪导弹,并迅速将信息传至地面,从而争取到约30 min的预警时间,比地面预警雷达多一倍。

核爆炸监视卫星利用卫星上安装的探测器,探测核爆炸产生的X射线、γ射线,对核爆炸产生的中子计数,记录核爆炸火球的闪光,测量核爆炸发射的电磁脉冲。根据这些信息可以估计核爆炸的地点和规模。

2. 军用通信卫星

军用通信卫星可分为战略通信卫星和战术通信卫星两大类。战略通信卫星通常在地球同步轨道上运行,提供全球性战略通信服务。战略通信卫星通常按照核加固设计,具有抗干扰和防电子辐射的能力,在核战争场合下仍能继续工作。战术通信卫星一般在周期为 12 h 的椭圆轨道上运行,主要提供地区性近程战术通信,以及军用飞机、舰艇、车辆以至单兵背负终端机的通信。与民用卫星通信相比,现代军用卫星通信具有抗干扰性能好、机动灵活、可靠性高、生存力强等显著特点。军用通信的保密性靠地面通信终端对信息进行特殊处理来保证。

3. 军用导航卫星

军用导航卫星通过发射无线电信号为地面、海洋和空中的军事用户提供导航和定位服务。军用导航卫星定位精度高,能在各种天气条件下在全球范围内提供导航信息,而且用户终端设备简单,质量也很小。军用导航卫星主要为核潜艇提供全天候的全球导航定位服务,也为地面部队、战车、火炮、机动发射导弹、水面舰艇、空中飞机提供精确的位置、速度和时间信息。用来为攻击地面固定目标的导弹精确制导和定位,使导弹武器的杀伤力和打击效率倍增。特别是美国 GPS 全球定位系统投入运行以后,GPS 几乎进入了所有的军事领域,手持型 GPS 接收机已装备到单兵。用 GPS 制导的导弹和可制导炸弹能够全天候作战而不受恶劣天气的影响,命中精度也大大提高。

4. 军用气象卫星

利用气象卫星提供全球范围的战略地区和战场上空的实时气象资料,在现代军事活动中具有相当重要的地位。例如,用可见光照相的侦察卫星侦察敌方重要军事目标或飞机执行轰炸任务之前,需要了解当地云层的情况。海上航行的舰艇需要了解未来台风、风浪、水流速度、是否有大雾等气象情报。洲际导弹的命中精度与大气的温度、压力和风速等更加密切相关。

5. 军用测地卫星

现代战争需要各种地球物理信息,特别需要其中的大地测量信息。大地测量包括确定地球的大小和形状,地球重力场,城市、村庄和军事目标的位置,以及绘制详细地图等等。如果不能准确得到上述资料,洲际导弹、巡航导弹等就很难命中目标。因此,各国都在利用卫星进行全球大地测量。

6. 拦截卫星

拦截卫星即天基武器,包括拦截卫星的卫星和安装有定向能武器的大型卫星。拦截卫星的卫星一般不带炸药,依靠红外或微波导引接近目标,直接撞毁敌方卫星。定向能武器有太空激光武器、粒子束武器和电磁炮等,可以击毁敌方的卫星、弹道式导弹、高空巡航导弹和飞机等。

7.2.2 军用卫星在战争中的应用

早在 20 世纪 70 年代初,美国和苏联就在当时的印巴冲突、阿以战争和塞浦路斯危机期间,发射侦察卫星从空间对战场进行监视。20 世纪 90 年代以来的局部战争中,航天技术的应用日趋广泛。各种军用卫星集中应用,已成为现代战争的基本特征之一。它们发挥了其他装备无法替代的重要作用,是当代不可缺少的现代军事装备。

1991年初的海湾战争仅历时42天,但却成为一场大规模的现代化高技术战争。几十年来各国研制的各种最新式的武器都纷纷登台亮相,作了淋漓尽致的表演。据统计,为海湾地区多国部队军事行动服务的军用卫星就有32颗以上,涉及美国12个军用卫星系统和少数民用卫星,调用了包括通信卫星、导航卫星、电子侦察卫星、海洋监视卫星、导弹预警卫星和气象卫星。另外,英国提供了天网4军用通信卫星,法国提供了波斯特商用遥感卫星。战争中,通信卫星为沙特阿拉伯的指挥中心、地面部队、舰队、空军和美国最高军事当局提供通信联系,并传送各类侦察、监视、预警卫星送来的情报。电子侦察卫星昼夜不停地监听伊拉克军事系统之间的通信联系和军事活动的各种无线电信号,为对伊进行有效的电子战提供了重要情报。海洋监视卫星对海湾地区海面舰艇和水下潜艇的活动进行监视,对不明船只进行探测、跟踪定位和识别。GPS全球定位系统则为军舰、飞机、地面部队精确导航,为导弹武器系统提供定位和制导信息。包括可见光成像和雷达成像卫星在内的几种不同功能侦察卫星互相配合,对伊拉克方面各种战略、战术目标进行全天候、全天时的实时侦察,获得的情报经通信卫星送至美国的地面处理中心处理,然后将发现的目标和查明的情况以图像的形式再送回海湾多国部队指挥中心,供前线作为各级指挥作战系统重要决策的依据,为军事行动的正确决策和实施创造了良好的条件。多年来,由于美国使用各种先进的卫星,建立了多种全球性的卫星系统,在海湾战争中占有绝对的空天优势,充分发挥了航天技术在军事上的各种支援作用,使海湾战争具备了历史上空前的高技术特点。

1999年,以美国为首的北约发动了空袭南联盟的科索沃战争,这是又一场局部高技术战争的典型。战争中,美国和欧洲使用了十几种不同类型的卫星50多颗,包括美国的3颗光学成像侦察卫星,2颗雷达成像侦察卫星,2颗电子侦察卫星,1颗海洋监视卫星,3颗小型侦察卫星,24颗GPS导航定位卫星,近10颗军用通信卫星,4颗国防气象卫星,4颗民用诺阿气象卫星,2颗欧洲静止轨道气象卫星,英国的天网通信卫星,法国的太阳神侦察卫星,以及美国的陆地、法国的斯波特等民用遥感卫星。这些卫星直接参与了北约部队的侦察、评估、制导和协调等许多任务,特别是制定空中打击目标和评估打击的效果,在这场战争中发挥了至关重要的作用。

科索沃地区天气多变,给空袭带来很多麻烦,对拍摄特定目标图像的侦察卫星影响也不小,为此北约投入了10颗气象卫星参战,为空袭行动提供全面准确的气象服务。GPS全球定位系统在科索沃战争中也发挥了巨大的作用,空袭中使用的导弹和制导炸弹大多数采用GPS制导,命中精度大大提高。飞机投放导弹和炸弹的距离也更远,使载机更加安全。用卫星制导导弹和炸弹,提高了命中精度和杀伤力,不需要用地毯式轰炸,节省了导弹和炸弹,而且也减少了附带破坏。

7.3 航天技术在基础产业建设中的应用

7.3.1 在农业现代化建设中的应用

农业是国民经济的基础,利用航天技术为农业现代化建设服务是航天技术应用的一个重要方面。我国航天事业发展的实践证明,通信广播卫星、资源卫星、气象卫星、返回式遥感卫星都可以在农业现代化建设中得到广泛的应用,取得明显的经济和社会效益。航天高科技与现代农业技术相结合,正在形成一门新兴的科技产业——航天农业。这将对推进高产、优质、高效农业的发展做出新的贡献。

1. 卫星遥感对农业土地资源的调查

土地资源是最重要的农业资源。发展农业首先必须了解土地,根据土壤不同质地,因地制宜地实施耕作、种植、施肥和土壤改良。土地资源的数量、质量及其利用状况很大程度上制约着一个国家的农业发展水平。只有全面掌握土地资源数据,才能制定出科学的、切合实际的农业发展规划。

进行农业土地资源调查,一般需要运用航空、航天、地面调查等各种手段,并采用可见光、红外、多光谱等不同的遥感手段。运用航天遥感手段调查监测土地资源的主要内容和作用如下:

- 根据遥感图像的判读和分析,掌握各种土壤、土地的分布情况,绘制出县、地、省以至全国或大地区、大流域的各种比例尺的土壤、土地分布图。
- 根据遥感图像的判读和分析,调查研究各地区土地利用状况,分析土地利用强度和利用管理水平,以及管理中成功的经验和存在的问题,寻找宜农、宜林、宜牧的后备土地资源,进行各类土地面积的数量统计和质量评价,为进一步合理开发利用土地资源制定科学规划,进行合理的农业发展分区。
- 根据遥感图像分析探测土壤肥力状况,包括耕作层结构,腐殖质含量,温度,湿度,地下水位深度,土壤侵蚀程度,土壤盐渍化、沼泽化、风沙化程度,以及影响植物正常生长的其他因素等,绘制全国土地侵蚀图,为制定水土保持规划提供依据。同时,还可对土壤改良、水资源情况等进行动态调查和监测。

我国已利用航天、航空遥感技术进行了全国土壤普查、土地利用状况调查、青藏高原土地资源详查、全国水土流失概查,基本上查清了国土资源的状况,包括水田、旱地、水浇地面积;森林、草原、沼泽、湖泊、水库、戈壁、沙漠、盐碱滩面积;冰川、雪山、荒坡的数量等,为建立土地利用管理信息系统奠定了基础。

2. 利用卫星对农作物进行监测和估产

航天遥感技术可以对农作物进行监测,为政府有关部门及时掌握农业生产状态提供了十分有效的手段,包括对各类粮食和经济作物的播种面积、各生长期的长势情况进行监测,以适时地指导田间管理,如灌溉、施肥、中耕、防治病虫害等。同时借以估计粮食产量,指导调整国家的粮食调拨、储存、进口和出口,为宏观决策部门提前对粮食、经济作物的预测、预报提供依据。

美国是世界粮食出口大国。为掌握主动权,20世纪70年代末美国开始利用气象卫星对苏联、澳大利亚、中国、阿根廷、印度和加拿大等国家的农作物生产状况和产量进行监测,以及时调整其粮食进出口策略和价格,从中受益匪浅。目前,美国、俄罗斯、加拿大等国利用航天遥感对小麦估产的准确度已达到90%以上。日本、印度、巴西、澳大利亚、泰国、菲律宾等国也相继开展小麦、水稻、大豆、玉米、棉花、甜菜、甘蔗等作物的卫星估产研究,取得了一定的结果。我国利用气象卫星对冬小麦进行估产研究,经过5年试验,总预报准确度已达95%以上,并开展了对玉米、水稻、大豆、牧草、大白菜等的估产试验研究,也取得了较好的成绩。

3. 开发太空资源，培育农作物良种

航天技术开拓了太空环境资源为人类所利用的方式，包括高远位置、微重力、强辐射、高真空、高洁净和太阳能等，给人类带来了巨大的利益，其中利用太空环境研究植物生长和发育变异就是航天飞行任务的重要内容之一。1987年以来，我国开始利用返回式卫星和载人飞船进行农作物种子搭载和育种试验，取得了良好的成绩和效益。这种经太空处理后，再到地面选育农作物新品种的方法称之为航天育种。航天育种的特点是有益变异多、变幅大、稳定快，因而容易培育出高产、优质、早熟、抗病的良种，如水稻出现了大穗、大粒、优质、高产的惊人效果；小麦在株高、品质等性状上发生了很大变化，获得多种矮株、丰产、早熟的后代；青椒的优势特别明显，已培育出一种高产、优质、抗病力强、维生素含量高的新品系，最大的一个青椒重达700多克，国内已大面积推广种植，产量比一般良种提高30%以上。

4. 卫星通信是农业现代化的重要手段

航天技术、信息技术和计算机的应用，正在有力地推动农业技术的进步。卫星电视教育已成为提高城乡劳动者文化素养和劳动技能的有力工具，目前全国有1 000多万农民和乡镇企业职工收看关于农村技术培训的电视节目。卫星电视教育已成为形成智力资源优势，并转化为实际生产力的重要手段。卫星通信和卫星遥感的综合应用，不但形成了对风灾、水灾、旱灾、森林火灾和病虫害等自然灾害进行长期监测的系统，而且为建立全国农业信息系统和农业综合管理系统奠定了基础。

7.3.2 卫星通信的应用与空间信息高速公路

通信卫星是各种应用卫星中对社会影响最大、效益最显著的卫星。卫星通信在促进社会进步和信息化过程起着十分重要的作用。卫星通信具有包括光纤在内的其他现代通信手段所不能代替的特殊优点：

- 通信距离远，覆盖面积大。一颗相对地球静止的同步轨道卫星可覆盖地球表面积的42%。
- 系统安全可靠。整个通信链路的环节少，通信可供性强，可靠性高。
- 无缝覆盖。对偏远地区、复杂地形地貌、空中和海上任何地方，在任何时间都能提供可靠通信的最重要手段。
- 机动灵活。可不受当时当地条件的限制，快速、灵活地建立话音、数据或视频通信，实现世界范围内重大事件响应、自然灾害紧急救援，以及战争情况下的通信。
- 适应性强的网络构成能力。能实现点对点、一点对多点、多点对多点、对称或不对称容量的多种业务类型的通信网络。

到目前为止，全世界已发射的广播通信卫星有1 500多颗，占全部空间飞行器发射总数的26%。在轨工作的通信卫星有200多颗，应用于包括固定通信、移动通信、军用通信、电视直播、数据中继、公众互联网、微机直联等各种通信领域。

我国自1984年成功发射第一颗静止轨道试验通信卫星——"东方红2号"以来，已实现了覆盖全国的信号传输，大大改善了我国的国际通信以及西部边远山区的通信状况，对国民经济和国防建设发挥了巨大的作用。目前，中央电视台开通了14个频道的卫星电视节目，各省、自治区、直辖市也都开通了卫星电视频道，卫星电视广播已成为人们日常生活的必需品。在远程教育方面,全国已有1 500多个卫星电视教育收转台,9 000多座卫星教育电视接收站,70 000多个电视教学点,接受远程教育的人数达到2 000多万。

信息高速公路是一个能向用户提供大量信息,由通信网、计算机、数据库以及日用电子产品组成的完备网络。具体地说,就是在全国范围内,建立以光缆为主的信息流通的干线,通过多媒体向全国提供教育、科研、卫生、商务、金融、文化娱乐等的广泛服务,实现实时信息交流和资源共享。我国幅员辽阔,地形复杂,显然仅靠光纤和移动通信等难以形成覆盖全国的完备网络,要进一步形成覆盖全球的信息网络更是如此。因此,自然考虑到利用卫星通信的无缝覆盖、机动灵活、适应性强的特点,建立信息高速公路离不开卫星通信的参与。

空间信息高速公路是信息高速公路的拓展和延伸。可以将它理解为以卫星-光纤为主体,辅以其他通信手段作为"公路",并利用集电脑、电话、电视、传真为一体的多媒体,形成可覆盖全国乃至全球,能够高速传递信息并实现信息共享的大范围的三维空间立体通信网络。在空间信息高速公路中,卫星无线电通信频带宽,很容易实现双向高速的数据传输和可视电话服务,同时适合单向多通道的电视节目传输。而且,随着卫星通信技术的发展,除了利用静止通信卫星网外,还可以利用低轨道位于不同轨道面的多颗卫星来转发地面用户的信号。将来,还可以利用卫星激光通信技术,将静止轨道卫星、低轨道卫星、飞船、航天飞机、空间站连接在一起,形成无形的光通信网络,使信息畅通无阻,成为名副其实的"高速公路"。

7.3.3 在交通现代化建设中的应用

交通运输包括铁路、水运、公路、民航和管道5种方式,不仅是物质生产的一个重要环节,还是国民经济的基础之一,是社会再生产和商品经济发展的先决条件。自人造卫星出现以来,卫星便不断被开发应用于通信、导航、气象、勘探等领域,随后又将其在这些领域的成果延展到航空、海运等交通运输领域。近年来,卫星通信和定位等技术,又开始应用到铁路和公路运输领域,作为车辆定位、通信、调度和交通管制的有力手段。航天技术与航空、航海、铁路、公路相结合,必然大大提高现代高速立体交通系统的经济和社会效益,有力地促进国民经济的发展。

1. 卫星遥感在交通建设中有着重要作用

铁路建设的关键是选好线路,除了要考虑政治、经济、国防等因素外,还必须掌握足够的地形、地质、水文等资料,进行反复研究,才能选出最佳方案。卫星遥感具有测量范围宽、视野宽广、形象逼真,可不受交通条件的限制在室内反复判读研究,在新线勘测中,具有指导野外作业,提高勘测质量和效率,改善劳动条件,避免选线失误等优点。

我国在铁路的勘测中采用了卫星遥感技术,取得了较高的技术经济效益。青藏铁路位于号称"世界屋脊"的青藏高原,从格尔木至拉萨段全长1 100 km,有大约600 km要跨越海拔4 200 m以上的常年冻土区,气候恶劣,交通闭塞,供给困难,地质条件复杂,野外作业地质调查的难度非常大。采用卫星遥感图像调查,只用了25人,花费半年时间就完成了约4 000 km遥感图片填图作业。铁路勘测采用卫星遥感技术后,可行性研究较常规方法效率提高2~3倍,初测阶段效率提高1~2倍,西北地区进行地质测绘效率提高3~5倍,西南地区进行长隧道勘测和泥石流调查效率提高2~3.5倍。

2. 卫星导航定位系统是保证交通安全和提高运能的重要手段

卫星导航定位系统是利用人造卫星对地面、海洋、空中与空间的用户进行导航定位的技术。通常由在特定轨道上运行的若干卫星向用户发布测距码和时间信息,用户接收距离最近的 3~4 颗卫星的信号,根据信号的时延即可测算与卫星之间的距离,从而确定自己所处的三维位置坐标。如美国发射的由 24 颗卫星组成的 GPS 全球定位系统,可以保证地球表面(包括近地空间)任何一点在任意时刻都可以同时观察到最少 4 颗卫星,装有 GPS 接收机的用户随时可以利用它进行定位、测速或定时。用户根据授权不同,单独接收粗码的用户定位精度约为 100 m,测速精度为 50 cm/s,定时精度为 386 ns;同时接收粗码和精码的用户,定位精度约为 10 m,测速精度为 20 cm/s,定时精度为 100 ns;而军用码的精度可达米级。目前,GPS 几乎已进入到世界各国的军、民用的各个领域。在交通运输领域成为保证安全、提高运输效率不可缺少的现代化手段。

卫星导航定位具有覆盖范围大、全天候、全天时、高精度、实时性和用户终端设备轻便等优点,所以一出现就得到广泛的重视和应用。地面、海上和空中的各种交通工具,只要安装有定位系统的用户机,就可以随时知道自身的准确位置,导航就变得非常简单;海上航行的远洋轮船,就可使轮船准确沿着最短线航行,从而大大节省航行时间和燃料消耗。据估算,一艘大型油轮穿过大西洋,采用卫星导航一个航次就能节省几百万美元,不仅大大降低了运输费用,而且提高了航行的安全性。民航飞机可以获得连续实时的三维位置和速度信息,不仅使导航精度大大提高,而且对空中交通管制、控制两机之间的间隔、着陆进场安全等都有显著的改善。铁路上运行的列车通过卫星定位系统将随时所获得的准确位置和速度信息传送给调度中心,调度中心通过计算机的控制与调整,可最大限度地发挥线路的通过能力,做到每车间隔优化,从而使运能成倍提高。目前正在试验推广的"先进列车控制系统"就是利用卫星定位与地面定位相结合,对列车运行进行监控和优化的调度系统。原来采用传统的自动闭塞方式运行时,每隔 8 min 才能发一列车;采用先进列车控制系统后,可以做到每隔 4 min 发一列车,使得一条线路当两条用,运能提高一倍。

3. 卫星移动通信是现代交通通信的发展方向

卫星移动通信是指地面的移动终端通过卫星与另一移动终端或固定终端之间的通信。它能为行进中的车辆、船舶、飞机等移动物体提供多种通信业务。目前用于移动业务的卫星有海事卫星、航空通信卫星、陆地移动通信卫星,以及相关的导航定位、搜救和营救卫星等。

由于远洋船只航行安全和通信的需要,船上又可以安装较昂贵的跟踪天线,因而船载卫星移动通信首先得到发展。目前国际上已有 5 000 多艘船只安装了卫星通信设备。我国的远洋船只也正在按照国际海事卫星组织的要求,逐步安装卫星通信设施。

在航空方面,按照国际航空组织未来航行委员会的建议,今后的飞机导航和通信将以卫星为主,并将二者综合应用构成自动监视系统,以完成空中交通管理的功能。为确保空中安全,要求航空移动通信有固定的专用频段,并逐步实现话音通信。

近年来,我国铁路专用卫星通信网也得到迅速发展。在未来的高速列车上,卫星移动通信将与卫星定位设施组合成统一的交通管制系统。卫星移动通信与卫星定位组合的管理调度系统的应用前景更为诱人。目前我国许多城市的部分出租汽车已安装这种系统。在小小的屏幕上显示汽车所在位置附近的城市交通地图,汽车行驶地图随之更新,并动态地显示汽车在道路上的位置,司机和乘客可以随时了解自身所在的位置和动向。同时,可以随时了解调度中心发出的调度信息和道路交通状况信息。

7.3.4　在能源现代化建设中的应用

能源是社会发展和技术进步的物质基础。能源的发展以电力为中心,包括煤炭、石油、天然气等资源,以及核能、风能、太阳能等新能源的开发。整个能源系统涵盖从资源勘探、开采、运输、储存、加工转换、输送、分配到最终使用的各个环节。随着航天技术的迅速发展,对地观测卫星、通信卫星、导航定位卫星等已在能源开发的各个环节得到广泛应用并取得了显著的效益。为了保持人类社会的可持续发展,人们正在探索开发空间能源,这些不断给航天技术提出新的课题也促进了航天技术的进一步发展。

1. 对地观察卫星在能源资源勘探开发中的应用

对地观测卫星在能源资源勘探开发中的应用已显示了前所未有的广阔前景,成为煤炭、石油、水利、电力、地矿开发的重要手段。在世界范围内,从20世纪80年代开始,卫星遥感资料就开始应用于煤田地质勘探,煤炭储量的全面普查、开采的地质条件研究和煤质的调查和预测。通过卫星遥感进行储量分析,不仅能反映储量的准确性,而且还可从经济、工程和地质因素进行综合研究,建立能源资源信息管理系统和数据库。

煤炭是我国能源的基础,如何分析现状、规划未来,已成为我国能源发展中的重要问题。我国利用国土普查卫星开展了航天、航空遥感和地面观测三层空间的同步遥感,形成了多方面、多时相、多波段的遥感组合,取得了重大成果。如在大兴安岭西坡圈定了18个含煤盆地(其中新发现4个),新增预测储量40亿吨;在大比例尺地质填图上应用,平均提高工效3倍,降低成本40%~60%。

石油是当今世界最主要的支柱能源。如何在油气勘探中应用航天遥感技术探明储量,促进石油产量大幅度增长,具有极其重要的经济和战略意义。我国石油地质专家根据卫星遥感图像上的色调、纹理和水系特征,分析判读含有油气资源的局部构造和隐伏构造,为进一步勘探提供靶区。近年来,利用卫星遥感资料建立数据库,通过地理信息系统技术,综合分析正常情况下含油气的有利地区,从而达到利用卫星遥感直接找油的目的。

此外,卫星对地观测技术在石油天然气管道工程、油田环境监测、地形图修测等方面也有着广泛的应用前景,在水利、水力发电、火力发电等工程的调研、规划和勘测中也得到广泛应用并取得较大效果。三峡工程的论证、库区移民、土地资源调查、工程地质构造分析等工作都利用了卫星遥感图像资料,取得了良好的效果。

2. 卫星通信在能源产业中的应用

电力生产的特点是发电、输电、变电、配电、用电在同一时刻完成。因此,为保证电网运行的安全性和经济性,需要通过计算机和电力系统通信网对电网进行实时指挥和调度。卫星通信和互联网的出现,为电力系统通信网和电网自动化管理的现代化提供了高速高效的手段。近年来,我国电力卫星通信网得到很大发展,已有20多个卫星地区站在网内运行,形成了以北京为中心,东到吉林云峰水电站,西到拉萨、乌鲁木齐,南到海口,北到内蒙古伊敏的星状网。每天通过该网传递大量的数据、生产信息和各种经营报表,大大提高了生产和工作效率。

随着我国石油工业的发展,石油系统已初步建成了以河北固安地球站为中心的专用卫星通信网,实现了与相距遥远的16个油田的迅速、稳定、可靠通信,极大地改善了原来油田地处边远地区通信难的状况,为及时了解石油勘探开发前线的生产状况,实时指挥和生产调度提供了可靠的保证。与此同时,随着石油系统计算机网络的建立和应用,勘探、开发、钻井和其他应用数据库的建立,通过卫星通信网实现数据库的远程查询和大批数据的远程调度,正在加强和促进石油企业之间的信息交流,逐步实现资源和信息共享。

3. 向空间索取新能源

随着航天技术的发展,在地球上面临能源危机的今天,向宇宙空间索取新能源不但是必要的,而且正在日趋成为现实可能。向空间索取能源至少存在两种途径:一是在空间采集太阳能并以微波形式传输到地面;二是从地外天体采集核聚变燃料。

太阳能是对人类至关重要的一种能源。太阳辐射的总功率为 3.82×10^{23} kW。在空间利用太阳能发电,可以充分发挥静止轨道航天器的作用,在那里有 90% 以上的时间能接收到太阳光照射,比地面日照时间多 1 倍多,同样面积的太阳能利用率为地面的 5 倍。同时,在空间微重力环境下,具有构筑大型太阳电池阵或太阳能搜集器的有利条件。在空间采集太阳能存在 2 种方案:一种方案是建造大型太阳能发电卫星,即在地球轨道上部署大型太阳能电池阵,以微波形式将电能定向传递到地面,地面接收站通过整流天线将微波转换成可利用的电能;另一种方案是在月球表面安装太阳能采集器,将采集到的能量送往地球。

对于从地外天体获取核聚变燃料,主要是利用月球上的氦-3 作为反应堆的燃料,采用热离子和温差发电机等高效复合能量转换系统,直接将核能转换为电能。设想中的月球核能源基地,将包括核燃料供应厂、核发电设施和输电设施。月球上的电力通过高传输率的短波激光束输送到地球静止轨道上的能量中继卫星,再转换成在空气中损失少波长的激光,传送到地面接收站,最后由地面接收站将能量分配到各地区用户。未来也可将氦-3 从月球运送至地球。用氦-3 作原料,核反应堆成本可降低一半,而且无污染。

世界各国的科学家在开发空间能源方面已做了大量有意义的工作,一旦取得突破,人类将源源不断地从空间获取洁净的能源,人类将不再受到地球能源短缺的困扰。

7.3.5 空间资源的开发利用和空间产业

宇宙空间蕴藏着极其丰富的资源。从技术角度看,空间资源可分为两类:一类是天然存在的,如高真空、强辐射、超低温和高洁净环境资源、太阳能资源、月球和其他行星资源等;另一类是由于航天器在轨道上运行而产生的,如航天器相对于地面的高远位置资源、航天器微重力环境资源等。对于这些资源的开发应用,前面已经做了一些介绍,如卫星通信、卫星导航定位、卫星遥感和对地观察技术等,就是利用航天器相对于地面的高远位置资源;航天育种开发利用的是高真空、强辐射、微重力等综合环境作用下对种子的诱变作用;太阳能和核聚变燃料则是宇宙空间天然存在的资源。下面主要介绍以开发利用空间微重力资源而产生的空间材料加工和空间药品加工。

在空间高真空、微重力环境下,物体能自由悬浮,冶炼金属可以不用容器,用微弱的静电力或电磁力即可约束它的位置进行加热。一方面没有空气和容器的接触,无污染,可以获得很高的金属纯度;另一方面,由于不受容器耐热能力的限制,可以冶炼锆、钨等高熔点金属。

在微重力条件下,液体中不同密度物质的分层和上浮、下沉现象消失,不同密度物质可以均匀混合,可以制作组织和成分都非常均匀的合金或复合材料;还可以利用熔融物质内部不产生热对流的条件,制造没有丝毫辉纹、具有极好光学性能的玻璃。

在微重力条件下,由于没有自重,表面张力使液态金属自然形成圆球,可制造具有理想球形的滚珠和吹制薄壁空心滚珠；固体金属不产生自重变形，可制造椭圆度极小的球体、极薄的金属膜和极细的金属丝。

在微重力条件下制取半导体单晶，可得到高纯度、无缺陷的大块单晶体，其尺寸比地面上提取的大几十倍。化合物半导体晶体的空间生长又大、又快、又好。

在太空利用微重力条件，可以大大提高电泳法制取生物药品的效率和纯度。电泳法的原理是利用电场作用，使溶液中不同质量、带有不同电荷的细胞、血球等生物微粒分离出来。在地面由于重力的影响，生物微粒常常沉底或因对流而混杂。在太空电泳法的生产效率比地面提高400倍，纯度提高5倍。目前，至少可制取十几种特效生物药品，如治疗糖尿病的β细胞、治疗侏儒病的生长激素、治疗贫血的红细胞生长素、抗溶血因子、治疗病毒性疾病和癌症的干扰素等。

7.4 航天技术在减灾防灾、环境保护和国土资源管理中的应用

7.4.1 航天技术在减灾防灾中的应用

生活在地球上的人类，时刻面临着各种自然灾害的袭击。据联合国统计，全世界自然灾害造成的经济损失，20世纪60年代约400亿美元，70年代为600亿美元，80年代为1 200亿美元。20世纪90年代以来全世界因自然灾害损失的增长速度显著加快，仅1994年就达650亿美元，1995年高达1 000亿美元。我国人口众多，幅员辽阔，同时也是个灾害多发国家。水、旱、风、雹、地震、滑坡、泥石流和病虫害等重大自然灾害频频发生，近年自然灾害造成的损失也有明显上升的趋势，平均每年自然灾害造成的损失高达1 000亿元以上，成为制约国民经济发展的一大因素。

将卫星技术用于减灾防灾，是航天技术应用的一个重要方面。将气象卫星、资源卫星、海洋卫星、通信卫星、导航卫星等用于自然灾害的监测、预测、预报和控制，为人类防止或减轻自然灾害服务发挥着越来越重要的作用。

气象卫星出现之前，海洋、沙漠、极地等占地球表面80%的地方是气象观察的空白区，人们很难掌握整个大气层的运动规律，大大影响了大尺度天气预报的准确率。气象卫星的应用为人们提供了能够连续观察全球整个大气层运动规律的有力工具，为全球天气预报和中、长期天气预报奠定了基础，同时还可及时发现热带风暴、暴雨、暴风雪等灾害性天气，进行演变过程监测和路径预报，从而提前采取防御措施，减少和避免生命和财产损失。利用气象卫星资料进行准确的降水区和雨量预测，有效地了解降水的发展和运动方向，帮助决策部门及时采取措施减小洪水和洪涝灾害的损失。利用气象卫星资料还可进行受灾地区洪水前后和历年同期绿度值的变化分析，从而估计受灾范围和程度，进行灾情评估，提高救灾工作的针对性和效率。例如，1998年我国长江、嫩江和松花江流域发生特大洪水期间，利用多颗国内外遥感卫星对受灾地区进行了全过程、全区域的动态监测，及时准确地获取了汛情发生和发展的重要数据，为国务院、国家防总和各省市防总制定抗洪救灾决策提供了科学依据。

陆地资源卫星的主要用途是对包括农、林、水利、矿产等资源进行勘测，同时也可用于对自然灾害的动态监测方面，包括：监测水土流失、土地沙漠化、河湖变迁；确定森林、草场火灾发生的时间、地点、灾情、火势蔓延速度和方向，指导扑灭火灾；利用卫星图片显示断裂带数量、分

布、延伸及走向,判断应力方位,确定地震重点监测区,监测和预报地震。

海洋遥感卫星是专门监测海洋表面状况和动态的卫星。几乎全球所有的气候变化,以及风灾、水灾和旱灾的形成,都与海洋有关,因而要研究和控制这些自然灾害,也要从海洋环境的研究入手。海洋卫星通常装载有合成孔径雷达、雷达高度计、微波辐射计和红外辐射计等遥感器,可以获取波浪高度、长度、波谱、海洋风速、风向、海水温度、海流、环流、海貌、海冰、水色、全球水准面和大气含水量等海洋数据。海洋卫星的出现和实际应用,使海洋研究有了突飞猛进的发展。

测地卫星的主要功能是测量平均海平面高度的变化、海洋表面几何形状的变化和起伏、观察陆地冰川移动、测定地球板块运动、研究地壳运动和大陆漂移,从而可以为板块运动理论提供统一的解释,探讨地震发生的机制,建立精确的全球地震模型,为地震预报提供信息。所以,测地卫星在地震预报中具有显著的不可替代的作用。

导航卫星能够接收并转发遇难飞机或船舶发出的求救信号,经地面台处理后获得遇难者的位置信息。因此,导航卫星已成为搜索和救援系统重要的组成部分。

在进行灾害信息传递和组织抢救时,通信广播卫星和移动通信卫星具有十分重要的作用,同时也是灾情上报和救灾指挥调度的必要手段。

综上所述,航天技术的介入和应用对自然灾害的预测、预报和控制,正在形成一个综合性的防灾减灾系统。它综合利用各种功能的应用卫星和其他途径获得的观察数据和信息资源,通过包括卫星通信在内的通信系统集中到指挥控制中心,经过汇总融合,做出减灾方案提交领导做出决策。得益于应用卫星系统所特有的时空优势,为防灾减灾提供了无可比拟的、全面有效的信息保障,在防灾减灾活动中显示出了强大的生命力,取得了显著的社会效益和经济效益。

7.4.2　航天技术在环境保护中的应用

当前,人类正面临有史以来最严峻的环境危机,气候变暖、臭氧层破坏、生物多样性减少、酸雨蔓延、森林锐减、土地荒漠化、大气污染、海洋污染、固体废弃物污染等环境问题,对人类的生存与发展提出了巨大的挑战。在环境保护中,卫星遥感技术是重要的手段之一。例如,利用气象卫星、海洋卫星都可以对气候变化、大气环境污染和江、河、湖、海的水质污染以及对生态环境有重要影响的温室效应气体进行监测。地球资源卫星和其他遥感卫星拍摄到的卫星照片对城市和工矿区带有详尽的记录,可以从中发现工业对城市的污染,为研究城市环境污染提供准确的资料,还可发现沿海、沿江城市对水域的污染,以及污染所引起的宏观生态变异。

我国环境保护部门在研究 2000 年春季华北地区罕见的沙尘天气的形成、影响和防治对策时,依据历年的卫星遥感图像和实时的卫星遥感监测数据,准确地圈定了沙漠化的范围、发展趋势、沙土的起源、迁移途径和影响范围。通过分析指出沙尘暴天气是反厄尔尼诺现象和地表覆盖状况整体恶化造成的,从而制定了相应的对策。

7.4.3　航天技术在国土资源管理中的应用

自然资源是人类生活和生产资料的来源,是人类社会和经济发展的物质基础,也是构成人类生存环境的基本要素。我国自然资源丰富,但是人口平均资源又十分短缺。利用包括航天技术在内的各种现代技术,对国土资源进行合理的管理、开发和综合利用,是摆在我们面前的重要任务。

1. 利用卫星进行国土资源普查和管理

利用人造卫星进行国土资源普查,通常可采取如下 2 种方式:一是对返回式卫星获取的大量空间胶片进行图像处理,绘制各种类型的专题图;二是在可见光、红外、微波各个电磁波段上,从空间摄取地面的图像,在卫星上进行预处理后,通过无线电发回地面进一步处理、判读和应用。卫星资源普查可迅速获得资料,一张卫星照片可覆盖地面 34 000 km^2,将全国国土勘测一遍仅需大约 500 张照片,而且能比较充分地录取地面的景观细节,是其他手段所无法比拟的。

美国自 1972 年发射第一颗资源遥感卫星以来,先后发射了近 20 颗资源卫星,获得全球 30 年来的遥感数据。这些图像真实地记录了 30 年来地表的变化情况。利用高速图像处理技术,对不同时间的图像进行对比,可获得诸如河道变化过程、海口泥沙淤积速度、湖泊的消长演化、水土流失程度、森林覆盖变化、土地利用状况和城镇面积扩展等与人类生存密切相关的数据信息,为可持续发展决策提供基础数据。

我国在 1998—1999 年租用了几颗国外资源卫星的数据和资料,监测了全国 66 个 50 万人口以上城市在 1998 年 10 月至 1999 年 10 月期间建设占用耕地的情况,不仅及时发现了因执法检察不到位而隐漏的土地使用违法行为,为土地执法检查提供了科学依据,而且据此及时制定和完善了国土资源规划、管理、保护和合理利用的政策措施,在国民经济建设和国土资源管理中发挥了重要作用。

2. 卫星在地质矿产调查中的应用

利用卫星遥感技术进行地质矿产调查具有视野宽广,快速高效等优点。苏联曾利用卫星拍摄的照片,发现了 3 个金刚石矿,在第聂伯-顿涅茨沼泽地区发现了油田。美国在巴基斯坦找到了 2 个铜矿,在南非发现了世界上最大的镍矿。我国在 1982 年开始利用卫星遥感照片进行国土普查,用较短的时间就完成了二十万分之一和十万分之一的全国地质图;完成了 200 多幅五万分之一的区域遥感地质图;提取了有较大价值的矿产资源信息。而用传统方法自全国解放初到 1982 年,用了近 30 年时间,才完成二十万分之一的全国地质图的 64%。首都钢铁公司在有关部门的协同下,根据卫星遥感资料指示的范围,在北京郊区找到了 7 个成矿预测区。冶金工业部门利用卫星遥感资料,在内蒙古寻找金属矿基也收到了良好的效果。石油部门通过对卫星遥感照片的分析判读,证实了柴达木盆地冷湖区的石油地质构造,为继续开发该油田的决策提供了可靠的依据。

3. 卫星在海洋资源调查中的应用

地球实际上是一个"水球",海洋面积占地球表面积的 72%。海洋上形成的台风、洋流、海啸,对人类居住的陆地生态环境有很大的影响。海洋中的资源、海上交通又对人类社会的繁荣和发展起着重要的作用。航天技术的实际应用,使人们对海洋的研究有了突飞猛进的发展,并产生了一门新的学科——卫星海洋学,为 21 世纪开发海洋资源提供了有力的手段。

卫星遥感技术首先应用于对海岸带和大洋的调查。海岸带指海岸线向海洋延伸至 1.5 km 等深线的地带。海岸线从海面至海底,资源十分丰富,又是世界各国经济联系的大门,因此各国都十分重视对海岸带资源的调查和开发利用。我国拥有大约 35 万千米长的海岸带,1980 年对海岸带资源进行综合调查,动员了 15 000 多名科技和管理人员,历时 4 年,耗资近

2亿元。显然,利用卫星进行海岸带调查会有十分显著的经济效益,而且可进行经常性的动态监测。

1983年以来,我国有关部门利用卫星遥感资料进行海口海岸变迁研究,查明了黄河、滦河、海河三大河流淤泥流沙的活动规律及其相互作用,为研究渤海湾内的流系规律及天津新港淤泥流沙回流问题,开发滩涂资源提供了科学依据。另外还查明了黄河每年入海的泥沙在海口造陆面积为 23.5 km^2,淤涨岸段的海岸线平均每年向海扩展 420 m,入海口沙嘴每年向外延伸约 3 km。这些资料为合理开发利用滩涂资源提供了极其有用的数据。

渔业资源是一种重要的海洋资源。卫星遥感技术在渔业上的应用主要有3个方面:

➢ 根据卫星获得的红外图像绘制海面温度图和渔业海况速报图,以海洋温度峰、中尺度旋涡和上升流等信息指导海洋捕捞。日本从1981年开始发布卫星海况速报图,发现鱼群的准确率高达83%～100%,受到广大渔民的欢迎。我国于1986年开始试发海况速报图,取得良好效果,估计每年的经济效益达1亿元。

➢ 通过水色遥感得到海水浑浊度和叶绿素含量的分布图,从而可确定虾场的位置和进行海洋牧场分类。

➢ 通过潮滩资源与环境分带以及对红树林生态环境的评价,选择水产养殖基地的位置。

思 考 题

1. 空间物理探测主要有哪些内容?为什么要进行空间物理探测?
2. 空间生命科学是研究什么的科学?空间生命科学完整的科学研究体系是由哪几部分组成的?
3. 空间生命科学研究的对象和范围是什么?目前空间生命科学研究的重点是什么?
4. 军用卫星的种类有哪些?
5. 空间天文学的重要价值是什么?
6. 卫星在农业现代化建设中的应用有哪些?
7. 卫星通信有什么优点?它在高速公路中的建设中有什么作用?
8. 卫星在交通现代化建设中有哪些应用?
9. 卫星在能源现代化建设中有哪些应用?
10. 空间资源可分为哪几类?航天育种开发利用的是空间哪些环境?
11. 什么是空间产业?空间产业主要利用了哪些空间环境条件?
12. 航天技术在减灾防灾中有什么作用?
13. 航天技术在国土资源管理中能起到什么作用?

第8章 航天先进技术

进入21世纪,航天技术进入了大规模开发和利用近地空间的新阶段。直接为国民经济和人民生活服务的各种应用卫星正在向着高性能、多用途的方向发展,以获取更大的经济效益和社会效益,从而使得航天活动进一步商业化。随着航天飞机和其他新型空间运输系统的使用、空间组装和检修技术的成熟,人类将有可能在太空建造各种大型空间系统。在近地空间将建立起永久性航天站、太阳能电站和空间工厂,甚至可能建立空间城市和开展空间旅游,太空将成为人类频繁往来的新场所。利用永久性航天站进行长期的科学研究和实验,可促使天文学、地学、生物学、物理学和化学等产生新的突破。从太空将获取信息、材料和能源,直接造福于人类。航天活动将为解决人类面临的能源、生态、环境和人口等问题开辟多种新途径。各种空间探测器可能飞遍太阳系的"天涯海角",为揭开太阳系的形成和生命起源之谜提供资料。

本章将简要介绍先进的航天推进及运载火箭技术、新型卫星技术及先进航天制造与材料技术。

8.1 激光推进技术

早在1953年,德国空间技术的先驱曾格尔就预言了使用光进行空间推进的可能性。后来,美国研究者在"低成本进入空间"研究任务中,也给出了激光推进单级入轨发射的概念。该飞行器可以"乘着"激光束,"呼吸着"空气上升到30 km高度。这是科幻还是科学?激光真的可以产生动力吗?

近年来,科学家们通过实验证明,激光除了用于被我们所熟知的医疗、材料加工以及高能武器等领域外,还可以作为一种新型的推进技术,用于微型卫星发射、飞行器姿态的调整等。

通俗地讲,激光推进的基本原理如"透镜取火"。众所周知,普通的日光可以在凸透镜的聚焦下,产生较高的温度,点燃易燃物。与此类似,当高能激光经过透镜聚焦于空气时,一旦温度达到或超过其发生变化的阈值,便会发生电离,形成高温的等离子体并迅速膨胀,喷射而出,产生推力,犹如"御光飞天"。

具体来说,激光推进的工作原理主要是指从远距离地基激光装置发出的高能激光束,经过推进器的抛物面反向镜聚焦到吸收室(类似于化学火箭发动机的燃烧室)或换热器上,当聚焦区域的激光能量密度达到或超过气体的击穿阈值时,吸收室里的空气便会形成高温高压的等离子体流场喷射而出,其反作用产生推动飞行器前进的推力。略有不同的是,当工质为液体或固体时,在激光照射下,会发生气化,喷射而出的是高温高压的蒸汽流。

作为一种基于强激光与工质相互作用原理的新型推进技术,在工作原理、能量转化方式等方面都不同于现有的化学推进。其中,"两大分离"是其最主要的特点,即航天器与能源、能源与工质间的完全分离。

对照传统化学推进的局限,可清晰看出激光推进的优势有以下几点:
- 成本低,载荷比更高。现有的化学推进火箭,载荷比普遍偏低,推进剂的质量占到火箭总质量的 70%～90%,而有效运载能力却只占火箭总质量的 5% 左右。作为人类航天史上曾经推力最大的"土星 5 号"运载火箭,总起飞质量达到 3 038 t,但仅推进剂就超过 2 600 t,占到了 86%。由此可以看出,化学推进的大部分推力其实都用在运输推进剂上了,而非"有效载荷"。得益于航天器与能源的分离,激光推进最突出的优点是不需携带大量的燃料,飞行器在大气层中飞行时,只需通过激光束对空气加热。穿越大气层后,少量工质即可工作,这样就可以把运载工具的有效载荷提高到 15% 以上,发射费用降低一至两个数量级。

- 安全可靠、发射周期短。通常,提供能量的激光装置固定在地面上,飞行器不必像现在的化学推进火箭,需携带易燃易爆、甚至有毒的推进剂,因此这种发射方式相对安全许多。与此同时,由于没有了传统复杂的能量发生子系统相关的部件,推进系统的设计可以得到相当程度的简化,相应地减少了发射的中间环节,缩短了发射前检测周期,有利于应急发射。
- 可以突破单级化学推进火箭的速度上限。虽然化学推进火箭推力较大,但受到推进剂燃烧和推力室结构的限制,燃烧温度不能太高,燃烧室压力不能过大,单级化学推进火箭推动下的最终速度是有限的。根据齐奥尔科夫斯基公式,化学推进的每一级火箭的最大速度只能达到 10 km/s。而在激光束的照射下,高温等离子体的核心温度可达 10 000～20 000 K,其喷射速度可以轻松超过化学推进剂燃烧时的喷射速度,因此,激光推进具有突破单级化学推进最高速度限制的潜力。
- 推力调节范围大、控制精度高。根据现有的实验研究,当使用不同能量级的激光和不同的推进剂时,激光推进器的推力可在非常大的范围内变动。因此,通过对地激光束能量的调节,便可以更加方便地改变推力大小,满足不同发射任务的要求和航天器的姿态调整等。

目前,各国已普遍意识到激光推进在未来航天发射领域所具有的革命性作用,纷纷加大了对相关技术的研发力度。据外媒披露,美、俄、日等国已把激光推进作为发展未来运载工具优先考虑的目标,提出并试验制造了激光光船。迄今为止,公开报道的激光推进飞行器上升的最大高度是由伦斯勒理工学院创造的,在美国空军的资助下,他们成功地将如图 8-1 所示的"光船"飞行器发射到了 71 m。

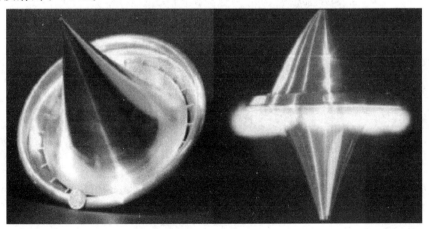

图 8-1　"光船"飞行器

我国首个激光推进及其应用国家重点实验室也已于2012年成立,迈出了探索新型高效航天推进技术研究的坚实步伐。

8.2 先进运载火箭技术

由于一个国家进入太空的能力在很大程度上决定了其空间活动能力以及空间应用水平,所以世界各国都将研制新型运载火箭来满足更多的需要。运载火箭今后的发展趋势是进一步降低成本和污染,提高可靠性和运载能力。主要措施是简化设计,包括减少火箭级数与发动机数量,以及简化系统设计等,采用共用组件或先进的技术和电子设备,实现通用化、组合化和系列化,使用无毒推进剂。

为此,运载火箭将向大直径、少级数和大运载能力发展,通过使用大直径芯级、大推力无毒推进剂发动机等,使火箭运载能力成倍提高,并将呈现出两大特点:

- 发展可重复使用运载器,因为目前一次性使用的运载火箭成本很高,所以美国、俄罗斯、欧洲、印度及日本等国家都正在加紧研制可重复使用运载器,如美国太空探索技术公司(SpaceX)研制的"猎鹰9号"火箭(见图8-2)。该火箭属于中型两级入轨运载火箭,采用美国太空探索技术公司(SpaceX)自主研制的"梅林"发动机。有返场着陆和海上平台两种回收方式,回收过程主要包括水平机动寻找着陆点、姿态调整、反推着陆等阶段。返场回收需要预留更多推进剂,对运载能力影响较大,对助推器的返回弹道控

图8-2 "猎鹰9号"火箭

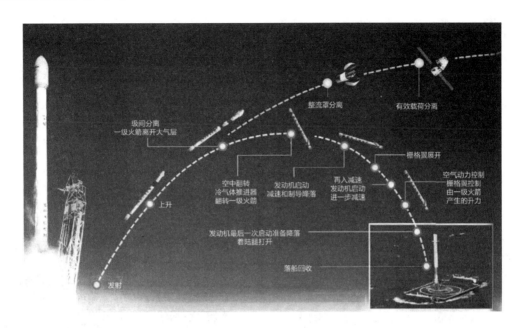

图 8-3 "猎鹰 9 号"火箭海上发射回收过程

制要求更高。海上平台面积小,易受海面风浪等不确定因素影响,对助推器落点精度要求较高,但是运载能力损失较小,其海上发射回收过程如图 8-3 所示。为实现可控回收,"猎鹰 9 号"采取了许多独特设计,例如采用了在线凸优化制导方法,在返回过程中通过四片栅格舵、发动机摆动和反作用控制系统(RCS)联合控制,实现姿态的稳定与控制。

- 发展重型运载火箭,因为美国、俄罗斯等国已把载人航天的目标都瞄准了月球、小行星和火星,所以要首先要研制出发射深空载人飞船的重型运载火箭。美国太空探索技术公司(SpaceX)研制的"重型猎鹰"火箭,如图 8-4 所示。该火箭高 70 m,宽 12.2 m,重量为 1 420.8 t,起飞时 27 台"梅林 1D"发动机同时工作,可以提供 2 282 t 的起飞推力,是现役推力最大的运载火箭。其近地轨道运载能力达 63.8 t,地球同步轨道运载能力为 26.7 t,仅次于美国的"土星 5 号"火箭和苏联的"能源号"火箭。2018 年 2 月 7 日,"重型猎鹰"火箭首飞成功,并将一辆红色特斯拉跑车发射到火星轨道。该公司还正在研制有效载荷达 300 t 的"星舰"(Starship)火箭。美国航空航天局(NASA)正在研制的"太空发射系统"(SLS)重型运载火箭,如图 8-5 所示。该火箭采用航天飞机的发动机,初始近地轨道运载能力为 70 t,改进后将达到 130 t。我国正在研制的"长征 9 号"运载火箭,芯级最大直径为 10 m 级,总长约百米,起飞质量超过 4 000 t,近地轨道运载能力 140 t,地月转移轨道运载能力约 50 t,将用于我国深空探测、载人登月和登火、空间基础设施建设(如空间太阳能电站)等任务。

另外,受小卫星发射需求的牵引,各国正在积极发展新一代经济、灵活的小型运载火箭。日本研制的"SS-520"5 号机火箭如图 8-6 所示。该火箭长 9.54 m,直径 52 cm,仅为电线杆大小,于 2018 年 2 月 3 日发射升空,成功将搭载 3 kg 重的超小型卫星送入预定轨道。

图8-4 "重型猎鹰"火箭

图8-5 "太空发射系统"火箭

图8-6 "SS-520" 5号机火箭

8.3 新型卫星技术

伴随火箭技术的更新,全球出现了一些各具特色的新型卫星。

在空间探测器方面,美国航空航天局(NASA)、欧洲航天局(ESA)和加拿大航空航天局(CSA)联合研发的用于接替"哈勃"的"詹姆斯·韦伯"空间望远镜(JWST)(如图8-7所示)于2021年12月25日发射升空,2022年1月24日顺利进入围绕日地系统第二拉格朗日点(L2)的运行轨道。"詹姆斯·韦伯"与"哈勃"最重要的不同是,"詹姆斯·韦伯"虽然能够观测到一部分可见光,但其主要职责还是集中于红外谱段的观测。这是由"詹姆斯·韦伯"的科学目标决定的,其目标包括宇宙的起源和结构、银河系的形成等,这些目标需要观测那些遥远的、光线已经红移到红外范围之内的物体。与"哈勃"相比,"詹姆斯·韦伯"体积更大、功能更强,但质量更轻。虽然"詹姆斯·韦伯"的主镜直径为6.5 m,约是"哈勃"主镜的2倍,但质量只有"哈勃"的一半。

美国约翰·霍普金斯大学研制的"帕克"太阳探测器(如图8-8所示)于2018年8月12日发射升空并进入预定轨道。该太阳探测器重646 kg,由碳复合材料制成的厚达11.4 cm的防热罩可让探测器主体(太阳能帆板和少数科学传感器除外)在接近1 400 ℃的外部环境下把温度保持在略高于室温。带有太阳风电子、阿尔法粒子与质子调查仪、太阳风宽视场成像仪、电磁场调查仪、太阳综合调查及高能粒子仪、太阳探测器与日球层起源仪等主要探测仪器,将有望了解到太阳活动的成因和起源。

图8-7 "韦伯"空间望远镜

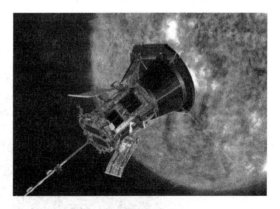

图8-8 "帕克"太阳探测器

我国研制的"天问1号"火星探测器(如图8-9所示)于2020年7月23日发射升空并进入地火转移轨道。"天问1号"探测器由环绕器、着陆器和巡视器组成,总质量达到5 t左右。2021年5月15日,"天问1号"探测器"祝融号"火星车(见图8-10)成功着陆火星。"天问1号"探测器将对火星形貌与地质构造特征、表面土壤特征与水冰分布、表面物质组成、大气电离层及表面气候与环境特征以及火星物理场与内部结构展开探索研究。

在通信卫星方面,采用Ka频段的宽带多媒体通信卫星在今后十年将成为通信卫星最重要的发展方向,它可用于语音、数据、图像和视像等多媒体的处理和传送,为多媒体和高数据速率的互联网应用提供一种无所不在的通信方式。这种卫星与以往的通信卫星最大的区别是提供的业务由低速业务及话音业务变为互联网和多媒体业务。另外,美国宽带、窄带和受保护三类军用通信卫星将完成更新换代,通信能力提高 10 倍以上。卫星通信发展总趋势:卫星固定、卫星移动和卫星直播三种通信方式逐渐融洽,建立全球无缝隙覆盖的天地一体化综合通信网。

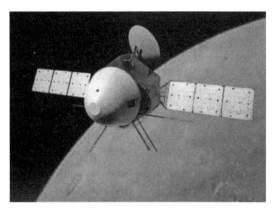

图 8-9　"天问 1 号"火星探测器　　　　图 8-10　"祝融号"火星车

在导航卫星方面,美国在持续保持 GPS 系统稳定运行的基础上,持续推进 GPS-3 系列新卫星的发射、在轨测试与部署。与 GPS-2F 卫星相比,GPS-3 卫星(见图 8-11)增加了互操作信号 L1C,增加了搜索与救援功能,装备新型脉冲光抽运铯束钟使得时间系统精度得到有效提升,有效载荷数字化率达到 70%,有效提高了导航信号的精度。美国计划于 2026 年前完成全部 10 颗 GPS-3 卫星的发射与部署,提升 GPS 系统军事与民用服务的整体能力与竞争力。

图 8-11　GPS-3 卫星在轨示意图

欧洲航天局(ESA)于 2020 年启动第一批(共计 12 颗)G2 卫星的招标活动,同时将升级地面运控系统。ESA 于 2021 年 2 月和 5 月分别与泰雷兹-阿莱尼亚航天公司以及空中客车防务与航天公司签署了"下一代伽利略"卫星(见图 8-12)的研发合同,两家公司分别研制 6 颗 G2 卫星。合同涉及新一代伽利略卫星的部署,首批卫星预计于 2025 年发射,数字化、在轨重构将成为其发展重点,同时集成先进原子钟及全电推进系统,具备星间链路功能。

图 8-12　Galileo-FOC 卫星在轨示意图

俄罗斯已经基本完成了 GLONASS-K 系列导航卫星的研发与国产化任务。截至 2021 年底,该系统在轨卫星 25 颗,包括 23 颗 GLONASS-M 卫星和 2 颗 GLONASS-K1 卫星(见图 8-13)。俄罗斯计划 2025 年前完成星座的全面更新、升级,即用 GLONASS-K 系列卫星全面替换 GLONASS-M 型卫星,2030 年将全面建成由 GLONASS-K2 卫星组成的空间星座。GLONASS-K 系列卫星将进一步改善服务性能,提高卫星寿命,降低系统维护成本,并增强与其他卫星导航系统的兼容性与互操作性。

图 8-13　GLONASS-K1 卫星在轨示意图

我国的"北斗3号"全球卫星导航系统于2020年7月31日正式建成开通。该系统由24颗中圆地球轨道卫星、3颗地球静止轨道卫星和3颗倾斜地球同步轨道卫星,共30颗卫星组成,如图8-14所示。系统提供两种服务方式,即开放服务和授权服务。开放服务是在服务区中免费提供定位、测速和授时服务,定位精度为10 m,授时精度为50 ns,测速精度0.2 m/s。授权服务是向授权用户提供更安全的定位、测速、授时和通信服务以及系统完好性信息。

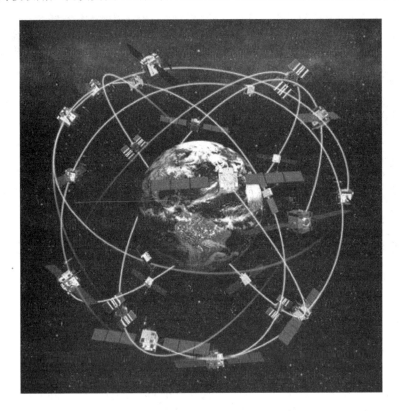

图8-14 "北斗3号"全球卫星导航系统

日本、印度也将建造区域卫星导航系统,使世界卫星导航系统更加多元化。它们将在全球经济发展中起到重要的推动作用。导航卫星总趋势是定位精度更高、抗干扰能力更强、运行寿命更长、发射成本更低。

8.4 航天先进制造技术

航天制造技术水平和生产能力是国家制造业实力和国防科技工业现代化水平的综合体现。航天产品的制造过程具有规模庞大、系统复杂、技术难度大、质量可靠性和安全性要求高、极具风险性等特点。大量新材料、新结构首先在航天产品中得到应用,航天产品的"高、精、尖"特征对制造技术提出了更高的要求,传统的制造工艺越来越成为制约航天发展的瓶颈。

智能制造技术作为21世纪航天先进制造技术发展的重要方向,是新工业革命的主要标志之一,可以实现航天领域产品的高质量、快速、低成本研制,提高产品研制的快速响应能力,"德国工业4.0""美国先进制造合作伙伴计划"都将智能制造技术作为带动航天制造产业发展的核心发展方向。智能制造技术打破了传统制造的约束,颠覆了传统设计理念,在航天火箭发动机、多种装备型号和空间探索等项目中有良好的应用前景。此外,整体形性协同制造技术、复合材料结构制造技术、绿色制造技术等代表了先进航天技术的发展方向,推动智能制造、增材制造等前沿技术的研究,对于促进航天先进制造技术的发展具有重要意义。

1. 智能制造技术

(1) 云制造

云制造融合与发展了现有信息化制造技术及云计算、物联网、智能科学、高效能(性能)计算、大数据和电子商务等新兴信息技术,将各类制造资源和制造能力虚拟化和服务化,构成制造资源和制造能力的服务云池,并进行协调的优化管理和经营,使企业用户通过终端和网络就能随时按需获取制造资源与能力服务,进而智慧地完成其制造过程全生命周期的各类活动。推进的工作重点有以下几个方面:

- 利用云计算、云制造技术,通过对现有网络化制造与服务技术进行延伸和变革,将各类制造资源和制造能力虚拟化、服务化,并进行统一、集中的智能化管理和经营,跨界构建动态技术网、动态制造网、动态营销网,实现航天制造的智能化、高效化、集成化。
- 结合航天企业应用场景,构建航天云制造资源/能力应用模式和航天企业云制造系统体系,研究支持上述应用模式和体系架构的云制造资源/能力服务的多视图描述以及组合优选模型,验证云制造应用技术在支持航天企业开展新型信息化工业体系建设中的有效性。
- 通过以太网、IB 网络、SAN 网络三套体系,采用虚拟化技术、数据存储与管理技术、集群、网格及并行计算等技术,搭建能够向客户端提供系统运营、核心计算、信息资源存储、信息资源服务的系统平台,包括服务器的整合和虚拟化、智能化的网络体系、数据的几种存储与备份、高性能计算系统、资源调度与管理平台等。

(2) 航天机器人

工业机器人已广泛应用于汽车及汽车零部件制造、机械加工、食品、木材与家具等多个行业。近年来,航天领域也开始应用机器人来完成航天产品的焊接、喷涂、热处理、装配等作业。采用喷漆机器人进行航天固体发动机外表面的喷涂作业,可以提高产品质量和生产效率、减少环境污染、降低漆雾对喷涂工人的危害。

欧美发达国家制造企业纷纷大力开发面向航天制造领域的工业机器人系统。雷神公司(Raytheon)使用航天装备智能转运机器人,使得装配过程中所有部组件的转运都实现了"零起吊",极大地提高了安全性,同时基于并联机器人技术的柔性化智能对接单元,可更快、更安全地完成舱段对接。

进入 21 世纪以来,国内企业开始研发工业机器人,并已经初步进入产业化阶段,但整体水平仅仅相当于国外在 20 世纪 90 年代中期水平。加上关键单元部件和器件依赖进口,制造成本居高不下,国内机器人应用市场上的国外品牌占据了 90% 以上。受此影响,国内面向航天产品制造和装配的专用机器人系统研制刚刚起步,尚未形成较完备的种类。将来,需要加大移动式、多臂协同、末端伺服、灵巧关节机器人的开发。

2. 增材制造技术

增材制造技术是近年来迅速发展起来的高端数字化制造技术,特别适合于具有多批次、小批量、研制与设计迭代频繁的航天产品快速研制，NASA率先在航天发动机零部件的制造方面实现应用验证。随着增材制造装备性能显著提升，关键技术不断突破，我国在航天装备领域的应用已形成良性生态体系。我国航天用增材制造技术涵盖了激光熔化沉积、选区激光熔化、电弧增材和冷喷涂增材制造等关键基础技术，涉及钛合金、高温合金、铁基合金、铝合金、铜合金、陶瓷、工程塑料等材料体系。此外，针对外形复杂、传统加工方式难以实现的零件，如小火箭推力套筒、复杂铝合金整体舱段、发动机零件、大型金属骨架等结构已实现样机研制和部分工程应用，有效解决了生产周期长、合格率低等问题。

为充分发挥技术优势，传统增材制造技术正逐步转向"结构-材料-性能一体化增材制造"（MSPIAP）的制造内涵，变革传统的串联式增材制造路线，发展新的材料结构-材料-性能一体化"并行模式"。在设计方面，开展面向增材制造的结构设计技术研究，如拓扑优化、点阵结构设计、多材料一体化和功能梯度结构设计等，为构件轻质化、多功能和快速研发提供保障。在材料设计方面，开展低成本高性能、仿生多功能等新材料研发，形成航天产品增材制造材料标准体系和数据库。在工艺方面，提升工艺稳定性研究，抑制制造缺陷，开发增减材一体工艺、无损检测和工艺流程控制方法。通过结构、材料、工艺的一体化结合，在复杂整体构件内部可同步实现多材料设计与布局、多层级结构创新与打印，以主动实现构件的高性能和多功能，对于未来航天领域先进合金和复合材料开发、结构-功能梯度化设计、复杂智能仿生制造等具有重要应用前景。

3. 整体成型协同制造技术

整体化制造是实现航天结构高性能研制的重要途径之一。火箭贮箱箱底整体成型、弹体舱段整体精密环锻成型与机加、飞行器复合材料整体骨架一体化成型技术等为提升航天结构性能提供了新途径。

在贮箱箱底整体制造方面，整体旋压成型、整体液压成型、快速电磁脉冲成型等技术均可突破传统瓜瓣拼焊方案，大幅减少焊缝数量，提高结构安全可靠性。其中，整体旋压成型工艺已成为国外贮箱箱底制造的关键核心技术。未来针对5 m以上大直径的高强铝合金及新材料铝锂合金整体箱底，需结合大型板材开发、旋压成型、热处理、机加减薄等系列工艺技术开展研究。

此外，针对快速飞行器的严酷多变气动特性，满足整体高精结构装配技术的迫切需求，可通过减少骨架、舵、翼等部件间的连接来降低装配后部件的变形。在金属材料结构方面，需进一步开展大型复杂铝合金和镁合金整体舱段整体制造技术研究，重点解决大尺寸构件制造缺陷抑制、整体机加应力变形预测与控制、连接结构防护等难题。在复合材料结构方面，研究整体编织和整体成型的工艺，突破飞行器复合材料整体骨架一体化成型技术，实现整体高精高性能一体化制造具有重要意义。

4. 复合材料结构制造技术

随着航天器复合材料结构的大型化、集成化、轻量化、批量化等需求发展，大尺寸复合材料构件整体成型技术、复合材料高效自动铺放技术以及低成本工艺技术得到了广泛的工程应用。一方面提高了结构件的性能和减重效率；另一方面提高了结构件的生产效率和质量一致性，同时降低了制造成本和周期。降低成本，实现最佳的性能价格比，探索低成本高性能的成型工艺技术，是未来较长时期复合材料结构制造的发展趋势和热点。通过结构设计制造一体优化思想,开展树脂体系和工艺设备的集成研发,提升计算机等数据处理技术和智能制造技术在复合材料结构成型过程控制和成型工艺模拟等方面的推广应用,使复合材料结构成型更科学、合理,保证性能满足的同时,实现成本下降。

复合材料结构高性能制造面临着结构复杂化、曲率变化剧烈、承载要求显著提升等挑战,未来低成本高性能复合材料工艺技术发展重点方向包括非热压罐成型工艺、结合注射工艺过程数字模拟的RTM成型工艺、低温低压成型工艺、自动铺带和铺丝成型工艺、Z-Pin增强连接技术、设计制造一体化工艺仿真制造技术等。在工程应用方面,亟需突破大型异型结构的高精整体成型、机加、切割、连接技术,重点解决复合材料零件连接紧固件工艺性差、连接材料间电位腐蚀等关键难题。此外,在振动和冲击等复杂飞行条件下,对于复合材料缺陷的监测和损伤容限的研究亟需深入。

5. 绿色制造技术

绿色制造是一种综合考虑环境影响和资源消耗的现代制造模式,其目标是产品在从设计、制造、包装、使用到报废处理的整个生命周期中,对环境负面影响小、资源利用率高、综合效益大,使企业经济效益与社会效益得到协调优化。航天制造作为先进制造的代表,在实现企业可持续发展的同时,还承担了对高技术发展方向的导引职责。

针对现有航天产品,推进绿色制造的概念和路径非常丰富。首先,促进绿色加工工艺研究与应用,如铝合金等金属的低污染表面处理技术、机械铣削替代化学铣切加工技术、激光清洗技术、树脂基复合材料回收利用技术以及以低温非热压罐成型为代表的低能耗制造技术等均可显著减少对环境及人体的伤害。其次,提高材料利用率是绿色制造的一种思路,一方面减少材料去除量,如发展整体旋压成型技术、高性能近净成型技术,另一方面采用增材制造思想,发展基于薄壁焊接与铆接结构的局部原位冷喷涂技术,节约原材料和能耗。最后,推进绿色制造系统方法的建立,推广并行工程的设计理念,面向制造和装配、面向成本、面向环境进行设计,使航天产品全寿命周期成本更优、效率更高。

8.5 航天先进材料技术

航天材料及工艺技术是发展航天运载器的基础技术、先导技术和关键技术,是决定航天运载器性能、质量、可靠性和成本的基础因素,贯穿于每一件航天产品及航天器的设计、研制、生产、试验及使用维护的全寿命周期,其性能与水平在很大程度上制约着航天高技术的发展和运载器装备的研制进程。

随着航天运载器装备迭代发展速度不断加快,性能要求不断提升,运载火箭结构不断向整体化、大型化、轻量化发展,运载能力与可靠性持续增强。航天运载器不断向高射程、高精度发展,打击能力不断提升;空天飞行器在天地往返运输、天基跨域等方向多面推进,空天安全装备体系加快构建。新型航天运载器的发展需要先进材料与先进工艺技术的不断创新予以全面支撑。

随着空间站建设、载人登月、行星探测等重大航天工程的提出,我国航天运输任务需求已进入持续快增长阶段,运载火箭发展趋势主要表现为结构的尺寸大型化、结构轻质化和重复使用化。在尺寸大型化方面,以10 m级超大直径重型运载火箭为典型代表的箭体结构的研制已成为航天强国建设的重要标志之一。在结构轻质化方面,箭体结构效率以及高性能材料的研发与应用、整体化高精度制造技术应用是关键。在重复使用化方面,回收系统结构机构、返回防热结构研制已形成迫切需求。

除了常规构型的运载火箭,航天运载器的研究交叉越发明显,空天跨领域结合飞行器已成为这类航天运载器在当前世界航天角逐的技术前沿,尤其是快速多模航天运载器的发展更是研究热点,其结构特征主要表现在抗极端力热环境承载的舱段、翼舵及热防护需求。空天运载器结构发展主要呈现轻质化、整体化、高耐温、高精度等趋势,结构功能一体化纤维增强复合材料的使用已成为结构提升的重要途径。

高性能材料是航天运载器研制发展的关键基础,轻质、高强度是航天结构材料的永恒追求。由于需要在高应力、超高温、超低温、强腐蚀等极端条件下工作,因此运载器性能设计高度依赖所选用结构材料本身所具有的特性和功能。目前,国内外航天运载器结构材料主要涉及轻质高强金属材料(高强度铝合金、镁合金、钛合金、高温合金等)和轻质复合材料(结构复合材料、功能复合材料等),同时也开展了智能变形材料的探索研究。

1. 高强铝合金

铝及铝合金因其密度低、力学性能好、加工性和焊接性优良,在弹箭体舱段、储箱、支架等结构获得了广泛应用,是世界上大多数航天运载器的主体结构材料。高强铝合金作为航天应用最多的轻质材料,主要包括2XXX系和7XXX系铝合金。按照我国航天发展历程可以分为5个阶段。以2A12、2014、7A04为代表的第一代高静强度铝合金和以2219、7A09、7075为代表的第二代高强耐蚀铝合金在我国长征系列运载火箭及弹体中已经得到了广泛应用。以7050为代表的第三代高强高韧耐蚀铝合金和以7A60、7055、7056等第四代高耐损伤系列的高强铝合金正处于航天推广应用阶段,同时以7085为代表的第五代高强高韧低密度、低淬火敏感性铝合金也已进入新一代运载火箭研制的应用评价环节。

铝锂合金具有高比强度、高比模量、耐蚀性好、低密度等一系列优势,用于取代传统高强铝铜合金,可为航天运载器结构带来显著减重效果。以2195、2198为代表的先进铝锂合金已经在航天飞机外挂储箱、Falcon 9火箭等型号中已经得到了成熟应用,产生了巨大经济价值。

随着航天装备轻量化发展要求的不断提升,超轻质、超高强度、超高模量、高耐热、高耐蚀等综合性能的新型铝合金及铝基复合材料研发也越来越受到航天领域的重视。以Sc、Er元素强化的高可焊耐蚀铝钪合金(5B70、5028、5024等)、铝铒合金为国防军工产业开辟了特殊条件应用的新领域,进一步开展自主创新研究、推动制造工艺成熟化和低成本化已成为工程应用关注的重点。

2. 高强耐热镁合金

镁及镁合金是目前最轻的金属结构工程材料之一,具有比强度与比模量高、优良的导热性和导电性、减震系数高、电磁屏蔽性能好等一系列优点。我国作为世界上镁资源最丰富的国家,原镁的年产量占到了世界总年产量的80%,推动镁合金替代铝合金实现航天结构减重具有天然优势。

高强耐热镁合金作为航天结构材料的主要需求方向,稀土元素强化镁合金展现了独一无二的高性能优势,用于弹箭体整体舱段结构可带来近30%的减重效果,使用温度提升至200℃以上,可大大提升航天结构的轻质化水平和结构的承载效率。此外,弹箭体惯组仪器安装平台支架结构已逐步推进镁合金材料的升级替换,在实现结构减重、提高振动阻尼等方面展现突出优势,部分大尺寸承力镁合金壳体产品抗拉强度已达到 400 MPa 量级,有力支撑了航天运载器结构轻质化水平的提升。

3. 高强韧钛合金

钛是地球上储量仅次于铝的重要轻质材料,钛合金的强度达到 500~1 400 MPa,比铝合金、镁合金高得多,钛合金的高温及低温性能更具优势,能在 550 ℃ 高温和 -250 ℃ 低温下长期工作而保持性能不变,已成为航天结构关键战略材料。针对航天运载器高应力承载、超高/低温、强腐蚀等极端条件下服役需求,国内外已开发出各种性能钛合金系列和加工制造技术。

中/高温高强韧大承载是未来航天钛合金结构面临的主要挑战,目前世界各国正加快对 600 ℃ 及 650 ℃ 以上的高温高强钛合金、Ti-Al 系金属间化合物等材料体系的研究与工程应用突破。工程应用中受室温塑性差的反向制约,针对高强钛合金难变形的特点,需结合航天结构大尺寸、高成形精度及高性能需求,推动精密铸造、超塑性成形、扩散焊/激光焊连接、粉末冶金及增材制造等应用技术的发展,提升钛合金在航天结构中的应用成熟度。

4. 高温合金

高温合金是指具有优异的 600 ℃ 以上的高温热力学性能,具体表现为耐高温、抗氧化、高强度等,主要包括铁基高温合金(600~800 ℃)、镍基高温合金(650~1 000 ℃)、钴基高温合金(730~1 100 ℃)三大类,是航天发动机结构的首选服役材料。由于高温合金材料密度较大,难以满足航天运载器结构轻质应用要求,因此主要用于大承载紧固件和局部承力轴舵等。以 GH4169、GH213 等为代表的高温合金,因其高/低温力学强度高、线胀系数低、耐蚀性强,在低温运载火箭、空天飞行器的紧固件方面得到了广泛的应用。GH4099 在 960 ℃ 的拉伸强度仍能保存在 250 MPa 以上,因此在快速飞行航天运载器的舵部件上得到应用。此外,新型金属材料(如因瓦合金)在 200 ℃ 以下具有陶瓷材料接近的线胀系数,在快速飞行航天运载器中得到广泛应用。

随着航天运载器的进一步发展,针对长时间大气层内快速飞行运载器活动部件操纵需求的不断增加,需设计耐热 1 000 ℃ 以上的高温合金轴系部件;针对高温合金与热结构复合材料高温热匹配差异性问题,开展低热膨胀系数的高温合金材料及其精密成型工艺研究;为应对新一代航天运载器高性能连接需求,需全面开展以高温合金材料为基础的高强高可靠紧固件制造、试验与评价技术研究。

5. 结构复合材料

自 20 世纪 50 年代起,结构复合材料的轻质高性能就引起了航天领域的高度关注,相比铝合金构件,可实现 30% 以上的结构减重,主要形成了环氧树脂、双马来酰亚胺树脂和耐高温聚酰亚胺树脂基体的三大结构复合材料体系。以碳纤维增强树脂基复合材料典型代表,因其高比强度、高比模量、高温尺寸稳定性和可设计性等突出优点,广泛应用于运载火箭、空天飞行器等大型舱筒段、支架结构,已成为先进弹箭体结构轻质化的重要标志。

环氧树脂基结构复合材料由于成形性好,工艺发展最成熟,是目前应用最广的结构复合材料,服役温度通常低于 180 ℃。随着双马来酰亚胺树脂基复合材料的发展,提升服役温度到 230~280 ℃,并形成了以 TG800/802 为典型代表的推广应用。目前,耐高温聚酰亚胺树脂基复合材料体系已提升服役温度超过 500 ℃ 的研究目标,随着材料工艺性改善和应用技术的突破,已在快速飞行航天运载器产品实现了应用。

随着航天运载器对减重、增程等指标的要求不断提高,成形性更好、耐温等级更高的结构复合材料已成为运载器结构复合材料的重点研究方向。此外,高性能连续纤维增强热塑性复合材料的研制将大幅提升结构可设计性,航空结构已实现初步应用。随着结构/防热/承力一体化技术的发展,格栅结构、蜂窝结构、泡沫结构与复合材料蒙皮、骨架等结构形式与材料设计制造一体化研究,已形成一类轻质承力复合材料结构新体系。此外,将主被动防隔热、雷达吸波等功能特征与结构承力相结合,也是结构复合材料向功能化融合发展的研究热点。

6. 功能复合材料

功能复合材料主要涉及防热、隔热、透波等功能要求,是先进热防护系统设计研制的关键,在快速飞行器和重复使用运载器等领域具有不可或缺的作用。国内外已发展出树脂基烧蚀防热材料、热结构材料、碳基防热材料、透波多功能防热材料、高效隔热材料等功能复合材料体系。高温防热材料以烧蚀型防热材料为主,通过材料升华带走热量,通过材料设计控制烧蚀形貌;中温防热材料主要通过低热导率实现隔热,同时需要承受温度和热流冲刷,不产生显著烧蚀导致外形后退。

我国在航天热防护系统中,重点发展了烧蚀型防热复合材料、微烧蚀 C/C 复合材料和热透波复合材料体系。目前,编制碳/酚醛烧蚀型材料已实现了稳定批量生产,并陆续发展了第二代和第三代空间探测用烧蚀防热材料。航天材料及工艺研究所已研制出 2 000 ℃ 以上表现为微量烧蚀的 C/C 复合材料,相比传统纯 C/C 复合材料抗烧蚀性能提高了 50%,在防热承力一体化热结构、飞行器前缘、端头、舵、翼等部位具有广泛应用。在透波多功能防热复合材料方面,已初步实现了对超高温热透波材料、天线罩等产品的快速批量化应用。

为支撑新型航天运载器等长时间防隔热服役、重复使用运载火箭防隔热重复应用及未来飞行器功能结构一体化融合发展的需求,未来需进一步加入功能复合材料基础研究和原创技术的研究力度,争取在高温树脂、透波超材料、多模式防热、防隔热一体化等领域实现技术创新与突破。牵引高性能碳纤维、碳化物纤维、氮化硅纤维等高性能纤维及 PCS、SiBCN 等陶瓷前驱体、空心玻璃小球等特种填料关键原材料的研发,推动航天关键原材料全面实现自主可控。实现超低密度、超低热导率、防热和隔热功能兼备,同时具备轻质防热/隔热/维形、防热/隔热/隐身/防热/隔热/承载等多功能一体化材料研发与工程应用目标。

7. 智能变形材料

智能变形材料即能够实现形状记忆、磁致伸缩、电致伸缩、压电效应等功能的材料。随着航天运载器型号智能化、集成化发展需求,智能材料备受关注,特别是在变形蒙皮、折叠驱动等领域的需求尤为迫切。目前,智能材料和结构在蒙皮、驱动器及变形结构等方面有了初步尝试。

根据目前的发展水平,智能材料只在航天器的部分单一功能开展了应用尝试,还不能满足高性能集成需求。因此,针对未来智能变形材料的航天应用:一方面,需要从材料角度提高材料综合性能,改善蒙皮变形性能与承载防热性能之间的矛盾、智能驱动输出能量与承载水平及变形响应速率的矛盾,是材料研发的重要方向;另一方面,需要提高材料、结构、控制的集成设计水平,充分发挥智能材料的优势。

思 考 题

1. 激光推进的工作原理是什么？优势在哪里？
2. 运载火箭今后的发展趋势是什么？主要措施有哪些？
3. 卫星通信的发展趋势是怎样的？
4. 导航卫星的发展趋势是怎样的？
5. 先进航天制造技术推进的工作重点包括哪些方面？
6. 未来的航天先进材料将向哪些方面发展？

附录1　世界航天大事记

1957年10月4日，苏联成功发射世界上第一颗人造地球卫星"人造卫星1号"，开创了人类航天新纪元。

1958年1月31日，美国第一颗人造地球卫星"探险者1号"发射成功。

1958年6月5日，苏联科学院院士、火箭飞船总设计师谢·巴·科罗廖夫在为政府起草的《开发宇宙空间的远景工作》中提出，1961—1965年完成研制搭乘2～3人的载人飞船，1962年开始建造空间站。

1958年10月7日，美国航天局正式批准"水星"号飞船工程。这是航天局1958年10月1日成立后做出的第一个重大决策。

1959年1月2日，苏联向月球发射的"月球1号"是世界上第一个空间探测器，它的飞行开创了人类探索太阳系内天体的新阶段。

1959年9月12日，苏联发射"月球2号"探测器，为世界上第一个撞击月球表面的航天器。

1960年1月，苏联成功发射了两艘无人卫星式飞船，进行亚轨道飞行。

1960年4月1日，世界上第一颗遥感卫星——美国的"泰罗斯1号"气象卫星发射成功，揭开了人类利用卫星进行对地观测的序幕。

1961年4月12日，苏联成功发射世界上第一艘载人飞船"东方"号，航天员加加林成为世界第一位进入太空的人。

1961年5月5日，美国首次成功进行亚轨道飞行，航天员是艾伦·谢泼德。

1961年5月25日，美国肯尼迪总统宣布在60年代末将人送上月球的目标。

1962年2月20日，美国首次成功进行轨道飞行，航天员是约翰·格伦。

1963年6月16日，苏联尼·捷列什科娃乘"东方6号"飞船上天，历时2天又22 h 50 min，成为世界第一位女航天员。

1964年10月12日，苏联发射载3人的第二代飞船"上升1号"成功。航天员科马罗夫、耶戈洛夫和费捷斯托夫驾驶飞船绕地球飞行16圈，历时24 h 17 min，返回于库斯塔奈地区。这是航天史上第一次载3人飞行。

1965年3月18日，苏联航天员列昂诺夫走出"上升2号"宇宙飞船，第一次在太空自由行走了10 min。

1965年11月26日，法国用自行研制的运载火箭成功地发射了自己的第一颗人造地球卫星。

1966年3月16日，载有航天员阿姆斯特朗和斯科特的美国"双子星座8号"在飞行中与一个名叫"阿金纳"的对接舱体对接，这是世界航天史上第一次空间对接。

1968年12月21日，美国发射载有波尔曼、洛弗尔和安德斯的"阿波罗8号"飞船。飞船进入距月面112 km的月球轨道上飞行了10圈，时间20 h 6 min，并向地球发回电视信号。12月27日返回。这是世界上第一艘绕月飞行的载人飞船。

1969年1月14—17日,苏联的"联盟4号"和"联盟5号"飞船在太空首次实现交会对接,并交换了航天员。

1969年7月20日,美国发射的"阿波罗11号"飞船完成了第一次登月,航天员阿姆斯特朗成为人类踏上月球的第一人。

1970年2月11日,日本用自行研制的运载火箭成功地发射了自己的第一颗人造地球卫星。

1970年12月15日,苏联"金星7号"探测器首次在金星上着陆。

1970年6月1日,苏联发射载有尼古拉耶夫和谢瓦斯基扬诺夫的"联盟9号"飞船。飞船绕地球飞行268圈,历时424 h 59 min,创造了载人飞行史上的新纪录。

1971年4月19日,苏联用"质子"号火箭发射世界上第一个载人空间站"礼炮1号"。

1971年12月2日,苏联"火星3号"探测器在火星表面着陆。

1972年3月2日美国发射"先驱者10号"航天飞行器。它是第一艘越过小行星带的飞行器,也是第一艘近距离观测木星的飞行器,并于1973年12月3日发回了第一组木星的近距离拍摄图像。

1972年7月23日,美国成功发射世界上第1颗资源卫星。

1972年12月7日,美国发射载有塞尔南、埃文斯和施密特的"阿波罗17号"飞船。12月11日到达月球,两名航天员在月面逗留75 h,在月球轨道上释放了一颗卫星。飞船于12月19日返回。这是"阿波罗"登月系列的最后一艘飞船,也是"阿波罗"飞船第7次登月飞行。

1973年5月14日,美国发射了第一个试验性空间站——"天空实验室"。

1974年12月26日,苏联发射"礼炮4号"空间站。空间站在轨运行时,接待两艘"联盟"号飞船对接。其中"联盟"17号两名航天员进站工作30天,"联盟18号"的两名航天员进站工作63天。

1975年7月15—21日,美国的"阿波罗18"号飞船和苏联的"联盟19号"飞船在太空联合飞行,成为载人航天的首次国际合作。

1978年1月10日,苏联发射载有扎尼拜科夫和马卡罗夫的"联盟27号"飞船上天。1月11日与"联盟26号"-"礼炮6号"联合体对接,实现了用两艘"联盟"号飞船与一艘"礼炮"号空间站首次对接。1月16日,航天员乘"联盟26号"飞船离开空间站,"联盟27号"一直和"礼炮6号"对接到3月16日,之间还于3月3日又一次接受"联盟28号"对接。

1979年2月25日,苏联发射"联盟32号"飞船,船上载有利亚霍夫和柳明。2月26日与"礼炮6号"对接。8月19日,此飞船在无人驾驶情况下返回地面。

1980年11月27日,苏联发射"联盟T3号"飞船上天,船上载有基齐姆、马卡罗夫和斯特利卡洛夫。11月28日与"礼炮6号"-"联盟37号"-"进步11号"联合体对接,12月10日与"礼炮6号"分离。这是自1971年6月29日乘坐3人的"联盟11号"返回失事以后,"联盟"号飞船再次恢复3人飞行。

1981年4月12日,世界第一架航天飞机——美国"哥伦比亚"号航天飞机发射成功。

1982年4月19日,苏联在拜科努尔发射场成功地发射了第2代空间站"礼炮7号"。它在轨工作3 214天,运行中先后与10艘"联盟"号(另有一艘对接不成功)、12艘"进步"号飞船和3个空间舱(宇宙1443、1669、1686号)对接。空间站共接待了11批28名航天员,其中包括苏联第二位进入太空的女航天员萨维茨卡娅。1991年2月7日,它与宇宙1686号空间舱一起进入南美洲上空大气层烧毁,残骸落在阿根廷与智利交界的安第斯山脉。

1983年3月2日,苏联发射20 t的"宇宙1443号"空间舱体。3月10号与"礼炮7号"空间站对接。"宇宙1443号"与"礼炮7号"飞行了5个月,于1983年8月14日释放回收舱,8月23日回收舱回收成功。9月19日脱离"礼炮7号",再入大气层烧毁。

1984年2月7日,美国航天员麦坎德列斯和斯图尔特不拴系绳离开"挑战者"号航天飞机,完成人类第一次不系绳太空行走。

1984年7月25日,苏联萨维茨卡娅离开"礼炮7号"空间站,成为第一位在太空行走的女航天员。

1985年4月29日,王赣骏乘"挑战者"号航天飞机进入太空,成为第一位华裔航天员。

1986年1月28日,美国航天飞机"挑战者"号在升空73 s后爆炸,7名航天员全部遇难,其中包括2名女航天员。

1986年2月20日,苏联发射了第三代长期载人空间站——"和平"号空间站。"和平"号在绕地球飞行8万多圈、行程约35亿千米、服役15年后,于2001年3月23日坠毁在太平洋预定海域。"和平"号是世界上第一个长期载人空间站,也是20世纪质量最大、载人最多、寿命最长的航天器。

1987年3月31日,苏联发射第一个天文专业舱"量子"号前往"和平"号。4月9日与"和平"号对接。"量子"号重20 t,由服务舱和天文观测舱组成,主要用于载人和自动天文观测,扩展"和平"号试验设施。

1988年12月21日,苏联航天员季托夫和马纳罗夫乘"联盟TM6号"飞船返回地面。他俩在太空飞行366天,创造了在轨飞行整整一年的新纪录。他们在"和平"号空间站上,先后接待了3艘"联盟"号飞船,与另外12名航天员一起工作过。

1989年11月26日,苏联用"质子"号运载火箭将20 t重的"量子2号"人型组合舱送上绕地轨道。12月7日与"和平"号轴向对接口对接,12月8日移到"和平"号径向对接口。该舱长12 m,直径4.1 m,重19.5 t。它与"和平"号对接后,复合体总长40 m,总重66 t。它的主要功能是扩展"和平"号空间站,并作为航天员活动通道和出入口。1991年1月26日首次启用该舱口进行舱外活动。

1991年5月18日,苏联发射"联盟TM12号"飞船,5月19日与"和平"号对接。乘员有英国第一位女航天员沙曼和苏联的克里卡廖夫、阿尔巴尔斯基。沙曼研究了失重情况下生长发育情况,观察了地球的自然资源和生态环境,并通过无线电向英国学生作了太空飞行讲座。

1992年3月17日,独联体发射"联盟TM14号"飞船,船上载有维多连科、卡列里和德国的费拉德。3月19日与"和平"号对接,同苏联最后两名航天员克里卡廖夫和沃尔科夫会合,25日克、沃乘"联盟TM13号"返回。他俩分别于1991年5月18日、10月2日进入太空,这期间正逢苏联解体,他们成为在太空的最后两名苏联航天员。为此,他们分别获得了俄罗斯政府15万和7.5万卢布的奖金,外加一辆伏尔加轿车,叶利钦还授予他们人民友谊勋章。

1993年2月4日,俄罗斯首次在太空试验人造月亮。人造月亮也叫做太空镜。"进步M15号"飞船与"和平"号分离后,以高速旋转,使安装在飞船顶部的薄片展开,形成直径为20 m的圆盘,借以反射强烈的阳光。人造月亮射向地球背阳面长达6 min,扫过地面一条宽4 km的区域,其亮度是月亮的2~3倍,欧洲的里昂、日内瓦、伯尔尼、慕尼黑等地都看到了这一壮观景象。

1994年,美国、俄罗斯、欧洲航天局、日本、加拿大和巴西共16个国家开始建立国际空间站。国际空间站是一种更先进的多舱段空间站,代表了当代空间站技术的最高水平。

1995年6月29日,美国"亚特兰蒂斯"号航天飞机与俄罗斯"和平"号空间站第一次对接,开始了总计9次的航天飞机与空间站的对接,为建造国际空间站拉开序幕。

1996年12月4日,美国发射"火星探路者"号飞船,于1997年7月4日在火星表面着陆。它携带的"索杰纳"号火星车,是人类送往火星的第一部火星车。

1997年4月29日,俄罗斯的齐布列耶夫和美国的利宁格尔进行了首次俄、美航天员联合太空行走,两人在"和平"号舱外工作了4 h 57 min,进行空间站组装与操作演练。

1998年1月6日,美国发射"月球探测者"号探测器。

1999年7月23日,美国"哥伦比亚"号发射,这次指挥它的是艾琳·柯林斯,也是女性首次成为航天飞机的机长。

2000年11月2日,由美国和俄罗斯3名航天员组成的第一批常住的航天员登上国际空间站。

2001年3月23日,俄罗斯成功坠毁了运行15年的"和平"号空间站,它在全球产生了巨大反响,标志着航天史上一个时代的结束。

2001年4月28日,俄罗斯由"联盟"号飞船把世界首位太空旅客蒂托送上国际空间站,开创了宇宙观光的先河。

2003年2月1日,美国"哥伦比亚"号航天飞机在经过16天的飞行返回地球大气层时在得克萨斯州上空爆炸,机上7名航天员全部罹难。

2003年9月27日,欧洲第一个月球探测器"智慧1号"顺利升空。

2004年1月3日,美国成功地将两个火星探测器中的第一个"勇气"号送上了火星。

2004年7月1日,美国航空航天局的"卡西尼-惠更斯"号宇宙飞船飞抵土星,从下面的土星环飞入轨道。"卡西尼"号宇宙飞船花了近7年时间,经过了30多亿千米的太空旅行才飞抵土星。

2005年1月14日,欧洲航天局宣布"惠更斯"号成功登陆土卫六,它是人类第一个登陆土卫六的探测器。

2005年7月4日,美国航空航天局的"深度撞击"彗星撞击器在距地球约1.3亿千米处,以每小时3.7万千米的相对速度成功击中了坦普尔1号彗星的彗核表面,实现了人造航天器和彗星的"第一次亲密接触"。

2006年1月15日,美国"星尘"号探测器在探索了约7年后,通过其返回舱首次将彗星尘埃送回了地球。

2007年9月14日,日本发射了首枚探月卫星"月亮女神"号。

2007年9月27日,美国"黎明"号探测器向着火星和木星间的小行星带绝尘而去。4年后它将是首个抵达小行星带的探测器,也是第一个先后环绕谷神星与灶神星这两个体积最大的小行星的人类探测器。

2008年7月30日,美国"凤凰"号探测器在加热火星冻土标本时发现了水蒸气,从而确认火星上有水存在。

2008年11月13日,美国加州大学伯克利分校天文学家保尔·卡拉斯研究团组,向全世界发布了恒星"北落师门"有行星环绕运动的照片。这是人类首次实际观测到太阳系外行星绕恒星运动的踪迹。

2009年10月9日，美国航空航天局利用火箭在月球表面撞出一个直径30 m的坑，并在产生的碎片中测量到以水蒸气和冰的形式存在的水。

2009年9月11日，日本首艘货运飞船HTV-1(KOUNOTORI-1)由H-ⅡB火箭从日本种子岛空间中心(TNSC)发射升空。

2010年12月8日，美国"太空探索技术"公司成功发射"猎鹰9号"火箭，并将"龙"飞船送入距地面300 km的太空。美国航天局因此有望在航天飞机全部退役后，通过向私企借"箭"、租"船"，为国际空间站运送货物和人员，从而大幅节约开支。

2011年7月21日，"亚特兰蒂斯"号航天飞机在肯尼迪航天中心安全着陆，标志着美国为期30年的航天飞机时代终结。

2011年11月26日，美国"好奇"号火星车从佛罗里达州卡纳维拉尔角空军基地发射升空，用于探索火星上是否存在生命迹象。

2012年5月25日，美国"龙"飞船与国际空间站成功对接，由此成为有史以来首艘造访空间站的商业飞船。

2012年8月6日，美国"好奇"号火星车成功着陆在火星盖尔陨坑中心山脉的山脚下，展开为期两年的火星探测任务。

2012年9月5日，美国"黎明"号探测器离开灶神星轨道，向谷神星飞去。若一切顺利，则"黎明"号有望成为第一个环绕两颗不同天体运行的无人探测器。

2013年9月12日，美国航空航天局确认，"旅行者1号"探测器已飞入恒星际空间。

2013年11月5日，印度发射的首个火星轨道探测器顺利升空进入轨道，这使印度成为首个向火星发射探测器的亚洲国家。探测器将用300天时间飞行逾7亿千米，到火星附近的轨道运行，收集数据。

2014年3月19日，美国科学家用月球勘测轨道飞行器(LRO)拍摄的照片合成了人类迄今最清晰的月球北极照片。该照片共由10 581张图像拼接而成，整幅图像的像素数量高达8 670亿，有效图像数据超过6 810亿像素，单个像素尺寸2 m，覆盖的区域大于四分之一的美国国土面积。

2014年7月9日，俄罗斯试射最新轻型"安加拉-1.2PP"火箭成功，这是从苏联解体以来俄罗斯设计的第一代生态清洁火箭。

2014年7月30日，日本山梨大学宣布，其研究小组利用在国际空间站保存了9个月的真空冷冻干燥实验鼠精子进行人工授精，成功产下了"太空实验鼠"。这是世界首次哺乳类动物人工授精获得成功。

2014年8月15日，《科学》杂志上发表的一项研究表明，"星尘号"探测器采集回来的部分宇宙尘埃样本可能起源于太阳系外。这项研究开启了一扇研究太阳系起源甚至生命本身起源的大门。

2014年9月24日，印度首个火星探测器"曼加里安"号成功进入火星轨道。印度成为全球第四个和亚洲第一个成功对火星进行探测的国家。

2014年10月17日，美国无人轨道试验飞行器X-37B在轨运行675天后成功返回地面。

2014年11月12日，欧洲空间局"罗塞塔"彗星探测器释放的"菲莱"着陆器成功登陆67P/楚-格彗星表面，实现人类首个彗星着陆器登陆彗星。

2014年11月25日,美国国家航空航天局首次实现在太空用3D打印机打印部件。

2014年12月3日,日本在鹿儿岛县种子岛宇宙中心用H2A运载火箭搭载"隼鸟2号"小行星探测器发射升空。"隼鸟2号"是世界首次从小行星回收样本的"隼鸟号"的后续探测器,其目标为距离地球约3亿千米的小行星1999 JU3。

2014年12月5日,美国新一代载人飞船"猎户座"首次试飞成功。

2014年12月7日,美国国家航空航天局发射的"新视野号"探测器在花了9年时间、航行了48亿千米后被唤醒。它将对冥王星进行拍摄,并回传信息到地球。"新视野号"是人类第一颗专门调查冥王星的探测器。

2015年3月1日,SpaceX公司在卡纳维拉尔角空军基地利用猎鹰-9火箭将世界首批全电推进通信卫星送入地球轨道。

2015年3月24日,美国"机遇号"火星车完成了首次火星"马拉松",总里程达到42.195 km,用时11年零2个月,创造了人类探测器在火星表面行走距离的新纪录。

2015年3月28日,俄罗斯和美国的3名航天员抵达国际空间站,其中两人将在国际空间站连续停留342天,时间长度约为普通停留任务的两倍。这是美国国家航空航天局首次尝试让航天员在国际空间站连续停留近1年时间,意在为未来的载人火星之旅做准备。

2015年7月14日,美国国家航空航天局发射的人类最快速的飞行物体"新视野号"探测器在约12 472 km上空飞掠冥王星,它是第一艘飞越和研究冥王星的空间探测器,是人类有史以来最接近冥王星的一次,也是距离地球最远的一次的空间探索任务。

2015年7月24日,美国国家航空航天局发现迄今最接近"另一个地球"的系外行星,该行星名称为Kepler 452b,这个跟地球的相似指数为0.98,是至今为止发现的最接近地球的"孪生星球",有可能拥有大气层和流动水。

2015年9月12日,3名国际空间站航天员返回地球。其乘员之一的俄罗斯航天员根纳季·帕达尔卡完成了他的第五次太空任务,在太空停留了168天。至此,帕达尔卡总共在太空执行任务879天,创造了新的世界纪录。

2015年9月28日,美国国家航空航天局宣布,火星表面存在流动的液态水,这一发现指向了存在于火星地表之下的大规模水体储层。这一资源未来不仅可为未来登陆火星的航天员提供水和氧气,液态水的存在还意味着火星上可能有生命存在,而且还很可能将为未来人类定居火星提供支持。

2015年12月22日,美国SpaceX公司的猎鹰9号火箭,在运送Orbcomm公司11颗通信卫星进入轨道后,地面成功回收了返回的一级火箭,这是人类第一次实现从轨道回收火箭。

2016年1月23日,美国蓝色起源公司成功将2015年11月回收的新谢帕德火箭再次发射成功进入亚轨道,并在发射后不久再次成功实现软着陆。

2016年4月9日,美国SpaceX公司猎鹰9火箭首次在海上平台回收其第一级火箭。

2016年4月28日,印度使用PSLV运载火箭成功发射了印度区域卫星导航系统的第七颗卫星,抢在欧洲伽利略系统初始运行能力部署前,完成了由7颗卫星组成的IRNSS系统空间段的部署,使印度成为全球第四个完成卫星导航系统部署的国家。

2016年5月28日,世界首个充气式太空舱在"国际空间站"成功展开。

2016年7月5日,美国"朱诺"号木星探测器成功进入木星轨道,这是自2003年"伽利略"号木星探测器结束木星探测任务后,人类首颗围绕木星工作的探测器。而且,"朱诺"号也是人类有史以来建造的最坚硬太空探测器。

2016年9月30日,欧洲"罗塞塔"彗星探测器按计划撞向楚留莫夫-格拉西门彗星,结束了长达12年的任务。任务期间,"罗塞塔"轨道器获得了大量重要科学发现。2016年5月,欧洲航天局宣布"罗塞塔"轨道器发现彗星上存在地球生命构成必需物质——氨基酸甘氨酸和磷。

2016年11月19日,美国航空航天局成功发射最新一代地球静止轨道气象卫星"GOES-R"。

2016年12月15日,欧盟与欧洲航天局正式宣布"伽利略"全球卫星导航系统投入初始运行。

2017年2月15日,印度使用PSLV运载火箭成功发射104颗卫星,创造了一箭多星发射的世界纪录。

2017年2月17日,美国航天员在国际空间站首次成功培育中国小白菜。

2017年5月7日,美军X-37B空天飞机在地球轨道上飞行718天后返回地面,创造了在轨飞行新纪录。

2017年8月14日,美国肯尼迪航天中心成功发射"猎鹰9号"火箭,并首次将超级电脑送入外太空,以确认是否能在太空严酷的环境中运作,改善未来太空人和地球的联系,这是人类迈向火星的重要一步。

2017年8月19日,日本成功发射第四颗"准天顶"系统卫星,至此日本完成"准天顶"系统第一阶段的部署,为该系统投入初始运行创造了条件。

2017年9月3日,美国女航天员佩吉·惠特森结束288天任务重返地球,成为置身太空中累积时间最久的美国人,长达665天。

2017年9月15日,美国卡西尼号探测器在土星轨道运行了13年后采用撞击土星的方式结束其探测使命。

2017年9月27日,美国国家航空航天局和俄罗斯国家航天集团公司签署联合声明,宣布将合作建造名为"深空门户"的首个月球轨道空间站,作为深度探索太阳系并将人类送上火星的月面基地。

2017年12月22日,首位不靠缆绳连接而在太空漫步的航天员布鲁斯·麦坎德利斯在加州与世长辞,终年80岁。

2017年,美国SpaceX公司在航天器的可重复使用技术上取得多项重大突破。3月31日,该公司成功发射"二手"猎鹰9火箭,实现了该公司首次重复使用液体运载火箭一子级。6月4日,该公司的猎鹰9火箭成功将同为该公司研发的"二手"龙飞船发射升空,这次发射开创了SpaceX公司首次重复使用轨道级飞船的先河。12月15日,该公司在发射中首次实现用"二手"火箭发射"二手"飞船。本次发射使用的猎鹰9火箭第一级和货运"龙"飞船分别于2015年4月和2017年6月使用过一次。

2018年2月3日,日本宇宙航空研究开发机构从鹿儿岛内之浦宇宙空间观测所成功发射全球最小型火箭SS-520。研制该型火箭是为了满足全球对超小型卫星低成本发射的需求而开展的。

2018年2月7日,美国SpaceX公司"重型猎鹰"火箭首飞成功,并将一辆红色特斯拉跑车发射到火星轨道。"重型猎鹰"首飞成功,标志其成为现役最大运载能力的火箭。从历史上看,其运载能力仅次于美国的"土星5号"火箭和前苏联的"能源号"火箭。

2018年5月5日，美国"洞察号"火星探测器发射升空，经过205天的飞行，于11月27日凌晨着陆火星埃律西昂平原，并传回了火星表面图。"洞察号"火星探测器是首个针对火星地质情况进行勘探的探测器。

2018年8月12日，美国"帕克号"太阳探测器发射升空并进入预定轨道，开始"帕克追日"之旅。预计该探测器2024年将飞抵最近一次近日点，只有616万公里，仅为离太阳最近的行星水星与太阳距离的十分之一，将成为最接近太阳的空间探测器。

2018年10月11日，一名美国航天员和一名俄罗斯航天员搭乘俄罗斯联盟MS-10飞船，由一枚"联盟FG"型火箭发射升空前往空间站。但在发射后不久，火箭助推器出现故障，航天员及时启动紧急逃逸系统并安全返回地面，这次成功逃逸也是人类首次无塔逃逸。

2018年10月20日，欧空局在法属圭亚那库鲁航天中心利用"阿里安5"运载火箭，成功将"贝皮·科伦布"水星探测器发射升空。"贝皮·科伦布"将耗时7年时间飞向水星，预计将于2025年12月5日抵达水星，届时将开展为期1~2年的水星探测任务。

2018年12月4日，美国首个小行星采样探测器"奥斯里斯·雷克斯"探测器历时27个月，飞行20.3亿公里，抵达一颗名为贝努、距离地球1.22亿公里的近地小行星。这颗小行星直径大约500米，其轨道属于未来有可能撞击地球的类型，在当时的撞击风险排行榜上位列第三，在2175—2199年期间，撞击地球概率为1/2 700。"奥斯里斯·雷克斯"探测器预计将于2023年携带小行星样本返回地球。

2018年12月25日，美国使用"猎鹰9号"火箭将最新研发的首颗GPS-3导航卫星发射升空。该卫星被称为美国有史以来最强大的GPS卫星，由洛克希德·马丁公司研制，相较于第二代GPS定位导航卫星，GPS-3卫星有着3倍的精度、8倍的抗干扰能力，以及更强的数据上行能力，另外使用寿命也大大增强，是一款综合性能强大的卫星。除了民用导航领域，该卫星还可以运用到军事领域，为导弹的精准定位等提供保障。

2019年1月1日，在访问过冥王星后，美国"新视野号"探测器以每小时52 000 km的速度快速飞掠并观测一个名为"天涯海角"（后被美国航空航天局正式命名为"阿罗科斯"）的柯伊伯带小天体，这是有史以来人类航天器造访的最远天体，距离地球大约有64.3亿公里。探测器与这一小天体的最近距离只有3 500 km，比2015年飞掠冥王星时的距离近了三分之二以上。

2019年2月13日，美国航空航天局宣布历经8个多月的努力还是未能"唤醒""机遇号"火星车，最终只能选择停止进行联络尝试，"机遇号"任务也随之正式结束。至此，原本设计工作寿命3个月的"机遇号"，实际工作时间前后跨度近15年，在火星总行驶45.16 km，创造了人类探测器在外星最长行驶距离的纪录。此外它最大爬坡角度为32°，也创造了纪录。

2019年2月22日，日本"隼鸟2号"探测器在距离地球数亿公里的"龙宫"小行星着陆，并按计划开始收集该小行星表面样本。"隼鸟2号"采用投放小型探测车、释放小型炸弹制造人工陨石坑、着陆起飞再二次着陆采样等手段进行考察和样本采集。

2019年4月6日，美国"洞察号"火星探测器探测到来自地表以下大约100 km深处的火震信号，显示震级1~2级。科学家可以通过研究火震信号，逐步了解火星内部结构。

2019年4月10日，事件视界望远镜（EHT）合作组织正式发布了人类捕获的首张黑洞照片——室女座星系M87中心超大质量黑洞照片。

2019年5月23日,美国SpaceX公司利用"猎鹰9号"运载火箭成功将"星链"首批60颗卫星送入轨道,这也开启了该公司低轨宽带超大规模星座计划的部署工作。11月11日,该公司将第二批60颗"星链"卫星送入太空。"星链"计划通过发射4 425颗和7 518颗卫星,完成北美和全球的覆盖,该计划是当时全球最大的超大规模星座计划。

2019年9月25日,俄罗斯"联盟FG"运载火箭在拜科努尔发射场发射联盟MS-15载人飞船,送3名航天员抵达国际空间站。本次发射是该型火箭的收官之作,该型火箭自2001年5月首飞以来共执行发射70次,大部分用来发射载人飞船、货运飞船。

2019年10月18日晚至19日凌晨,美国两位女性航天员完成了一次历时7小时17分钟的太空行走,为国际空间站的太阳能发电系统安装了一个质量超过100 kg的锂电池。这是人类太空史上首次全女性的太空行走。

2020年1月7日,美国SpaceX公司"星链"低轨道互联网星座第三批60颗卫星由"猎鹰9号"火箭发射升空,拉开2020年度"星链"大规模部署序幕。截至11月25日,第16批"星链"卫星发射成功,该公司全年共发射14批次,将835颗卫星送入轨道,入轨卫星总数达到895颗。虽然"星链"星座部署远未完成,但这已是人类有史以来发规模最大的星座,也是部署最快的星座。

2020年2月10日,由美国航空航天局与欧空局合资打造的太阳轨道探测器,从佛罗里达州卡纳维拉尔角搭乘"宇宙神5号"运载火箭升空。该探测器共携带了10部仪器,其中包括6部望远镜和4部用于研究探测器周围环境的仪器。探测器近距离对太阳进行观测,为科学家提供太阳大气层、风和磁场的最新信息,还计划首次获得太阳未知极地区域的图像。

2020年2月25日,美国诺斯罗普格鲁曼公司的"任务扩展航天器"(MEV-1)经过数月的在轨测试后,顺利捕获停泊在"墓地轨道"的因推进剂耗尽退役的通信卫星Intelsat-901,成功完成了历史性首次对接。

2020年4月22日,伊朗新型国产三级固液混合运载火箭"信使号"在沙赫鲁德导弹靶场从一辆运输起竖发射车上起飞,成功把伊朗自行研制的"光明-1"军用卫星送入425 km预定轨道。这是伊朗首次成功发射自己的军用卫星。

2020年5月31日,美国SpaceX公司用"猎鹰9号"火箭成功发射载人龙飞船,运送两名航天员进入太空前往国际空间站,这是自2011年航天飞机退役以来,首次在美国本土开展的载人航天任务。11月16日,载人龙飞船载着4名航天员由"猎鹰9号"火箭从肯尼迪航天中心发射升空。11月17日,载人龙飞船与国际空间站对接成功。此次飞行标志着美国恢复载人航天发射能力,也意味着商业载人航天的正式开启。

2020年7月20日,阿联酋首颗火星探测器"希望号"使用日本运载火箭在种子岛航天中心成功发射。

2020年10月14日,俄罗斯用"联盟-2.1a"运载火箭成功将联盟MS-17载人飞船发射进入预定轨道。该飞船搭载3名航天员,发射后绕地运行两圈即同国际空间站实施对接,耗时仅3小时3分,创造了联盟MS-17载人飞船与空间站的最短交会对接时间纪录。

2020年12月6日,日本"隼鸟2号"探测器样本舱在澳大利亚南部沙漠地带着陆,当地的日方小组对其进行了回收。样本舱中不仅有小行星地表物质样本,还包含人类首次获得的小行星地下物质样本。科学家将通过研究这些样本了解小行星的形成历史和太阳系的演化等问题。释放返回舱后,"隼鸟2号"继续进行它的太空之旅,预计在2031年抵达另一颗小行星并展开探测。

2021年2月9日,阿联酋"希望号"探测器于进入火星轨道,标志着阿联酋成为世界上第五个将航天器送达火星轨道的国家(组织)。未来,"希望号"探测器将对火星的大气进行1个完整火星年(687天)的分析,这也是人类首次在相对完整的时间段内近距离研究火星大气。同年7月,"希望号"探测器捕捉到迄今为止最详尽的火星离散极光细节。

2021年2月19日,美国"机智号"火星直升机搭载"毅力号"火星车降落于火星表面。4月19日,"机智号"直升机完成火星首飞,成为首架在火星执行飞行任务的直升机。同月,"毅力号"火星车首次将火星大气中的二氧化碳成功转化为氧气。"毅力号"火星车作为最大的行星漫游车,将寻找火星古代生命的迹象,研究陨石坑地质结构,计划采集并保存几十个火星样本。

2021年3月9日,中俄签署关于合作建设国际月球科研站的谅解备忘录,双方就国际月球科研站的规划、设计、建设以及运营等事宜进行合作,并于同年6月发布了月球研究基地的路线图和合作伙伴指南。自2021年起,该项目建设共分为"勘、建、用"3个阶段,时间跨度达15年,国际月球科研站计划于2035年建成。

2021年10月16日,美国航空航天局研制的"露西号"小行星探测器成功发射,将在12年内飞越1颗主带小行星以及在与木星相同轨道上绕太阳运行的7颗特洛伊小行星。这将是人类航天史上首次对特洛伊小行星群开展探测,它还有望创造一次任务探测8颗小行星的数量纪录,有关研究可能为破译太阳系历史以及所有太阳系行星形成和发展的环境提供重要线索。

2021年11月24日,美国成功发射世界首个行星防御测试航天器"双小行星重定向测试探测器",计划在2022年10月2日进行小行星撞击试验,目标是一个双小行星系统。届时该探测器将瞄准其中较小的小行星进行撞击,期待改变其运行轨道和速度。美国航空航天局表示,撞击试验将不会造成小行星与地球碰撞的危险。该探测器还是首个使用柔性展开太阳能电池翼的深空探测器,其携带的光学导航相机负责发现目标小行星并自主导航飞行,这也是在深空探测中首次应用。

2021年12月14日,美国航空航天局宣布"帕克"太阳探测器成功飞越太阳的高层大气,这是人类航天器第一次成功穿越太阳日冕层。2021年4月28日,它从距离太阳表面1 300万公里处飞过,首次穿越太阳大气。

2021年12月25日,空间望远镜"詹姆斯·韦伯"由欧洲空间局的"阿里安5"火箭成功发射升空。它作为红外线观测用空间望远镜,其质量达6.2 t,主反射镜口径6.5 m,面积为"哈勃"空间望远镜的5倍以上。该望远镜的主要任务是调查大爆炸理论的残余红外线证据,即观测今天可见宇宙的初期状态。

2021年,全球太空旅游业取得新突破。7月11日,英国维珍银河航天公司老板布兰森及另外3名乘客搭乘白骑士2号/太空船2号亚轨道空天飞机,在太空边缘体验了失重的感觉。蓝色起源公司的新谢泼德亚轨道火箭分别于7月20日、10月13日、12月11日完成3次载人飞行,共运送14人升空,其中90岁老演员威廉·沙特纳成为有史以来登上太空的最年长者。9月15日,美国载人"龙"飞船将4名游客送入太空,这是太空旅游史上首个全平民团队。12月8日,日本亿万富翁前泽友作乘坐俄罗斯飞船前往国际空间站,进行了为期12天的太空之旅。

2022年5月12日,事件视界望远镜(EHT)合作组织正式发布了银河系中心黑洞人马座A*(Sgr A*)的首张照片。这是EHT合作组织继2019年发布人类第一张黑洞照片,捕获了位于更遥远星系 M87 中央黑洞之后的又一重大突破。

2022 年 5 月 20 日，波音公司的星际客船与国际空间站进行了成功对接。

2022 年 6 月 6 日，日本科学家从小行星探测器"隼鸟 2 号"从"龙宫"小行星上带回的沙土中发现了 20 多种氨基酸。氨基酸是构成蛋白质的基本单位，也是探究地球生命起源的重要线索。这是人类首次在地球外确认氨基酸的存在。

2022 年 6 月 21 日，韩国自研运载火箭"世界号"（KSLV-II）发射成功，人造卫星模拟载荷成功入轨。这是韩国首次利用自研运载火箭发射自主研发的人造卫星，标志着其成为全球第 7 个拥有自主卫星发射能力的国家。

2022 年 9 月 26 日，美国航空航天局执行"双小行星重定向测试"任务的宇宙飞船成功撞击小行星"迪莫弗斯"，希望使其偏离原运行轨道，完成了检验能否使"杀手小行星"偏离地球的测试任务。这次撞击是人类首次行星防御实验。

附录2　中国航天大事记

1956年3月,国务院制订《一九五六年至一九六七年科学技术发展远景规划纲要(草案)》,提出要在十二年内使我国喷气和火箭技术走上独立发展的道路。这标志着我国开始谋划发展独立的航天事业。

1956年4月,成立中华人民共和国航空工业委员会,统一领导我国的航空和火箭事业。聂荣臻任主任,黄克诚、赵尔陆任副主任。这是我国航天事业最早的领导机构(由航空主管部门代管)。

1956年10月8日,我国第一个火箭导弹研制机构——国防部第五研究院成立,钱学森任院长。

1957年10月苏联第一颗人造地球卫星发射之后,钱学森等一些著名科学家建议开展我国卫星工程的研究工作。中国科学院负责拟订了发展人造卫星的规划草案,代号为"五八一"任务,成立了"五八一小组",议定建立三个设计院。

1958年1月,国防部制定了喷气与火箭技术十年(1958—1967年)发展规划纲要。

1958年4月,在甘肃酒泉开始兴建我国第一个运载火箭发射场,标志着我国航天第一个自主发射基地的诞生。

1958年5月17日,毛泽东主席在中共八大二次会议上指出:"我们也要搞人造卫星。"从此,我国航天事业蓬勃发展。

1958年8月,第　设计院成立,同年11月迁往上海,改名为中国科学院上海机电设计院。

1960年2月19日,我国自行设计制造的试验型液体燃料探空火箭"T-7M"首次发射成功。这是我国研制航天运载火箭征程上的一次重大突破。

1960年11月5日,我国仿制的苏联"P-2"导弹首次发射试验获得成功。

1963年1月,中国科学院成立星际航行委员会,由竺可桢、裴丽生、钱学森、赵九章等领导,研究制订星际航行长远规划。

1964年4月29日,国防科委向中央报告,设想在1970年或1971年发射我国第一颗人造卫星。

1964年6月29日,我国自行研制的中近程火箭继1962年3月21日首次试验失败之后再次发射试验,获得成功。

1964年7月19日,我国第一枚内载小白鼠的生物火箭在安徽广德发射成功,我国的空间科学探测迈出了第一步。

1965年,中央专门委员会批准第七机械工业部制定的1965—1972年运载火箭发展规划,标志着我国开始正式立项研制航天运载火箭。

1966年10月27日,导弹核武器发射试验成功。弹头精确命中目标,实现核爆炸。

1966年12月26日,我国研制的中程火箭首次飞行试验基本成功。

1968年2月20日,中国空间技术研究院成立,专门负责研制各类人造卫星。

1968年4月1日,中国航天医学工程研究所成立,开始进行载人航天医学工程研究。

1970年1月30日,我国研制的中远程火箭飞行试验首次成功,使我国具备了发射中低轨人造卫星的发射能力。

1970年4月24日,"东方红1号"卫星在甘肃酒泉航天发射基地由"长征1号"火箭发射成功,美妙的"东方红"乐曲首次响彻太空。这是我国发射的第一颗人造卫星,使我国成为世界上继苏联、美国、法国和日本之后,第五个自主发射人造卫星的国家。

1971年3月3日,我国发射了科学实验卫星"实践1号"。这是我国发射的第一颗科学试验卫星,卫星在预定轨道上工作了8年。此后又陆续发射了"实践2号""实践3号""实践4号""实践5号"等,大大推进了我国空间科学的发展。

1971年9月10日,洲际火箭首次飞行试验基本成功。

1975年11月26日,我国发射了第一颗返回式遥感卫星,卫星按预定计划于当月29日返回地面。这使我国成为世界上继美国和苏联之后第三个掌握人造卫星返回技术的国家。

1979年,"远望1号"航天测量船建成并投入使用,使我国成为世界上第四个拥有远洋航天测量船的国家。此后又先后建成了"远望2号""远望3号"和"远望4号"航天测量船。目前我国已形成先进的陆海基航天测控网,由北京航天指挥控制中心、西安卫星测控中心、陆地测控站、4艘"远望"号远洋航天测量船以及连接它们的通信网组成,技术基本达到了世界先进水平。

1980年5月18日,我国向太平洋预定海域成功地发射了远程运载火箭,标志着我国具备了发射高轨道人造卫星的发射能力。

1981年9月20日,我国用一枚运载火箭发射了3颗科学实验卫星,这是我国第一次一箭多星发射,使我国成为世界上第三个掌握一箭多星发射技术的国家。

1982年10月7—16日,我国第一次潜艇水下发射运载火箭成功。

1984年4月8日,我国第一颗地球静止轨道试验通信卫星"东方红2号"发射成功。4月16日,卫星成功地定点于东经125°赤道上空。这次发射成功,标志着我国掌握了地球静止轨道卫星发射、测控和准确定点等技术。

1986年2月1日,我国发射了第一颗实用地球静止轨道通信广播卫星。2月20日,卫星定点成功。这标志着我国卫星通信技术由试验阶段进入了实用阶段。

1988年9月7日,我国发射了第一颗试验性气象卫星"风云1号"。这是我国自行研制和发射的第一颗极地轨道气象卫星。

1988年9月14—27日,我国导弹核潜艇在东海海域发射运载火箭成功。

1990年4月7日,我国自行研制的"长征3号"运载火箭在西昌卫星发射基地,把美国制造的"亚洲1号"通信卫星送入预定的轨道,标志着我国航天发射服务开始走向国际市场。

1990年7月16日,"长征2号"捆绑式火箭首次在西昌发射成功,其低轨道运载能力达9.2 t,为发射我国载人航天器打下了基础。

1991年1月22日,我国第一枚120 km高空低纬度探空火箭"织女3号"在中国科学院海南探空发射场发射试验成功。

1991年2月22日,"长空1号"无人机系列研制成功。

1992年,我国载人飞船正式列入国家计划进行研制,这项工程后来被定名为"神舟"号飞船载人航天工程。

1994年2月22日,我国第一座海事卫星地面站通过验收。它的建成填补了我国高科技的一项空白。

1997年10月17日,"长征3号乙"火箭将"亚太2号R"通信卫星成功送入预定轨道。

1997年12月8日,"长征2号丙"改进型火箭首发铱星成功。

1998年7月18日,"长征3号乙"火箭成功地将法国宇航公司为主承制的"鑫诺1号"通信卫星送入预定轨道。这是中国"长征"系列运载火箭发射的第一颗由欧洲国家制造的通信卫星。

1999年5月10日,"长征4号乙"运载火箭成功发射"风云1号"气象卫星和"实践5号"科学试验卫星。

1999年10月14日,"长征4号乙"运载火箭在太原卫星发射中心成功发射中巴合作研制的地球资源卫星——中巴地球"资源卫星1号"。该星的发射成功,开创了第三世界航天高科技领域技术合作的先例。

1999年11月20日、2001年1月10日、2002年3月25日、2002年12月30日,我国先后4次成功发射"神舟1号"～"神舟4号"无人飞船。

2000年10月31日,"长征3号甲"运载火箭在西昌卫星发射中心成功发射"北斗"导航试验卫星。这是由我国自行研制的第一颗导航定位卫星。

2001年5月10日,"风云1号C"星已在轨连续稳定运行两年,达到了设计寿命和业务应用的要求,被世界气象组织列入世界业务极轨气象卫星行列,成为首颗国产三轴稳定运行的长寿命极轨卫星,同时标志着我国气象卫星已实现业务化。

2002年1月9日,"鑫诺2号"卫星采购协议签字仪式举行,此举标志着以我国大型静止轨道卫星公用平台为基础的大容量通信卫星首发星项目正式启动。

2002年5月15日,"长征4号乙"运载火箭在太原卫星发射中心成功将气象卫星"风云1号D"和我国第一颗海洋探测卫星"海洋1号"送入预定轨道,标志着我国长期稳定的对地观测体系基本形成。

2003年5月25日,"长征3号甲"运载火箭在西昌卫星发射中心成功将第三颗"北斗1号"导航定位卫星送上太空,标志着我国已自主建立了完善的卫星导航系统。

2003年10月15日,我国成功发射第一艘载人飞船"神舟5号"。21 h 23 min的太空行程,标志着我国已成为世界上继苏联/俄罗斯和美国之后第3个能够独立开展载人航天活动的国家。

2003年12月30日,"长征2号丙"SM运载火箭在西昌卫星发射中心成功发射"探测1号"卫星。我国与欧洲空间局的合作项目——地球空间双星探测计划拉开序幕。

2005年10月12日,我国成功发射第二艘载人飞船"神舟6号",并首次进行多人多天飞行试验。

2006年9月9日,"长征2号丙"运载火箭成功将我国第一颗育种卫星——"实践8号"育种卫星送入预定轨道。

2006年10月29日,"长征3号乙"运载火箭在西昌卫星发射中心成功发射"鑫诺2号"通信广播卫星,这是我国的首颗直播卫星。

2007年5月14日,"长征3号乙"运载火箭在西昌卫星发射中心将尼日利亚"通信卫星1号"成功送上太空。这是我国首次以火箭、卫星及发射支持的整体方式,为发展中国家提供国际商业卫星服务,也是我国首次用自己的火箭和卫星向国际用户提供在轨交付服务。

2007年6月1日,"长征3号甲"火箭在西昌卫星发射中心托举"鑫诺3号"通信卫星直奔太空。至此,"长征"系列运载火箭实现第100次发射,我国成为继美、俄、欧之后世界上第四个主力品牌火箭发射次数到百的国家。

2007年10月24日,"长征3号甲"运载火箭在西昌卫星发射中心成功发射我国第一颗月球探测卫星"嫦娥1号",并准确将其送入预定轨道,树立了中国航天的第三大里程碑,迈开了我国走向深空探测领域的第一步。

2008年4月25日,"长征3号丙"运载火箭在西昌卫星发射中心将我国首颗中继卫星"天链1号"卫星01星送入太空。

2008年9月25日,"长征2号F"运载火箭在酒泉卫星发射中心将"神舟7号"飞船准确送入预定轨道。9月27日,航天员翟志刚、刘伯明、景海鹏联手完成了中国人的首次空间出舱活动。

2010年6月3日,中国航天科技集团公司航天动力技术研究院承担的我国重大科学基础设施项目——东半球空间环境地基综合检测子午链首枚气象火箭,在海南探空火箭发射场成功搭载我国首枚GPS探空仪发射升空。

2010年10月1日,"长征3号丙"运载火箭在西昌卫星发射中心将"嫦娥2号"卫星准确送入地月转移轨道,探月工程二期由此拉开大幕。

2011年8月25日,"嫦娥2号"卫星圆满完成月球探测任务后,飞行150万千米成功抵达拉格朗日点(L2点),创造了我国空间飞行器深空最远飞行纪录,标志着我国月球及深空探测能力取得了又一新的突破。

2011年9月29日我国第一个目标飞行器"天宫1号"发射成功。它的发射标志着我国迈入中国航天"三步走"战略的第二步第二阶段。

2011年11月1日,"神舟8号"无人飞船升空,升空后2天,"神舟8号"与此前发射的"天宫1号"目标飞行器进行了空间交会对接。

2011年12月2日,第10颗"北斗"导航卫星成功发射,该卫星是整个"北斗"星座中最后一颗落户倾斜地球同步轨道的卫星。自12月27日起,"北斗"系统向我国及周边部分地区提供连续无源定位、导航、授时等试运行服务。

2012年1月9日,我国成功发射"资源3号"卫星,该卫星是我国首颗高分辨率立体测绘卫星,第一次使我国卫星遥感图像质量达到国际先进水平。

2012年6月16日,"神舟9号"飞船在酒泉卫星发射中心发射升空。6月18日约11时左右转入自主控制飞行,14时左右与"天宫1号"实施自动交会对接,这是我国实施的首次载人空间交会对接。

2012年7月26日,我国成功发射"天链1号"03星,实现全球组网运行,标志着我国第一代中继卫星系统正式建成。

2012年10月25日,"长征3号丙"运载火箭成功将第16颗"北斗"导航卫星发射升空并送入预定转移轨道,与先期发射的15颗"北斗"导航卫星组网运行,亚太"北斗"组网成功。"北斗"区域卫星导航系统完全具备了稳定连续覆盖亚太地区的服务能力,为用户提供定位、导航、授时以及短报文通信等功能。12月27日,"北斗"卫星导航系统正式向亚太大部分地区提供连续无源定位、导航、授时等服务。

2013年6月11日,"神舟10号"发射升空,在轨飞行15天,并首次开展中国航天员太空授课活动。飞行乘组由男航天员聂海胜、张晓光和女航天员王亚平组成,聂海胜担任指令长。

2013年12月2日,"嫦娥3号"探测器由"长征3号乙"运载火箭从西昌卫星发射中心发射,12月14日,"嫦娥3号"探测器在月球表面预选着陆区域成功着陆,标志我国已成为世界上第三个实现地外天体软着陆的国家。2013年12月15日,"嫦娥3号"着陆器与巡视器分离,我国首辆月球车"玉兔号"巡视器顺利驶抵月球表面。

2014年2月14日,"嫦娥2号"卫星深空探测成功突破7 000万千米。

2014年8月19日,我国用"长征4号乙"运载火箭成功发射"高分2号"卫星,卫星顺利进入预定轨道。该卫星是高分辨率对地观测系统重大专项首批启动立项的重要项目之一,是目前我国分辨率最高的民用光学对地观测卫星,实现了米级空间分辨率。9月29日,我国对外公布了首批高分辨率卫星影像图,充分展示了"高分2号"卫星在国土资源监测、矿产资源开发、城市精细化管理、交通设施监测等众多方面的广泛应用潜力。

2014年9月4日,"长征2号丁"运载火箭在酒泉卫星发射中心成功将"创新1号"04星送入预定轨道,此次任务还同时搭载发射了"灵巧"通信试验卫星,它是我国首颗低轨移动通信卫星。

2014年10月24日,"长征3号丙"火箭和探月工程三期再入返回飞行试验器成功发射,探月三期序幕拉开。11月1日,再入返回飞行试验返回器在内蒙古四子王旗预定区域顺利着陆。我国探月工程三期首次再入返回飞行试验获得圆满成功,成为成功回收绕月飞行器的第三个国家。

2014年11月21日,"快舟2号"卫星在酒泉卫星发射中心升空入轨,它是我国首个具有快速集成、快速入轨能力的小型固体运载火箭,创造了我国航天发射的最快纪录。

2014年12月15日,"嫦娥3号"着陆器圆满完成第13个月昼的全部预定工作,顺利进入月夜休眠。12月14日,着陆器实现了月面安全工作1年的预定工程目标。我国探月工程二期落月任务圆满完成。

2015年3月31日,我国在西昌卫星发射中心用"长征3号丙/远征1号"运载火箭,成功将北斗卫星导航系统第17颗卫星送入预定轨道。这是我国首次实现上面级直接入轨技术发射中高轨卫星。

2015年9月20日,我国在太原卫星发射中心用全新研制的"长征6号"运载火箭,成功将20颗卫星送入预定轨道,开创了我国一箭多星发射的新纪录。这也是中国新一代运载火箭的首次发射。

2015年9月25日,我国在酒泉卫星发射中心用新型运载火箭"长征11号"成功将4颗微小卫星送入预定轨道。"长征11号"是我国长征系列运载火箭家族第一型固体运载火箭、我国新一代运载火箭中唯一一型固体火箭。

2015年12月17日,我国在酒泉卫星发射中心用"长征2号丁"运载火箭成功将首颗暗物质粒子探测卫星"悟空"送入预定轨道。此次发射任务的圆满成功标志着我国空间科学探测研究迈出重要一步。

2015年12月29日,我国在西昌卫星发射中心用"长征3号乙"运载火箭成功将"高分4号"卫星送入预定轨道。"高分4号"卫星是中国首颗地球同步轨道高分辨率遥感卫星。

2016年3月8日,《国务院关于同意设立"中国航天日"的批复》正式对外发布,我国自2016年起,将每年4月24日设立为"中国航天日"。

2016年6月25日,我国新一代中型运载火箭"长征7号"首飞成功,拉开了载人航天工程空间实验室任务的大幕。该火箭的运载能力达到近地轨道13.5 t,太阳同步轨道5.5 t,采用了液氧煤油发动机等新技术,是绿色、无毒、无污染的新一代中型运载火箭,将有效提升我国进入空间的能力。

2016年8月6日,我国在西昌卫星发射中心使用"长征3号乙"运载火箭成功发射"天通1

号"01星,这是我国卫星移动通信系统首发星。

2016年8月10日,我国在太原卫星发射中心用"长征4号丙"运载火箭成功发射"高分3号"卫星,它是我国首颗分辨率达到1 m的C频段多极化合成孔径雷达(SAR)卫星。

2016年8月16日,我国在酒泉卫星发射中心用"长征2号丁"运载火箭成功将名为"墨子号"的世界首颗量子科学实验卫星送入高度约500 km的太阳同步轨道。

2016年9月15日,我国在酒泉卫星发射中心用"长征2号F"运载火箭成功将我国第一个空间实验室"天宫2号"送入预定轨道。

2016年10月17日,执行与"天宫2号"交会对接任务的"神舟11号"载人飞船,在酒泉卫星发射中心发射升空后准确进入预定轨道,顺利将航天员景海鹏、陈冬送上太空。10月19日,"神舟11号"飞船与"天宫2号"空间实验室成功实现自动交会对接。11月18日,"神舟11号"载人飞船返回舱在内蒙古四子王旗预定区域安全着陆,"天宫2号"和"神舟11号"载人飞行任务取得圆满成功。

2016年11月3日,我国新一代大型运载火箭"长征5号"在中国文昌航天发射场成功首飞。"长征5号"运载能力达到世界主流大型火箭水平,大幅提升了我国进入空间的能力。

2016年11月10日,我国在酒泉卫星发射中心用"长征11号"运载火箭,成功发射了世界上第一颗脉冲星试验卫星。

2016年12月11日,我国新一代静止轨道气象卫星"风云4号"的首发星在西昌卫星发射中心由"长征3号乙"运载火箭成功发射。

2016年12月22日,我国研制的首颗全球二氧化碳监测科学实验卫星和三颗微纳卫星在"长征2号丁"运载火箭的托举下,从酒泉卫星发射中心顺利升空,随后卫星进入预定轨道。

2017年4月12日,"实践13号"(中星16号)卫星在西昌卫星发射中心由"长征3号乙"运载火箭成功发射入轨。该卫星是中国首颗高通量、电推进工程化应用的通信卫星,也是"东方红3号B"平台全配置的首发星,承担了中国首次在地球同步轨道卫星上开展对地高速激光通信试验等任务。

2017年4月20日,我国在海南文昌航天发射场成功发射首艘货运飞船"天舟1号"。"天舟1号"成功验证了空间站货物补给、推进剂在轨补加、自主快速交会对接等关键技术,并于9月22日受控再入大气层烧毁。"天舟1号"飞行任务是载人航天工程空间实验室飞行任务的收官之战,任务圆满成功标志着我国载人航天工程第二步胜利完成,我国载人航天工程进入新的发展阶段。

2017年5月10日,"月宫365"实验计划首批入舱志愿者进入"月宫1号"实验舱。"月宫365"实验计划是在"月宫1号"中生活365天,实验人员分两组交替进行,每组4人,第一组60天,第二组200天,之后第一组再完成105天。"月宫1号"是我国第一个、世界第三个"空间基地生物再生生命保障系统地基实验装置"。

2017年6月15日,我国在酒泉卫星发射中心用"长征4号乙"运载火箭成功发射首颗X射线空间天文卫星"慧眼"。同时,此次发射还搭载了乌拉圭NewSat-3小卫星等多颗卫星。"慧眼"全称为硬X射线调制望远镜卫星,是我国又一颗重要的空间科学卫星,将显著提升我国大型科学卫星研制水平,填补我国空间X射线探测卫星的空白,实现我国在空间高能天体物理领域由地面观测向天地联合观测的跨越。

2017年8月10日,我国完全自主研制的世界上第一颗量子科学实验卫星"墨子号"在国际上首次成功实现了千千米级的星地双向量子通信。

2017年9月25日,我国新一代静止轨道气象卫星"风云4号"在轨交付仪式在京举行,卫星由研制单位中国航天科技集团有限公司正式交付给用户中国气象局投入使用。

2017年11月5日,我国在西昌卫星发射中心用"长征3号乙/远征1号"运载火箭成功发射"北斗3号"首发双星。"北斗3号"全球组网卫星首次发射取得圆满成功,开启了北斗卫星导航系统全球组网的新时代,北斗卫星导航系统"三步走"发展战略进入"最后一步"。

2017年11月30日,中国科学院公布了我国暗物质粒子探测卫星"悟空"的探测成果:"悟空"卫星在轨运行的前530天共采集了约28亿颗高能宇宙射线,其中包含约150万颗25 GeV (1 GeV=10亿电子伏特)以上的电子宇宙射线。基于这些数据,科研人员成功获取了目前国际上精度最高的电子宇宙射线能谱,该能谱将有助于发现暗物质存在的蛛丝马迹。

2018年1月9日,我国在太原卫星发射中心用"长征2号丁"运载火箭,成功发射"高景1号"03、04星。高景商业遥感卫星系统首批4颗0.5 m高分辨率光学遥感卫星完成组网,标志着我国首个0.5 m级高分辨率商业遥感卫星星座正式建成。

2018年1月19日,我国在酒泉卫星发射中心用"长征11号"固体运载火箭以"一箭六星"的方式,成功发射"吉林1号"视频07星、08星和4颗小卫星。此次任务是"长征11号"固体运载火箭首次全商业发射,也是我国固体运载火箭首次向国际用户提供发射服务,拉开了我国固体运载火箭商业小卫星高密度组网发射的序幕。

2018年2月2日,我国在酒泉卫星发射中心用"长征2号丁"运载火箭成功发射电磁监测试验卫星"张衡1号"。"张衡1号"是我国全新研制的国家民用航天科研试验卫星,是我国首颗观测与地震活动相关的电磁信息的卫星,也是我国地球物理场探测卫星计划的首发星。

2018年5月9日,我国在太原卫星发射中心用"长征4号丙"运载火箭成功发射"高分5号"卫星。"高分5号"卫星是我国第一颗高光谱综合观测卫星,也是我国高分重大专项中唯一一颗高光谱观测卫星。

2018年5月15日,中国第一个、世界第三个空间基地生命保障地基综合试验装置"月宫1号"挑战世界纪录的多人次、高闭合度生物再生生命保障系统综合实验——"月宫365"计划圆满成功。

2018年5月21日,我国在西昌卫星发射中心用"长征4号丙"运载火箭成功发射中继星"鹊桥"。顺利发射和在轨应用后,"鹊桥"将成为人类历史上第一颗地球轨道外专用中继通信卫星,第一颗连通地月的中继卫星,第一颗在地月L2点上采用Halo轨道的卫星,标志着我国率先掌握地月中继通信技术,这是我国在月球探测领域取得的新突破。

2018年11月19日,我国在西昌卫星发射中心使用"长征3号乙/远征1号"运载火箭成功发射两颗"北斗3号"卫星。此次任务的成功发射,标志着我国"北斗3号"基本系统星座部署圆满完成,迈出中国北斗从国内走向国际、从区域走向全球的"关键一步"。

2018年12月8日,我国在西昌卫星发射中心用"长征3号乙"运载火箭成功将"嫦娥4号"探测器送入近地点约200公里、远地点约42万公里的地月转移轨道。人类航天器首次月球背面"登陆"之旅开启。

2019年1月11日,"嫦娥4号"着陆器与"玉兔2号"巡视器工作正常,在"鹊桥"中继星支持下顺利完成互拍,地面接收图像清晰完好,中外科学载荷工作正常,探测数据有效下传,搭载科学实验项目顺利开展,达到工程既定目标,标志着"嫦娥4号"任务圆满成功。在人类历史上首次实现了航天器在月球背面软着陆和巡视勘察,首次实现了地球与月球背面的测控通信。

2019年3月10日,我国在西昌卫星发射中心用"长征3号乙"运载火箭成功发射"中星6C"卫星。中国长征系列运载火箭成功实现300次飞行,是中国航天事业由量变向质变发展的新起点,是中国从航天大国向航天强国迈进的重要里程碑。

2019年5月17日,我国在西昌卫星发射中心用"长征3号丙"运载火箭成功发射北斗卫星导航系统第45颗卫星("北斗2号"GEO-8卫星)。该卫星是我国北斗区域导航卫星系统的第4颗备份卫星,属于地球静止同步轨道卫星。至此,"北斗2号"卫星导航系统圆满收官。

2019年6月5日,我国在黄海海域用"长征11号"海射运载火箭将技术试验卫星"捕风1号"A、B星及5颗商业卫星送入预定轨道,这是我国首次在海上实施运载火箭发射技术试验。

2019年7月25日,我国在酒泉卫星发射中心成功发射"双曲线1号"运载火箭,将气球卫星和BP-1B卫星送入预定轨道,此次发射成功入轨标志着中国民营运载火箭实现了零的突破。

2019年8月17日,我国在酒泉卫星发射中心用"捷龙1号遥一"运载火箭成功将3颗卫星送入预定轨道。这是"捷龙1号"运载火箭的首次发射,标志着中国"龙"系列商业运载火箭从此登上历史舞台。

2019年12月7日的6个小时内,我国在太原卫星发射中心先后发射两枚"快舟1号甲"运载火箭。10时55分,"快舟1号甲"火箭成功将"吉林1号"高分02B卫星发射升空,卫星顺利进入预定轨道。16时52分,又一枚"快舟1号甲"火箭采用"一箭六星"的方式发射升空,卫星进入预定轨道。在同一发射场6小时之内进行两次航天发射,创下了中国航天新纪录,也打破了同一发射场和同一型号火箭发射时间间隔最短纪录。

2019年12月27日,我国在中国文昌航天发射场用"长征5号遥三"运载火箭成功将"东方红5号"新一代大型卫星平台的首颗试验星"实践20号"卫星送入预定轨道。

2020年5月5日,我国在中国文昌航天发射场用"长征5号B"运载火箭将新一代载人飞船试验船、柔性充气式货物返回舱试验舱等载荷组合体送入预定轨道,首次飞行任务取得圆满成功,实现空间站阶段飞行任务首战告捷,拉开我国载人航天工程"第三步"任务序幕。这是我国首次发射超过20 t的航天器。

2020年6月23日,我国在西昌卫星发射中心用"长征3号乙"运载火箭成功发射第55颗北斗导航卫星。此次发射任务取得圆满成功,标志着"北斗3号"全球星座部署全面完成,具备向全球提供服务能力。"北斗3号"系统由24颗中圆地球轨道、3颗地球静止轨道和3颗倾斜地球同步轨道共30颗卫星组成。自此,我国成为世界上第三个独立拥有全球卫星导航系统的国家。

2020年7月23日,我国在中国文昌航天发射场用"长征5号"运载火箭成功将首次火星探测任务"天问1号"探测器精准送入地火转移轨道。任务成功后,我国将成为世界上第一个首次探测就通过一次任务实现火星环绕和着陆巡视探测的国家,也将成为世界上第二个实现火星车安全着陆和巡视探测的国家。

2020年9月4日,我国在酒泉卫星发射中心用"长征2号F"运载火箭成功发射一型可重复使用的试验航天器。试验航天器在轨飞行2天后,于9月6日成功返回预定着陆场。这次试验的圆满成功,标志着我国可重复使用航天器技术研究取得重要突破,后续可为和平利用太空提供更加便捷、廉价的往返方式。

2020年9月15日,我国在预定海域用"长征11号"固体运载火箭以"一箭九星"的方式,成功将"吉林一号"高分03-1组卫星送入预定太阳同步轨道。这是"长征11号"火箭的首次海上商业化应用性发射。

2020年11月24日,我国在中国文昌航天发射场用"长征5号"运载火箭将重达8.2 t的"嫦娥5号"探测器精准送入地月转移轨道。12月17日,"嫦娥5号"返回器成功着陆内蒙古四子王旗。"嫦娥5号"任务创造了我国航天探测器首次实现地外天体采样与封装、首次实现地外天体起飞、首次实现月球轨道交会对接、首次携带样品高速再入地球等"多个首次"。中国探月工程"绕、落、回"三步走圆满收官。

2020年12月22日,我国在中国文昌航天发射场用新一代运载火箭"长征8号"成功将5颗卫星送入预定轨道。"长征8号"主要聚焦于未来太阳同步轨道的高密度发射任务需求。

2021年3月12日,我国新一代中型高轨液体运载火箭"长征7号A"运载火箭成功将"试验9号"卫星送入预定轨道。"长征7号A"火箭的地球同步转移轨道运载能力不低于7 t,填补了我国高轨运载能力空白。该型火箭同时具备零倾角轨道、奔月轨道等高轨发射能力,是国内第一个助推器与芯一级集束式分离的捆绑火箭。

2021年4月29日,中国空间站首个航天器"天和"核心舱入轨,标志着中国空间站建造进入全面实施阶段。5月29日,"天舟2号"货运飞船成功发射,自主快速交会对接于"天和"核心舱。

2021年5月15日,"天问1号"探测器"祝融号"火星车成功着陆火星,我国首次火星探测任务着陆火星取得成功。6月11日,"祝融号"着陆火星首批科学影像图发布,标志着我国首次火星探测任务取得圆满成功,也意味着人类航天器首次实现在一次任务中完成火星环绕、着陆与巡视探测。

2021年6月17日,我国在酒泉卫星发射中心用"长征2号F"运载火箭将载有航天员聂海胜、刘伯明、汤洪波的"神舟12号"载人飞船顺利送入太空,成为中国空间站的首批"访客"。

2021年7月6日,我国在西昌卫星发射中心用"长征3号丙"运载火箭成功将"天链1号"05星送入预定轨道。至此,我国第一代数据中继系列卫星圆满收官,成为继美国后世界上第二个具有全球覆盖能力的中继卫星系统。

2021年7月16日,亚轨道重复使用演示验证项目运载器在酒泉卫星发射中心准时点火起飞,按照设定程序完成飞行后,平稳水平着陆于阿拉善右旗机场,首飞任务取得圆满成功。发展重复使用天地往返航天运输技术是我国由航天大国迈向航天强国的重要标志。

2021年9月23日,我国重型运载火箭220 t级补燃循环氢氧发动机成功进行了首次半系统试验,试验取得圆满成功。220 t级补燃循环氢氧发动机性能和技术指标刷新了我国氢氧发动机的纪录,其研制能够填补我国氢氧发动机型谱和技术空白。

2021年10月14日,我国在太原卫星发射中心用"长征2号丁"运载火箭成功将中国首颗太阳探测卫星"羲和号"送入预定轨道,发射任务取得圆满成功。"羲和号"的成功发射,标志着我国正式进入"探日时代"。

2021年10月16日,我国在酒泉卫星发射中心用"长征2号F"运载火箭将载有航天员翟志刚、王亚平、叶光富的"神舟13号"载人飞船送入太空。三名航天员将展开为期6个月的太空工作生活,创造中国航天员太空驻留时长的新纪录。其中,王亚平成为中国首位进驻空间站的女航天员。

2021年11月7日,航天员翟志刚、王亚平身着我国新一代"飞天"舱外航天服,先后从"天和"核心舱节点舱成功出舱。中国首位出舱航天员翟志刚时隔13年后再次进行出舱活动;王亚平成为中国首位进行出舱活动的女航天员,迈出了中国女性舱外太空行走的第一步。

2021年12月10日,我国在酒泉卫星发射中心用"长征4号乙"运载火箭成功将"实践6号"05组卫星送入太空。这是我国长征系列运载火箭的第400次发射。

2022年2月27日,我国在中国文昌航天发射场用"长征8号遥二"运载火箭起飞,随后将22颗卫星送入约500公里高的太阳同步轨道,发射取得圆满成功,刷新了我国"一箭多星"发射的纪录。

2022年3月29日,我国在太原卫星发射中心用新型运载火箭"长征6号改"将"浦江2号"卫星和"天鲲2号"卫星送入预定轨道,发射任务取得圆满成功。"长征6号改"运载火箭是我国首型固液捆绑运载火箭。

2022年4月16日,我国在太原卫星发射中心用"长征4号丙"运载火箭将大气环境监测卫星送入预定轨道。大气环境监测卫星是国家民用空间基础设施中长期发展规划中的科研卫星,也是世界首颗具备二氧化碳激光探测能力的卫星。

2022年4月16日,"神舟13号"载人飞船返回舱在东风着陆场成功着陆,航天员翟志刚、王亚平、叶光富平安返回。飞行乘组在空间站组合体工作生活了183天,创下了中国航天员连续在轨飞行时长新纪录。

2022年6月5日,我国在酒泉卫星发射中心用"长征2号F"运载火箭将载有航天员陈冬、刘洋、蔡旭哲的"神舟14号"载人飞船送入太空。他们是中国空间站建造阶段的首批航天员。

2022年7月24日,我国在中国文昌航天发射场用"长征5号B"运载火箭将世界最大单体载人航天器中国空间站"问天"实验舱送入预定轨道,发射任务取得圆满成功。

2022年10月9日,我国在酒泉卫星发射中心使用"长征2号丁"运载火箭,成功将先进天基太阳天文台卫星"夸父1号"发射升空,卫星顺利进入预定轨道。

2022年10月31日,我国在中国文昌航天发射场用"长征5号B"运载火箭将中国空间站"梦天"实验舱送入预定轨道。11月1日,"梦天"实验舱与"天和"核心舱完成对接,11月3日顺利完成转位,标志着中国空间站"T"字基本构型在轨组装完成,向着建成空间站的目标迈出了关键一步。

2022年11月12日,我国在中国文昌航天发射场用"长征7号"运载火箭将"天舟5号"货运飞船送入预定轨道,发射任务取得圆满成功。"天舟5号"是我国首次在空间站有人驻留情况下实施货运飞船交会对接

2022年11月29日,我国在酒泉卫星发射中心用"长征2号F"运载火箭将载有航天员费俊龙、邓清明、张陆的"神舟15号"载人飞船送入预定轨道,11月30日,"神舟15号"载人飞船成功对接于空间站"天和"核心舱前向端口,与"神舟14号"航天员乘组"胜利会师"。

2022年12月4日,"神舟14号"载人飞船返回舱在东风着陆场成功着陆,航天员陈冬、刘洋、蔡旭哲平安返回,标志着"神舟14号"载人飞行任务获得圆满成功。

2022年12月9日,我国在黄海海域用"捷龙3号"运载火箭将14颗卫星送入预定轨道,发射任务取得圆满成功。这是首次实施我国运载火箭海上热发射,实现了海上冷发射到海上热发射的跨越。

参 考 文 献

[1] 杨炳渊.航天技术导论[M].北京:中国宇航出版社,2009.
[2] 徐矛.航天科技基础[M].北京:国防工业出版社,2008.
[3] 中国空间技术研究院.中国航天器[M].北京:电子工业出版社,2008.
[4] 梁小红.航天精神[M].北京:中国纺织出版社,2006.
[5] 宋笔锋.航空航天技术概论[M].北京:国防工业出版社,2006.
[6] 王云.航空航天概论[M].北京:北京航空航天大学出版社,2010.
[7] 汪国林.航天知识百科[M].北京:民族出版社,1999.
[8] 昂海松.航空航天概论[M].北京:科学出版社,2008.
[9] 杨莉.航空航天概论[M].北京:航空工业出版社,2011.
[10] 谢础.航空航天技术概论[M].北京:北京航空航天大学出版社,2005.
[11] 褚桂柏.航天技术概论[M].北京:中国宇航出版社,2002.
[12] 贾玉红.航空航天知识1000问[M].北京:北京航空航天大学出版社,2010.
[13] 穆山.航天发射场选址条件与场址勘选方法[J].飞行器测控学报,2011.
[14] 张新贵.航天测控通信系统任务可靠性分配研究[J].装备学院学报,2012.
[15] 于志坚.我国航天测控系统的现状与发展[M].中国工程科学,2006.
[16] 郭丽红.欧空局航天测控系统现状及发展[C].2011年第二十四届全国空间探测学术交流会论文,2011.
[17] 于志坚.载人航天测控通信系统[J].宇航学报,2004.
[18] 卞韩城.国外载人航天器返回着陆分析与启示[J].载人航天,2011.
[19] 高滨.国外载人航天器回收着陆技术的进展[J].航天返回与遥感,2009.
[20] 陈国良.航天器回收着陆技术[J].航天返回与遥感,2000.
[21] 陈灼华.载人航天器着陆场选择探讨[J].航天返回与遥感,1997.
[22] 安振华.载人航天着陆场选择与分析[J].中国空间科学技术,2006.
[23] 何宇.空间实验室技术综述及发展战略[J].载人航天,2009
[24] 牟涛.华侨大学光与空间实验室的构建[J].青岛理工大学学报,2006.
[25] 王歆.目标天体极轨道卫星的轨道寿命[J].宇航学报,2001.